本书列入

2017年国家社会科学基金重大委托项目

"十三五"国家重点图书出版规划项目

中华传统文化百部经典

颜氏家训

颜之推 著

杨世文 解读

国家图书馆出版社

图书在版编目（CIP）数据

颜氏家训／（北齐）颜之推著；杨世文解读 . —
北京：国家图书馆出版社，2023.12
（中华传统文化百部经典）
ISBN 978-7-5013-6953-9

Ⅰ. ①颜… Ⅱ. ①颜… ②杨… Ⅲ. ①家庭道德－中国－
南北朝时代 ②《颜氏家训》Ⅳ. ① B823.1

中国版本图书馆 CIP 数据核字 (2020) 第　号

国家图书馆出版社官方微信

书　　名	颜氏家训
著　　者	（北齐）颜之推　著　杨世文　解读
责任编辑	于春媚
责任校对	刘鑫伟
特约编辑	魏奕元
封面设计	敬人设计工作室

出版发行	国家图书馆出版社（北京市西城区文津街 7 号　100034）
	010－66114536　63802249　nlcpress@nlc.cn（邮购）
网　　址	http://www.nlcpress.com
印　　装	北京科信印刷有限公司
版次印次	2023 年 12 月第 1 版　2023 年 12 月第 1 次印刷

开　　本	710×1000　1/16
印　　张	24.25
字　　数	308 千字
书　　号	ISBN 978-7-5013-6953-9
定　　价	50.00 元（平装）

编纂缘起

　　文化是民族的血脉，是人民的精神家园。党的十八大以来，围绕传承发展中华优秀传统文化，习近平总书记发表了一系列重要讲话，深刻揭示出中华优秀传统文化的地位和作用，梳理概括了中华优秀传统文化的历史源流、思想精神和鲜明特质，集中阐明了我们党对待传统文化的立场态度，这是中华民族继往开来、实现伟大复兴的重要文化方略。2017 年初，中共中央办公厅、国务院办公厅印发《关于实施中华优秀传统文化传承发展工程的意见》，从国家战略层面对中华优秀传统文化传承发展工作作出部署。

　　我国古代留下浩如烟海的典籍，其中的精华是培育民族精神和时代精神的文化基础。激活经典，熔古铸今，是增强文化自觉和文化自信的重要途径。多年来，学术界潜心研究，钩沉发覆、辨伪存真、提炼精华，做了许多有益工作。编纂《中华传统文化百部经典》（简称《百部经典》），就是在汲取已有成果基础上，力求编出一套兼具思想性、学术性和大众性的读本，使之成为广泛认同、传之久远的范本。《百部经典》所选图书上起先秦，下至辛亥革命，包括哲学、文学、历史、艺术、科技等领域的重要典籍。萃取其精华，加以解读，旨在搭建传统典籍与大众之间的桥梁，激活中华优秀传统文化，用优秀传统文化滋养当代中国人的精神世界，提振当代中国人的文化自信。

这套书采取导读、原典、注释、点评相结合的编纂体例，寻求优秀传统文化与社会主义核心价值观之间的深度契合点；以当代眼光审视和解读古代典籍，启发读者从中汲取古人的智慧和历史的经验，借以育人、资政，更好地为今人所取、为今人

所用；力求深入浅出、明白晓畅地介绍古代经典，
让优秀传统文化贴近现实生活，融入课堂教育，走
进人们心中，最大限度地发挥以文化人的作用。

　　《百部经典》的编纂是一项重大文化工程。在
中宣部等部门的指导和大力支持下，国家图书馆做
了大量组织工作，得到学术界的积极响应和参与。
由专家组成的编纂委员会，职责是作出总体规划，
选定书目，制订体例，掌握进度；并延请德高望重
的大家耆宿担当顾问，聘请对各书有深入研究的学
者承担注释和解读，邀请相关领域的知名专家负责
审订。先后约有 500 位专家参与工作。在此，向他
们表示由衷的谢意。

　　书中疏漏不当之处，诚请读者批评指正。

2017 年 9 月 21 日

凡　例

一、《中华传统文化百部经典》的选书范围，上起先秦，下迄辛亥革命。选择在哲学、文学、历史、艺术、科技等各个领域具有重大思想价值、社会价值、历史价值和学术价值的一百部经典著作。

二、对于入选典籍，视具体情况确定节选或全录，并慎重选择底本。

三、对每部典籍，均设"导读""注释""点评"三个栏目加以诠释。导读居一书之首，主要介绍作者生平、成书过程、主要内容、历史地位、时代价值等，行文力求准确平实。注释部分解释字词、注明难字读音，串讲句子大意，务求简明扼要。点评包括篇末评和旁批两种形式。篇末评撮述原典要旨，标以"点评"，旁批萃取思想精华，印于书页一侧，力求要言不烦，雅俗共赏。

四、原文中的古今字、假借字一般不做改动，唯对异体字根据现行标准做适当转换。

五、每书附入相关善本书影，以期展现典籍的历史形态。

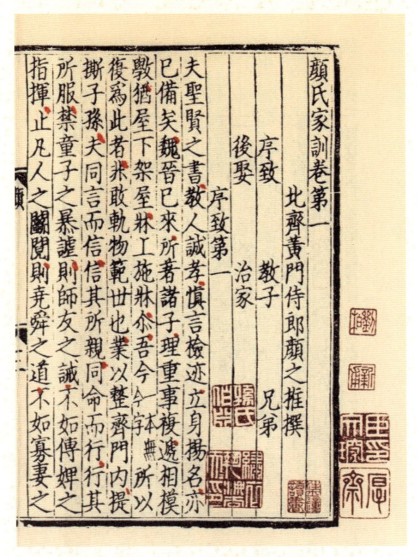

顔氏家訓卷第一

北齊黃門侍郎顏之推撰

序致　　　　教子

後娶　　　　治家

兄弟

序致第一

夫聖賢之書教人誠孝慎言檢迹立身揚名亦
已備矣魏晉已來所著諸子理重事複遞相模
斅猶屋下架屋牀上施牀爾爾吾今所以復爲此者非敢軌物範世也業以整齊門內提
撕子孫夫同言而信信其所親同命而行行其
所服禁童子之暴謔則師友之誡不如傅婢之
指揮止凡人之鬭鬩則堯舜之道不如寡妻之

颜氏家训七卷　（北齐）颜之推撰
元刻本　上海图书馆藏

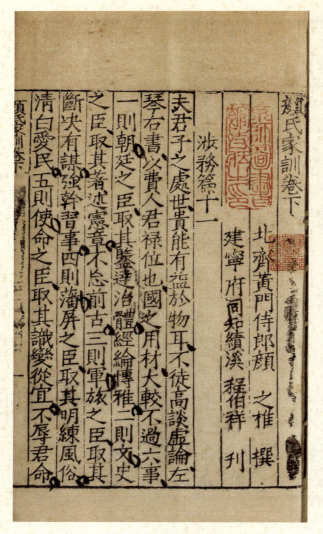

目　录

导　读

　　家训是中国古代普遍存在的一种家庭教育方式。从远古开始，随着家庭的产生，便出现了各种形式的"家训"。大体而言，中国古代的家训产生于西周，成型于两汉，成熟于隋唐，繁荣于宋元，明清时期臻于鼎盛。后来由于社会的巨变，逐渐由盛转衰，迄于清末，传统家训也发生了革命性的变化，逐渐退出历史舞台[①]。颜之推所著《颜氏家训》作为现存第一部体系完备、内容全面的家训名著，是传统家训成熟期的代表作，堪称典范，在历史上影响深远，享有"古今家训，以此为祖"的美誉[②]。《颜氏家训》在继承传统的儒家思想基础上，深刻阐发了一套教子、治家、修身、处世、治学的原则和方法，目的在于"述立身治家之法，辨正时俗之谬，以训世人"[③]。颜之推撰写《颜氏家训》的初衷，是希望以此来教育颜氏后人，但其产生的实际影响却远远超出了一家一姓的范围。《颜氏家训》已经成为中华民族经典宝库的重要组成部分，其中所蕴含的深邃思想、教育理念、人生智慧等等，至今仍有现实意义，值得我们认真品味。

一、颜之推的生平

在叙述颜之推生平事迹之前，有必要了解一下他的家世。

魏晋以来，颜氏即为琅邪望族，世代以习儒为业④。颜之推的远祖颜含，当西晋末年永嘉之乱之际，随琅邪王司马睿（即东晋元帝）南渡，当时"中原冠带随晋渡江者百家，故江东有百谱"（颜之推《观我生赋》自注）。所谓"百谱"，即"百家谱"的简称，琅邪颜氏是渡江百家望族之一，属于侨姓高门⑤，享有士族特权。颜含在东晋官至侍中，封西平县侯，去世后赐谥为靖，后世称为靖侯。

颜之推的祖父颜见远，南齐和帝时官治书侍御史，兼中丞。萧衍篡齐建梁，士大夫多视改朝换代为常事，纷纷归附新朝，颜见远却仰天恸哭，绝食而死，这在当时士大夫中是极为罕见的。萧衍甚为不悦，对朝臣说："我自应天从人，何预天下士大夫事，而颜见远乃至于此！"（《梁书·颜协传》）颜之推的父亲颜协，博览群书，工书法，善草隶，有感于家门忠义，不求闻达，官府要他出来做官，常辞谢不就。湘东王萧绎爱好文艺，颜协入王府，后任记室（相当于秘书），负责起草表启书奏，很受敬重。大同五年（539）去世，享年四十二岁。颜协生活在宫体诗盛行的梁代，却特立独行，不喜浮华，文风典正，不随波逐流，著有《文集》二十卷，毁于兵火⑥。

祖父、父亲的志趣爱好及人格风范，为颜之推树立了榜样，对他一生的思想、行为产生了直接的影响。颜之推自叙其"一生三化"，"三为亡国之人"。观其一生，大体上可以分三个阶段：幼学时期、仕梁时期、留北时期⑦。

1. 幼学阶段

颜之推（531—？），字介，祖籍琅邪（今山东临沂北）人。梁武帝中大通三年（531）出生于荆州（治江陵，今湖北荆州）⑧。少年时代颜之推受家学熏陶，饱读诗书，又聪明颖悟，七岁就能背诵《鲁灵光殿赋》⑨，湘东王萧绎甚为称赏。但颜之推九岁时，父亲不幸去世，由其兄颜之仪教养成人⑩。

大同六年（540），萧绎迁江州刺史（治今江西九江），颜之推作为门徒跟随在萧绎左右。萧绎博学多闻，爱好玄谈，经常聚集学者讲《庄》《老》《易》义，颜之推不得不去听讲，但他生性不喜虚谈，谨守家学，研读《礼》《传》（《颜氏家训·勉学》，以下仅注篇名）。太清元年（547），萧绎转为镇西将军、荆州刺史，十七岁的颜之推又随其回到江陵。

当时梁朝政治稳定，经济发展，文化繁荣。《梁书·武帝纪》赞："征赋所及之乡，文轨傍通之地，南超万里，西拓五千。……三四十年，斯为盛矣。自魏、晋以降，未或有焉。"萧绎镇守荆州，酷爱文艺，一时文士云集江陵，雅集唱和，弦歌不绝。颜之推受当时风气熏染，词情典丽，显示出不凡的文艺才华。由于父亲去世得早，兄长对他过于宽纵，往往失于管教，他也沾染了一些士族子弟的坏习惯，例如好饮酒，纵情任性，不修边幅，时论对他也有些非议。直到十八九岁时，颜之推才对早年的荒唐事有所悔悟，并试图努力去改正。不过，青少年阶段形成的习惯最难转变。二十岁以后，由于经历了许多挫折和人生磨难，他时常自我反省（《序致》）。青少年时代的这些经验，后来凝结在他所著的《颜氏家训》里面，表现为他十分强调早期教育的重要性。

2. 仕梁阶段

梁武帝萧衍统治初期，留心政务，纠正宋、齐以来的弊政，南朝政治、经济、文化迎来了几十年的稳定发展。但他晚年迷恋佛教，怠于政事，战略上又发生误判，收容东魏叛将侯景。太清二年（548）八月，侯景自寿阳（今安徽寿县）反，十月渡过长江，进逼京师，次年（549）三月攻陷建康台城，八十六岁的梁武帝被囚禁起来，活活饿死。太子萧纲立，是为简文帝。

侯景之乱时，梁武帝遣人至荆州宣布密诏，授予萧绎侍中、假黄钺、大都督中外诸军事、司徒承制，其余职务如故。萧绎手握强兵，却拥兵自重，不积极勤王拯救父兄。颜之推被任命为湘东国右常侍，加镇西墨曹参军。这年他才十九岁，为其入仕之始。大宝元年（550），萧绎命其十五岁的世子萧方诸为郢州刺史（治江夏，今湖北武昌），以颜之推掌书记。大宝二年（551）四月侯景军攻陷郢州，颜之推被俘，送至建康⑪。

颜之推出生于江陵，仕于藩国，这次被俘，才第一次来到都城建康，也算是命运跟他开的玩笑。建康城有个地方叫长干，其中有条颜家巷，是颜氏祖先南渡后的居住之地；又有个地方叫白下，是颜氏祖坟所在地。颜之推途经这些地方时，怀思祖先，徘徊留恋，不禁潸然泪下，感慨良多⑫。大宝二年十月，侯景杀害简文帝，十一月，自立为帝，改国号为汉。次年（552）三月，萧绎遣大将王僧辩平定侯景之乱，收复建康，四月，传其首于江陵。

侯景之乱，使江南富庶地区遭受空前浩劫，兵火所至，生灵涂炭，呈现"千里绝烟，人迹罕见"（《南史·侯景传》）的惨状。颜之推对此极为痛心，在其所作《观我生赋》中深致慨叹。

平定侯景之乱后，这年十一月，萧绎即位于江陵，是为梁元帝，建元承圣。颜之推从建康回到江陵，任散骑侍郎，奏舍人事。当时王僧辩把建康秘阁所藏八万余卷图书运送到江陵，这是东晋、南朝二百多年来积累下来的文化成果。萧绎命周弘正等十余人校勘整理，由颜之推等人负责史部⑬。承圣三年（554）十一月，西魏兵攻陷江陵，梁元帝被俘遇害。令人痛心的是，在江陵陷落前夕，萧绎竟将十四万卷藏书付之一炬，这对中国文化典籍传承造成了无法估量的损失⑭。

梁朝的覆灭，最初的起因是梁武帝接纳侯景，却又出尔反尔，导致侯景之乱。但侯景之乱平定之后，梁朝尚有复兴的希望，无奈萧氏兄弟子侄为争权夺利自相残杀，甚至不惜引狼入室，终致国破家亡。颜之推亲眼目睹了萧氏内乱，深感家族内父慈子孝、兄友弟恭之重要，因此《颜氏家训》对这方面的经验教训多有总结。

江陵沦陷后，梁朝士民多被掳掠北上，颜之推一家也在其中。他"时患脚气"，"官给疲驴瘦马"（《观我生赋》自注），北行备极辛苦。这年颜之推二十四岁，第二次做了俘虏。

3. 留北阶段

颜之推被掳至长安，西魏大将军李穆举荐他往弘农（今河南三门峡），为其兄李远掌管文书。天保七年（556），颜之推听说北齐遣返梁臣，他心念故国，于是不畏龙门、砥柱之险，携妻带子乘船东下，夜行数百里，奔赴北齐，希望借以返梁。但是，次年（557）陈霸先篡梁，建立了陈朝，颜之推回归故国的希望破灭了。

北齐文宣帝欣赏颜之推的才学，任他为奉朝请，侍从左右。后来文宣帝又想用他为中书舍人，不料他因在营外饮酒，敕书送来时无人接受，文宣帝非常生气，遂作罢。齐武成帝时，颜之推为赵州功曹参军。齐后主高纬即位，颇好文艺，天统二年（566），调颜之推与萧悫至邺都（今河北临漳县西南）。

武平三年（572），祖珽为左仆射，采纳阳休之、颜之推的建议，奏立文林馆，又奏请编撰《御览》⑮。颜之推待诏文林馆，除司徒录事参军，与李德林一起主持馆事。不久颜之推迁通直散骑常侍，领中书舍人，再迁黄门侍郎。

在北齐政权中，鲜卑贵族及鲜卑化汉人与汉族士大夫存在矛盾。"时武职疾文人，之推蒙礼遇，每构创痏。"（《观我生赋》自注）所谓"武职"，多为掌握军事大权的鲜卑贵族和鲜卑化汉人。他们自恃军功，看不起汉族士大夫。祖珽出身于范阳汉族高门，为当时士林领袖。他执政时组建文林馆，不取"耆旧贵人"（指鲜卑贵族），而扶持汉族士大夫的势力，入馆待诏的达五十余人，如颜之推、阳休之、李德林、王邵、魏澹、薛道衡、卢思道、萧悫、封孝琰、崔季舒、刘逖、辛德源、陆开明等，大都为汉族士大夫中的才学知名之士，因此受到鲜卑贵族的嫉恨。武平四年（573）四五月间，祖珽被谗，贬为北徐州刺史。这年十月，崔季舒、张雕虎等六人联名上书劝阻齐后主巡幸晋阳，被诬谋反，惨遭杀害。所幸颜之推因告假在家，没有连署，才逃过一劫。这一事件，是对汉族士大夫集团的重大打击。

隆化元年（576）冬，周武帝伐齐，齐军大败。次年（577），齐后主禅位于太子高恒。颜之推劝后主于不得已时取道青州、徐州，南投陈朝。后主虽没有立即采纳他的建议，但任命他为平原太守（治今山东聊城），令他防守河津，作奔陈的准备。终因丞相高阿那肱阻拦，奔陈计划搁浅，周兵追至，后主被俘，北齐灭亡。颜之推与阳休之、卢思道、李德林、薛道衡等十余人被征召至长安。他在北齐政权中做官二十余年后，第二次沦为亡国之人。这年颜之推四十七岁。

入周之后，颜之推生活一度陷入困顿，"朝无禄位，家无积财"，连吃饭都成问题，但他仍然心系文化，教育儿子要"务先王之道，绍家世之业"，"以学为教"，反对"弃学徇财"（《勉学》）。后来他被任命为御史上士，生活才有所改善。

北周大定元年（581）二月，杨坚废周静帝自立，建元开皇，国号隋，是为隋文帝。颜之推在北周仅仅二三年，就第三次成为亡国之人。此时他已经五十一岁了。

隋朝是汉人建立的一个政权，颜之推看到了文化复兴的希望。隋太子杨勇仰慕颜之推才学，召他为学士，甚见礼重。开皇二年（582），颜之推建言："礼崩乐坏，其来自久，今太常雅乐，并用胡声，请冯（凭）梁国旧事，考寻古典。"（《隋书·音乐志》）在颜之推看来，自南北分裂以来，华夏文明遭到破坏；新王朝建立后，应当整顿礼乐，这是重整华夏文明的重要举措。他请求依梁朝旧事考订雅乐，可见在他眼中，南方梁朝毕竟保存了华夏文化的正脉。但当时南北分裂局面还没有结束，隋文帝认为："梁乐亡国之音，奈何遣我用邪！"（《隋书·音乐志》）他的建议被搁置下来。

北齐时，魏收编修的《魏书》，以东魏为正统。但隋朝建国，所承为西魏、北周之统。史书以何者为正统，关系到一个政权的合法性问题。因此颜之推奉命与魏澹、辛德源等人重修《魏书》，以西魏为正统，成书九十二篇。可惜此书没有传下来，后世仍然采用魏收的《魏书》[16]。

颜之推曾与陆法言等人讨论音韵问题。陆法言《切韵序》对这件事有所记述："昔开皇初，有仪同刘臻等八人同诣法言门宿。夜永酒阑，论及音韵。……因论南北是非，古今通塞，欲更捃选精切，除削疏缓，萧、颜多所决定。"（《广韵》卷首）所谓"萧、颜"，即指名儒萧该与颜之推。颜之推对音韵的看法，对陆法言撰《切韵》产生了一定的影响[17]。另外，颜之推还参加了关于张宾新历的讨论（《省事》）。

在隋朝生活十余年后，颜之推走完了人生的最后一程。至于他去世的确切年份，文献上并没有记载。《北齐书》本传说："隋开皇中，太子召为学士，甚见礼重。寻以疾终。"缪钺《颜之推年谱》据《颜氏家训·终制》篇"吾已六十余，故心坦然，不以残年为念"，推测颜之推去世时年六十余，约在开皇十余年间，其说甚是。

颜之推一生坎坷，博学多能，文章雅丽，尤其精于文字、训诂、音韵、校勘之学，而论事说理，也通透深邃。他的著作很多，但流传下来的只有《颜氏家训》《还冤志》《观我生赋》及诗歌若干首。

有三子：长子思鲁，次子愍楚，三子游秦[18]。思鲁在隋做过东宫学士，唐初为秦王府记室参军，曾编订其父文集，并作序录（《旧唐书·颜师古传》）。愍楚在隋官通事舍人，大业年间因事被贬，居住于南阳，著有《证俗音略》二卷（《旧唐书·经籍志》）。游秦，隋时典校秘阁，唐高祖时任廉州刺史，后来迁鄂州刺史，死于任所，撰有《汉书决疑》十二卷（《旧唐书·颜师古传》）。思鲁长子籀，字师古（581—645），博览群书，尤精训诂，官至秘书监，校定《五经》，成《五经定本》，并著有《文集》六十卷，注《汉书》与《急就章》，撰《匡谬正俗》八卷传于世（《旧唐书·颜师古传》）。颜杲卿（692—756）、颜真卿（709—784）为思鲁之玄孙，之推五世孙，尽忠报国，正气凛然，均以学行气节见称于世，彪炳史册。颜真卿的书法尤为精妙卓绝，世称"颜体"，王羲之以后无出其右者。可见颜氏家族源远流长，自两晋以来迄于隋唐，四五百年间家学绵延，忠孝传家，名人辈出，在中国文化史上写下了灿烂的一页。

二、《颜氏家训》的主要内容

早在春秋时代，孔子与颜氏家族就有很深的渊源。孔子三岁丧父，由母亲颜徵在养育成人，后来继承尧舜之道，开创儒学，成就了伟大的人格，被后世尊为至圣先师。在孔子的弟子中，颜氏子弟就有八人。颜之推说："颜氏之先，本乎邹、鲁，或分入齐，世以儒雅为业，遍在书记。"（《诫兵》）此言不虚。长期以来，颜氏家族就有良好的家风与家学传统，故颜之推说："吾家风教，素为整密。"（《序致》）东晋颜含，以孝友著称，正直不媚权贵。颜之推记述说："先祖靖侯（案，颜含因功封西平县侯，死后谥靖。）戒子侄曰：'汝家书生门户，世无富贵；自今仕宦不可过二千石，婚姻勿贪势家。'"（《止足》）这几句家训被颜氏后人称为"靖侯成规"。颜含的曾孙颜延之，勤奋好学，博闻强记，文章之美，冠绝当时，与谢灵运并称"颜谢"。他"闲居无事，作《庭诰》之文以训子弟"（《南史·颜延之传》）。《庭诰》是颜延之留给子孙的遗训，谆谆告诫后人要修身养德，孝悌传家；要慎于交友，谦虚谨慎，立身处世，宽默以居，甚至还对饮酒、待仆、纳税、穿衣、饮食等生活细节，都反复叮咛，不厌其烦[19]。

从颜含的"靖侯成规"，到颜延之的《庭诰》，再到颜之推的《颜氏家训》，可见颜氏家族的家训传统一脉相传。《颜氏家训》二十篇，在很大程度上受《庭诰》的影响，内容上有不少相近之处，只不过《庭诰》简短，《颜氏家训》更成熟、更系统、更全面[20]。

颜之推自述说："昔在龆龀，便蒙诱诲；每从两兄，晓夕温清，规行矩步，安辞定色，锵锵翼翼，若朝严君焉。赐以优言，问所好尚，励短引长，莫不恳笃。"（《序致》）他自幼受家风的熏陶，所作《颜氏家训》既是自己人生经验的系统总结，也是对子孙后代的期许，内容丰富，门类齐全。

《颜氏家训》全书以《序致》开篇，以《终制》作结，首尾呼应，一气贯通。《序致》相当于《颜氏家训》一书的前言。颜之推明确表明写作本书的目的在于"整齐门内，提撕子孙"，因此"追思平昔之指，铭肌镂骨，非徒古书之诫，经目过耳也"（《序致》）。他的许多见解都是从自己的人生实践中得来的，不是纸上谈兵、徒发空论者可比。他总结自己人生的体验，留下二十篇家训，作为子孙后代的借鉴。最后一篇《终制》，可以看成是全书的结语，相当于作者的遗嘱。所谓"终制"，就是送终的规制。颜之推首先说明，死亡是人的归宿，无法逃避。古人有言"五十不为夭"，自己年已过六十，所以面对死亡，心中坦然，"不以残年为念"。他担心的是天有不测风云，所以对后事要早作交代，把自己的想法和安排告诉子孙，"聊书素怀，以为汝诫"。他对于自己父母灵柩暂时放置在江陵，没有能力归葬于"建邺旧山"，常怀刻骨铭心的"自咎自责"。他解释了自己为何已是风烛残年，仍要"觇冒人间，不敢坠失"，"全无退隐者"的缘故。然后仔细交代了自己身后丧事如何办理，诸如殓衣、棺木、随葬物、灵筵、祭品、亲友吊唁、四时祭祀等斋供细节，都不厌其烦。颜之推面对死亡理性而达观，他提倡薄葬菲祭，反对无谓的铺张浪费。在本篇最后，他慨叹自己"身若浮云"，漂泊羁旅，还不知死后葬于何处，叮嘱子孙"唯当气绝便埋之耳"。全篇理精义明、情深意切，反映出颜之推参透生死的超然态度[21]。

在《序致》篇中，颜之推开宗明义第一句话就是："夫圣贤之书，教人诚孝，慎言检迹，立身扬名，亦已备矣。"到《终致》篇最后一句话又是："汝曹宜以传业扬名为务，不可顾恋朽壤，以取埋没也。"《颜氏家训》的开头和结尾遥相呼应，反复告诫子孙要以"立身""传业""扬名"为人生目标，这一思想贯穿《颜氏家训》的始终。其余十八篇也都围绕这一主题而展开，按其内容大致可归并为五个方面：教子治家、读书治学、修身处世、风俗杂艺、纠谬辨学。

1. 教子治家

这方面的内容主要集中在《教子》《兄弟》《后娶》《治家》等篇中，其他各篇也有相关的内容。概括起来有以下几点。第一，教子宜早，从在娘胎时就要开始教育。颜之推引孔子语云："少成若天性，习惯如自然。"又引俗谚曰："教妇初来，教儿婴孩。"（《教子》）少年时期是人格养成期，一定要注意引导。第二，教子宜严。适当的责罚是有益的，对子女不应过分宠溺。认为"笞怒废于家，则竖子之过立见"（《治家》）。颜之推举了两个相反的事例加以说明。一个是梁朝大司马王僧辩，其母魏夫人非常严正，僧辩年过四十，还常被其母"捶挞"，因而能"成其勋业"。而梁元帝时的一个学士，聪明有才，但"为父所宠，失于教义"，不懂得如何做人，后来由于"言语不择"，被权贵"抽肠衅鼓"（《教子》），死得很惨。第三，对待子女要公平，不可偏爱。在历史上，如春秋时"共叔之死"，西汉初"赵王之戮"，东汉末"刘表之倾宗覆族"，"袁绍之地裂兵亡"，这样的教训很多，"可为灵龟明鉴"（《教子》）。第四，不可趋炎附势，迎合时尚。如齐朝有个士大夫，儿子十七岁，也还聪明，其父却教他学习鲜卑语及弹琵琶，希图以此取媚权贵。颜之推对这种行为颇为不屑，认为通过这种方式，即使"自致卿相"，也是可耻的。他不希望自己的子孙去做这种事。第五，不可沾染陋习。如当时世人重男轻女，"多不举女"，溺杀女婴，"贼行骨肉"，颜之推认为极不人道。此外，他反对买卖婚姻，认为"卖女纳财，买妇输绢"，与"市井无异"，有悖于伦理。对于"巫觋祷请""符书章醮"这些"妖妄之费"，他也予以抨击，不希望子孙在这方面费财费力。

2. 读书治学

　　主要集中在《慕贤》《勉学》《文章》《名实》《涉务》等篇中。颜之推总结治学经验，提出了不少有价值的观点。第一，读书治学是士人的本分。他认为"人生在世，会当有业"，如农民以"计量耕稼"为业，商贾以"讨论货贿"为业，手工业者以"致精器用"为业，方伎以"沉思法术"为业，武夫以"惯习弓马"为业，那么文士则要以"讲议经书"为业。士人要"明《六经》之指，涉百家之书"，传承经典，博览群书。从大处讲，可以"增益德行，敦厉风俗"；从小处讲，则"犹为一艺，得以自资"。拥有学问技艺，不致于沉沦贱役，衣食无着。他引用当时谚语说："积财千万，不如薄伎在身。"（《勉学》）对士人来说，各种技艺之中，最容易学习而可宝贵的，还是读书治学。第二，读书治学要对身心、对社会有益。他说："夫学者所以求益耳"（《名实》），读书做学问的目的本来是为了"开心明目，利于行耳"（《勉学》）。所谓"开心"，即开阔心胸；"明目"，即增强明辨是非的能力；"利于行"，就是能对自己的社会实践有所裨益。颜之推不但强调读书学习，而且重视实践经验。他认为："士君子处世，贵能有益于物耳，不徒高谈虚论，左琴右书。"(《涉务》)人生在世，不能只是空谈，不问世事。他批评"世人读书者，但能言之，不能行之，忠孝无闻，仁义不足"，"吟啸谈谑，讽咏辞赋，事既优闲，材增迂诞，军国经纶，略无施用"(《勉学》)。那些号称"文学之士"的人，"品藻古今，若指诸掌，及有试用，多无所堪"(《涉务》)；"空守章句，但诵师言，施之世务，殆无一可……问一言辄酬数百，责其指归，或无要会。邺下谚云：'博士买驴，书券三纸，未有驴字'"(《勉学》)。他特别强调读书治学不仅能"知"，更重要的是能"行"，要对社会有用。第三，读书治学宜谦虚。颜之推批评某些士人"读数十卷书，便自高大，凌忽长者，轻慢同列；人疾之如仇敌，恶之如鸱枭"，读书到这个地步，不仅无益，反而有害，还不如不读书。所以他说："如此以学自损，不如无学也。"(《勉学》)他还举一个士族为例，那人本来"天才钝拙"，读书不过二三百卷，腹中并无多少墨水，但家财殷厚，于是附庸风雅，多以酒肉、珍玩交结名士，替他吹嘘。朝士不明真相，以为他真有高才，但是，当"辞人满席，属音赋韵"之时，那人还是露出了马脚(《名实》)。第四，学问不限于书本，还要善于向各行各业的人学习。颜之推说，农商工贾、厮役奴隶、钓鱼屠肉、饭牛牧羊，各行各业"皆有先达，可为师表，博学求之，无不利于事也"(《勉学》)。学习是为了"多知明达"，开启智慧，读书治学不是唯一的途径。如果真有拔群出类的天才，即使没怎么读书，但带兵打仗能深得孙武、吴起之术，执政安邦则取法管仲、子产之教，这样的人也可以称之为有学问。

对于一些士大夫不思进取、不学无术、孤陋寡闻，颜之推提出尖锐的批评。在南北朝后期，门阀士族腐朽堕落的情况可谓触目惊心，《颜氏家训》中多有反映。颜之推亲眼看到，有些人靠祖上的余荫，获得一阶半级，"便自为足，全忘修学"。等到有吉凶大事需要讨论发表意见之时，就现了原形，在大庭广众面前，"蒙然张口，如坐云雾"。每当公私宴集之时，众人谈古赋诗，他就只能"塞默低头，欠伸而已"（《勉学》）。这些贵游子弟平时无不"熏衣剃面，傅粉施朱，驾长檐车，蹑高齿屐"（《勉学》），需要升迁考试、作文赋诗的时候，往往请人代笔。这不仅使自己颜面尽失，也丢了祖宗的脸。

3. 修身处世

这方面内容集中在《省事》《名实》《涉务》《止足》《慕贤》《诫兵》《养生》《归心》等篇中。颜之推"生于乱世，长于戎马"，因此"流离播越，闻见已多"（《慕贤》）。他在《观我生赋》中写道："予一生而三化，备荼苦而蓼辛"，难免有"父兄不可常依，乡国不可常保"之感（《勉学》）。他希望子孙在乱世之中能够生存下来，传承家业，"一旦流离，无人庇荫，当自求诸身耳"（《勉学》）。在动荡不安的乱世中，只有依靠自己的德行、智慧和能力，才能够保全。所以在家训中突出地贯穿着保身、养生的思想。

第一，守道崇德，少欲知足。颜之推说："君子当守道崇德，蓄价待时，爵禄不登，信由天命。"（《省事》）告诫子孙要坚守正道，安分守己，等待时机，听由天命，要守住做人的尊严和底线，不可不顾廉耻，奔走求官。如果用不正当的手段获取官职，那是无异于"盗食致饱，窃衣取暖"。人的欲望无止境，应当知止知足。在《止足》篇中，颜之推首先引用《礼记》中的话"欲不可纵，志不可满"，指出"唯在少欲知足，为立涯限"。所谓"立涯限"，即设定一个限度。颜之推多次提到所谓"靖侯遗规"，即："仕宦不可过二千石，婚姻勿贪势家。"这就是限度。人生在世，衣能避寒，食能塞饥即可。谦虚淡泊，自我约束，可以免于灾祸。历史上周穆王、秦始皇、汉武帝这些人"富有四海，贵为天子"，却不懂得适可而止，结局都不妙，何况是普通人呢？所以他认为，一个二十口人的家庭，驱使的奴婢不要超过二十人，良田不可超过十顷，房屋可以遮蔽风雨，车马能够代步就行了。当然最好还有数万积蓄，可以应对突发事件，这是比较理想的状态。如果超出了以上限度，就要通过行善事、做义举，将钱财散发出去；如果没有达到这个数，也不能通过不正当手段去求取。至于做官，最稳妥的是"处在中品"，向前看有五十人，向后看有五十人，这样就"足以免耻辱，无倾危也"。尤其不可贪恋高位，倘若官位高过中品，就要辞职告退，以图保全。由此可见，颜之推希望子孙持中庸之道，置中产之业，做中品之官，这样才能避免祸患。

第二，崇尚文事，不尚武力。在《诫兵》篇中，颜之推明确反对子孙习武。他回顾了颜氏自秦汉至齐梁"未有用兵以取达者"，并引用"孔子力翘门关，不以力闻"的故事，说明即使像孔子那样体力过人的"圣人"，也不靠武力获名。他结合自己的所见所闻，说明一些文人自不量力，读了点兵书，知道点谋略，就想造反谋乱，结果既害人又害己："每见文士，颇读兵书，微有经略"，于是在承平之世，"首为逆乱，诖误善良"；在战乱之时，又"不识存亡，强相扶戴"。这些都属于"陷身灭族"之事，因此子孙要"诫之哉"！

第三，谨言慎行，思不出位。在《省事》篇，颜之推引用《金人铭》的话说："无多言，多言多败；无多事，多事多患。"认为这是至理名言，要求子孙时常牢记。在乱世之中，上书言事一定要小心谨慎。他总结了从战国到两汉上书陈事的四种类型："攻人主之长短，谏诤之徒也；讦群臣之得失，讼诉之类也；陈国家之利害，对策之伍也；带私情之与夺，游说之俦也。"（《省事》）那些上书的人，往往"贾诚以求位，鬻言以干禄"，目的不纯，所说的又是一些无关紧要的小事，"或无丝毫之益"，却给自己带来"不省之困"。那些成天守在宫门上书献计的人，大都是些夸夸其谈、自以为是之徒，"初获不赀之赏，终陷不测之诛"。颜之推告诉子孙"不足与比肩"，以免招来祸患。当然，他也不反对谏诤，如果身处"得言之地"，又与君主比较亲近，就应当"尽匡赞之规"，不可"苟免偷安，垂头塞耳"，但一定要做到"就养有方"，"思不出位"（《省事》），摆正自己的位置，把握好谏诤的时机，避免招来无端之祸。

第四，不信仙道，崇奉佛教。颜之推虽然没有完全否定道教，说过"神仙之事，未可全诬"，但又指出"性命在天，或难钟值"（《养生》）。他反对出家修道，理由主要有三：其一，人生在世，有很多事情要做，如既要侍奉父母，又要养育子女；既要解决衣食问题，又要为公事私事劳碌奔波，很难隐居山林，超然尘世。其二，修仙耗费钱财，"以金玉之费，炉器所须，益非贫士所办"（《养生》）。炼丹所要耗费的黄金、玉石，以及所需的炼丹器具等，不是普通人家能够承担得起的。其三，死亡是自然规律，是无法避免的，"纵使得仙，终当有死，不能出世"。"学如牛毛，成如麟角。华山之下，白骨如莽。"修道的人很多，成仙的人未见，神仙只存在于传说之中。所以他告诫子孙"不愿汝曹专精于此"（《养生》）。如果要养生，就调养自己的精神，起居遵循规律，适应冷暖变化，饮食有所禁忌，适当吃些药物，顺随天命，不至于短命而死即可。颜之推还介绍了一些养生方法，如庾肩吾服用槐实，有人服用杏仁、枸杞、黄精、白术、车前等，都取得了良好效果，可以借鉴。另外有些人胡乱吃药，造成了严重后果，如王爱州服用松脂，导致肠梗阻而死，这些经验教训都值得引以为戒。总之，养生"先须虑祸，全身保性"。保全了生命，才谈得上养生。当然，也不可为了养生保身而苟且偷生，"生不可不惜"，但"不可苟惜"。颜之推站在儒家立场上，提倡气节，反对贪生怕死。"贪欲以伤生，谗慝而致死"，这是不可取的；"行诚孝而见贼，履仁义而得罪，丧身以全家，泯躯而济国"（《养生》），这是值得提倡的。

与反对修习仙道的态度相比，颜之推对佛教则情有独钟。他特地写了《归心》篇，说颜氏世代奉佛，"家世归心"，要求子孙也要信奉佛教。他认为，"内外两教，本为一体"，佛教、儒教殊途同归。如："内典初门，设五种禁；外典仁、义、礼、智、信，皆与之符。"佛教"五戒"与儒家"五常"是相通的，"归周孔"与"信释氏"并不矛盾。为了坚定子孙后代的信仰，他不惜笔墨，从五个方面驳斥了反佛派的观点。其一，不能因为人的认识有限，就认为佛教所说现实世界之外的事物，以及神通变化无有极限之说荒诞不经。其二，不能因为有些吉凶祸福没有得到及时报应，就认为佛教的因果报应之说是欺骗世人的。其三，不能因为个别出家人的行为不检点，就认为佛教是藏污纳垢之地。其四，不能因为当政者不能合理节制，致使"非法之寺妨民稼穑，无业之僧空国赋算"，就否定佛教。他认为，佛教修行途径有多种，出家只是其中之一，只要"诚孝在心，仁惠为本"，不出家也能修行。其五，"形体虽死，精神犹存"，现世与来世息息相关，生生死死连续不断，不要以为后世与自己毫不相干。因此，"一人修道，济度几许苍生，免脱几身罪累"？希望子孙认真思考，即使不能出家，也要"兼修戒行，留心诵读"，作为"来世津梁"。

颜之推对佛教的崇信态度，遭到后世一些人的批评。如宋人胡寅说："之推者，先师之后也，既不能远嗣圣门之学，又诋毁尧、舜、周、孔，著之于书，训示后裔，使当圣君贤相之朝，必蒙反道败德之诛矣。今其说尚存，与释氏吹波助澜，不可以不辩。"（《崇正辩》）清人黄叔琳也说："《归心》篇阐扬佛乘，流入异端。"（雍正二年黄叔琳刻《颜氏家训节钞本》序）其实，这些人的批评未免言过其实。从整部《颜氏家训》看，颜之推并没有诋毁尧、舜、周、孔，他对儒家的信仰是坚定不移的。他之所以大谈"归心"佛教，主要是受时代风气的影响，"不出当时好佛之习"（《四库全书总目》）。南北朝时期佛教流行，上自王公贵胄，下至士民百姓，崇佛风气颇为盛行。颜氏家族虽然世代业儒，却不排斥佛教，认为二者道理相通，互不冲突，这是儒学开放包容精神的体现。佛教主张勤苦修德，好生恶杀，与儒家的仁爱精神并无二致。

4. 风俗杂艺

《风操》《杂艺》《文章》《书证》《音辞》等篇，谈论文化修养较多。《风操》篇主要讲士大夫应该具备的风仪、节操，目的在于塑造良好的家风，体现文化上的优势。在古代，避讳是一种基本的教养。但避讳也要注意场合，应当视情况而灵活变通，如果过分讲究，则未免不合情理，甚至耽误公事。

古人重视对子女的起名，所谓"名以正体，字以表德"。颜之推归纳了取名应当避免的几种情况，如不要取过于卑贱之名，尽量减少容易重复之名，不要取一些有特殊含义之名。取名要给子孙留下余地，如一些常见字容易犯讳，给人不便。与人相处，应避免挖苦、刺激别人。与人交谈，要注意称谓。另外还有许多生活、礼仪细节，如服丧、吊丧、诉讼、交友、待客等等，颜之推都不厌其烦地对子孙进行教诲。

《杂艺》篇涉及书法、绘画、弓矢、卜筮、算术、医方、琴瑟、博戏、投壶、弹棋十种技艺。弓矢、卜筮之类，颜之推认为没有益处，反对子孙去从事。书法、绘画、算术、医方、琴瑟之类技艺，可以"微须留意""可以兼明"，但"不可令有称誉""不可以专业"，不要花费过多的精力去学习这些技艺，以免受权贵驱使。至于博戏、投壶、弹棋之类，可以消愁解闷，但不可沉迷其中，耽误正事。

5. 纠谬辨学

《文章》《音辞》《书证》诸篇，主要讨论文章、学术方面的问题。

《文章》篇一方面从"宗经""尚用"的儒家文学立场出发，论述了文章（广义的文章包括一切文体）的本原在于五经，主要作用是彰显仁义，颂扬功德，治国安民。除此之外，颜之推也承认文章可以陶冶性情，抒发情感，用于讽谏。深入理解其中滋味，也是令人快乐的事。因此在保持研究儒家经典这个"素业"的前提下，如果行有余力，也可以学文。

《书证》篇对经史文献中的一些问题进行了考辨，类似读书笔记，涉及校勘、文字、音韵、训诂等方面的知识。他运用事实论证、版本互校、碑文铭刻互证、古注旁证、逻辑推理等多种考证方法，纠正了许多前人的错误认识。全篇可分为四十七个小节，每节讨论一个问题，涉及经、史、子、集古籍十六种。他通过列举这些问题，告诫子孙读书治学要精益求精，不可人云亦云，草率从事，以免贻人口实，遭人耻笑。《音辞》篇辨析古今语音的变迁演化、南北音辞的异同得失。全篇共涉及约四十条字音的辨析，既有单字音层面的字音辨析，也有由单字的声韵辨析扩展到音类层面的字音辨析。这些内容虽然"义琐文繁""无关大体"，但"有资小学"，对于研究中古时期语言学有重要参考意义。

三、《颜氏家训》的价值

颜之推被称为"当时南北两朝最通博最有思想的学者"（范文澜语），《颜氏家训》一书"辞质义直"，"辩析援证，咸有根据"（宋人沈揆语），具有"质而明，详而要，平而不诡"（明人张璧语）的特点。《颜氏家训》的价值，主要体现在史料价值、学术价值和思想价值三个方面。

1.史料价值

《颜氏家训》中不仅仅是一些伦理道德训诫，还包含了非常丰富的内容，可以看成是当时社会生活的实录，其中反映了当时的士大夫生活、社会风俗、南北文化差异、宗教信仰等风貌，对于研究当时的政风、士风、学风、世风，具有很高的史料价值。

颜之推生活在南北朝后期，门阀士族已经走过了全盛阶段，逐渐腐化堕落。他观察到："晋朝南渡，优借士族。"（《涉务》）当初中原衣冠南渡，与东南士族一起共克时艰，具有比较积极的进取精神，表现出较强的实际才能，故有才干者能够"典掌机要"，充分参与政权。但是到了南朝后期，情况发生了很大的变化："江南朝士，因晋中兴，南渡江，卒为羁旅，至今八九世，未有力田，悉资俸禄而食耳。假令有者，皆信僮仆为之，未尝目观起一墢土，耘一株苗；不知几月当下，几月当收，安识世间余务乎？故治官则不了，营家则不办，皆优闲之过也。"（《涉务》）南渡之后士大夫靠俸禄为生，经过数代之后，由于生活优闲，不仅不会做官，不会持家，甚至连生存能力都成了问题。到了梁朝，士大夫全面堕落。他们生活奢糜，醉生梦死："梁世士大夫，皆尚褒衣博带，大冠高履。"他们不学无术，崇尚浮华："梁朝全盛之时，贵游子弟，多无学术，至于谚云：'上车不落则著作，体中何如则秘书。'无不熏衣剃面，傅粉施朱，驾长檐车，蹑高齿屐，坐棋子方褥，凭斑丝隐囊，列器玩于左右，从容出入，望若神仙。"（《勉学》）他们对社会事物缺乏兴趣："耻涉农商，差务工伎，射则不能穿札，笔则才记姓名，饱食醉酒，忽忽无事。"他们只知享乐，不问世务："居承平之世，不知有丧乱之祸；处庙堂之下，不知有战陈之急；保俸禄之资，不知有耕稼之苦；肆吏民之上，不知有劳役之勤，故难可以应世经务也。"（《涉务》）梁世士大夫缺乏阳刚之气、尚武精神，"出则车舆，入则扶侍，郊郭之内，无乘马者"（《涉务》）。如建康令王复，生性儒雅，从未骑过马，看见有马嘶吼跳跃，就吓得浑身发抖，面无人色。到了侯景之乱时，这些士大夫"肤脆骨柔，不堪行步，体羸气弱，不耐寒暑，坐死仓猝者，往往而然"（《涉务》）。他们在悠闲的生活中变得体质羸弱，严重缺乏处理社会事务的实际才能，及至遭逢战乱，不仅不能为国出力，甚至连基本的生存能力也荡然无存，只能坐以待毙、转死于沟壑了。

　　颜之推倡导严谨求实、经世致用的学习风尚，《颜氏家训》记录了当时社会上的一些不良学风，并进行了鞭挞。颜之推写道："人见邻里亲戚有佳快者，使子弟慕而学之，不知使学古人，何其蔽也哉？"（《勉学》）

在他看来，学近不如学古，追求时尚未免浮浅。他结合自己的亲身经历，对一些儒士孤陋寡闻、自以为是乃至贻笑大方的不良学风进行了批评："俗间儒士，不涉群书，经纬之外，义疏而已。"(《勉学》)如王粲是汉末"建安七子"之一，以博洽著称，其文集中对东汉经学家郑玄《尚书注》有所指责，可是当崔文彦与诸儒谈起此事时，儒士们却全然不知。又如班固既是史学家，又博通经学，《汉书》中记载了不少经学问题。但当魏收引用《汉书》与博士们讨论有关宗庙之事时，众博士却表示从来没有听说过《汉书》还可以用来证经。由此可见当时的儒士抱残守缺，见闻不广。这样的事例在《勉学》篇中还有很多。

《颜氏家训》记录了士族阶层的一些生活习俗。如梁朝士族子弟流行涂脂抹粉，熏衣剃面，穿高齿屐，弱不禁风，要人扶持。又"江南饯送，下泣言离"，与亲朋好友饯别，要像妇人般伤心流泪，即使梁武帝也不例外。而北方人则不如此，"北间风俗，不屑此事，歧路言离，欢笑分首"(《风操》)。江南士族鄙薄武事，不会骑马，也不习"兵射"。士族中流行"博射"，仅供娱乐。与江南士族不同，北方受游牧民族的影响，士风雄健豪放："河北文士，率晓兵射"，甚至"违弃素业"，以能立战功为荣(《诫兵》)。北齐统治者为鲜卑化的汉人，大力提倡鲜卑文化和习俗，中原士族也出现了鲜卑化的倾向，一些汉族士大夫为博取鲜卑贵族的欢心，往往让子女学鲜卑语、弹琵琶，凭此获取功名富贵(《教子》)。

颜之推还观察到，北朝妇女地位较高，也比较开放："河北人事，多由内政，绮罗金翠，不可废阙，羸马悴奴，仅充而已；倡和之礼，或尔汝之。"妇女往往当家作主，甚至抛头露面，迎来送往："邺下风俗，专以妇持门户，争讼曲直，造请逢迎，车乘填街衢，绮罗盈府寺，代子求官，为夫诉屈。"江东妇女则比较传统，很少参加社交活动："江东妇女，略无交游，其婚姻之家，或十数年间未相识者，唯以信命赠遗，致殷勤焉。"(《治家》)

《颜氏家训》中记载了许多南北朝士族在避讳、称谓、婚姻、宗教信仰等方面的习俗，颜之推在《风操》中列举了很多例证。

如当时特别重视避讳，被看成是社会交往活动中的头等重要之事。子避父讳，以尊父严；与人交谈，也得顾及他人所讳。避讳有很多讲究：以同训之字代替，如以"皓"代"白"，以"修"代"长"；同音异字不避，如"肾肠"（"肠"与"长"同音）不作"肾修"；"绢"可代"练"，但不代"炼"，等等。避讳也有例外："临文不讳，庙中不讳，君所无私讳。"由于过分强调避讳，也发生了不少可笑之事。《风操》篇记述，"梁世谢举，甚有声誉，闻讳必哭，为世所讥"。又有臧逢世，父讳"严"，他只要看到"严寒"二字，必对之流涕，以至于荒废公事。在称谓习俗上，古人称祖父、父母为"家公""家父""家母"，但到南北朝时，只有村野鄙贱之人才如此称呼，会受到士大夫耻笑（《风操》）。

婚姻习俗上，南北朝盛行买卖婚姻，谈婚论嫁讲究门第，索要彩礼，婚嫁聘礼的多少成了士族门第高低的一种象征。对此，颜之推颇有非议："近世嫁娶，遂有卖女纳财，买妇输绢，比量父祖，计较锱铢，责多还少，市井无异。"（《治家》）此外，颜之推还记载了"江左不讳庶孽"之俗："江左不讳庶孽，丧室之后，多以妾媵终家事；疥癣蚊虻，或未能免，限以大分，故稀斗阋之耻。"（《后娶》）江南对于妾媵所生庶子不予歧视，家庭比较和谐。而中原风俗则不同："河北鄙于侧出，不预人流，是以必须重娶。"（《后娶》）由于嫡子和庶子贵贱地位悬殊，导致了许多家庭争端。

南北朝时期"重男轻女"风气特盛，人们多不愿意养女，在《颜氏家训》中也有记载。如《治家》篇记载"世人多不举女，贼行骨肉"。颜氏有一个远亲，妻妾很多，每当临产之时，就派佣人守在门口，"若生女者，辄持将去；母随号泣，使人不忍闻也"。颜之推认为无论生男生女，都是"先人传体"，残害女婴这种事情惨无人道，伤天害理。

魏晋时期，玄学流行，佛教、道教也广为流传，儒学独尊地位有所削弱，士庶信仰趋于多元化。东晋南渡以后，玄风有所衰歇，而佛教、道教影响日益扩大。到梁朝时，梁武帝父子都好玄学，玄学与佛教结合，呈现复兴之势。颜之推写道："洎于梁世，兹风复阐，《庄》《老》《周易》，总谓'三玄'。武皇、简文，躬自讲论。周弘正奉赞大猷，化行都邑，学徒千余，实为盛美。元帝在江、荆间，复所爱习，召置学生，亲为教授，废寝忘食，以夜继朝，至乃倦剧愁愤，辄以讲自释。"（《勉学》）谈玄成为时尚，上行下效，士大夫多习染玄风，颜之推也难免受其熏陶，"好饮酒，多任纵，不修边幅"，"年十二，值绎自讲《庄》《老》，便预门徒"（《北齐书·颜之推传》）。不过，他后来认识到，玄学"非济世成俗之要也"（《勉学》），"虚谈非其所好，还习《礼》《传》"（《北齐书·颜之推传》），由谈玄回归儒家经典。南朝士族不仅礼玄双修，而且许多士大夫虔信佛教，儒释兼通。颜氏家族虽然世代业儒，但同时也信奉佛教。颜之推认为："内外两教，本为一体。"（《归心》）他极力糅合儒、佛二教。宗教信仰的改变，不仅反映了儒学地位有所衰落，而且带来了传统祭祀习俗的变化。梁武帝首创"盂兰盆会"，将佛教活动和传统的祭祖结合起来。颜之推认为，传统的"四时祭祀"虽为"周、孔所教"，但"杀生为之，翻增罪累"。如果欲报答父母恩德，不如"有时斋供"，以及七月半作盂兰盆（《终制》）。在当时，"盂兰盆会"已经演变为一种新的祭祀习俗。

颜之推在《家训》中也提到当时的道教信仰，但他认为修仙、炼丹、长生不死之说多不近人情，因此总体上持否定态度。

此外，《颜氏家训》各篇论及当时人物、事件之处颇多，这方面内容可与南北诸史互相参证，有很高的史料价值，兹不赘述。

2. 学术价值

《颜氏家训》不仅教育子孙修身齐家，还希望后世子孙要具备较高的文化素养，在学问上能够安身立命。因此，在《书证》《音辞》《杂艺》

《文章》等篇中，有相当大的篇幅讲论学术。其学术价值主要体现在以下几个方面。

（1）校勘学价值。颜之推读书勤于思考，注意订正文献错讹。他指出："校定书籍，亦何容易，自扬雄、刘向，方称此职耳。观天下书未遍，不得妄下雌黄。"他的这几句话是其多年治学的经验之谈，被后世古籍整理工作者奉为圭臬。在《书证》篇中，他根据自己的学识和实践经验，运用多种方法来考校文字，不仅订正了很多古书中的讹误，他的考证和校勘的方法也值得借鉴。首先，通过不同传写本的对比来考订。当时南北分裂，很多文献南北传写本各有差异，颜之推常常将"江南本"与"河北本"进行对比，如《后汉书·酷吏传》，江南本将"穴"字写作"六"，是错误的，而河北本不误。其次，运用出土文物及石刻来辨析。如《史记·秦始皇本纪》记载始皇帝二十八年琅玡刻石文字有"丞相隗林"，颜之推根据隋开皇二年（582）出土的秦称权铭文，指出"隗林"应为"隗状"之误。再次，从古汉语语法上辨析。如文献中"也"字的运用，颜之推指出"'也'是语已及助句之辞"，而河北流传的经传"悉略此字"，是不恰当的，有些"也"字是不能省略的。而另外有些俗学之士又矫枉过正，"闻经传中时须'也'字，辄以意加之"，妄改古书，非常可笑。此外，颜之推列举了一些因字形相似而产生的文字错讹。如"策"字异写为"筴"，后世往往以"筴"为正字，而用"策"字来注音，他认为这是本末倒置。除上述方法以外，颜之推还通过考校注文来判断文字错讹。如《史记·苏秦列传》中的"宁为鸡口，无为牛后"一语，他根据延笃《战国策音义》注："尸，鸡中之王。从，牛子。"认为"口"当作"尸"，"后（後）"当为"从（從）"，为俗写之误。此外，他还善于以方言、实物等作为证据来校勘误字。颜之推学问通博，治学严谨，他运用这些方法，不仅纠正了文献流传中的一些错误，也给后人留下不少有价值的启示。

（2）音韵学价值。颜之推精于音韵之学，《音辞》篇是他有关音韵之学的专论。他说："夫九州之人，言语不同，生民已来，固常然矣。"既注意到因地域不同而造成的语言差异，也注意到因时代不同而引起的古今声韵的变迁。颜之推分析了南北方言的差异、成因及特点，指出南方音"清举而切诣"，北方音"沉浊而鈋钝"，南北方言的差异主要表现在语音上。颜之推还分析了南北方言的特点：北方"其辞多古语"，南方"其辞多鄙俗"。他注意到民族融合带来的语言变化问题："南染吴越，北杂夷虏。"南渡士大夫所说的北方话中吸收了吴越的方言，北方方言中也受到了游牧民族的影响。颜之推不仅总结了一些语言学规律，还将其贯穿在对子孙后代的教育中。他说："吾家儿女，虽在孩稚，便渐督正之；一言讹替，以为己罪矣。云为品物，未考书记者，不敢辄名，汝曹所知也。"要求子孙无论是在说话还是在写文章时，用语都要规范、准确。《颜氏家训》还引用了不少前代韵书，如李登《声类》、吕静《韵集》、李概《音韵决疑》、阳休之《切韵》，以及刘昌宗《周官音》、徐仙民《毛诗音》《左传音》等，并对其中的错误予以指正。这些韵书早已散佚，通过《颜氏家训》可以略见梗概。此外，颜之推还参与了陆法言《切韵》的讨论，对《切韵》的编写作了很大的贡献。正如陆法言《切韵序》中所说："欲更捃选精切，除削疏缓，萧（该）颜（之推）多所决定。"《切韵》编成之后，便取代了魏晋南北朝时的诸家韵书，这对于推动当时语音的规范和统一起到了良好的作用。正是由于颜之推等人的努力，音韵学开始发展成熟，成为与文字学、训诂学并列的中国传统语言学的重要组成部分。

（3）文章学价值。《文章》篇集中体现了颜之推的文学思想。他站在儒家立场上，认为文章"原出《五经》"。文学的功用，首先是教化："敷显仁义，发明功德，牧民建国，施用多途。"其次是审美："陶冶性灵，从容讽谏，入其滋味，亦乐事也。"他的基本观点与刘勰《文心雕龙》比较接近。

　　颜之推所处的时代，盛行绮丽柔弱、内容苍白的文风，文学追求形式主义、唯美主义。北朝文坛也与南朝相似，如负有盛名的作家邢邵和魏收等，以模拟南朝文士为荣，或雅慕沈约，或崇尚任昉。颜之推对这种浮艳靡丽的文学潮流颇不以为然，认为："夫君子之处世，贵能有益于物耳！"主张文学要经世致用。他提出："文章当以理致为心肾，气调为筋骨，事义为皮肤，华丽为冠冕。"形象地把属于内容范畴的"理致"和"气调"，比拟为人的"心肾"和"筋骨"；把属于形式范畴的"事义"和"华丽"，比拟为人的"皮肤"和"冠冕"。主张文章的内容和形式要和谐统一，两者不可偏废。对当时"趋末弃本""辞胜而理伏"的"浮艳"文风深为不满。但是，他并不因此而矫枉过正，忽视辞采等艺术形式的作用。他认为古人文章的"宏材逸气""体度风格"胜过今人，而今人的"音律谐靡""章句偶对""讳避精详"胜过古人，所以不可盲目尊古，也不可一味贬今。正确的做法是："宜以古之制裁为本，今之辞调为末，并须两存，不可偏废。"他还主张文章要通俗易懂，出自胸臆。他赞成沈约的说法："文章当从三易：易见事，一也；易识字，二也；易读诵，三也。"他不反对用典用事，但反对用典晦涩，满纸奇字，令人费解。主张"用事不使人觉，若胸臆语"，反对"穿凿补缀"，"事烦而才损"。他还说："凡为文章，犹人乘骐骥，虽有逸气，当以衔勒制之，勿使流乱轨躅，放意填坑岸也。"所谓"逸气"，即俊逸之气，是指作家的才华、气质，接近于刘勰所讲的"风骨"。这种"逸气"不可过于放纵，天马行空，而要有所收敛。在诗歌欣赏方面，他推崇王籍的诗句"蝉噪林愈静，鸟鸣山更幽"（《入若耶溪》），认为"文外独绝"，"有情致"，即言外含不尽之意，余味无穷。他欣赏萧悫的诗句"芙蓉露下落，杨柳月中疏"（《秋诗》），"爱其萧散，宛然在目"，可见他有非常敏锐细致的审美感受能力。颜之推提倡文士之间要相互"击难""弹射"，这实质上已涉及到开展文学批评的问题。他主张文章要主动求人指正，"知有病累，随即改之"。

他还提倡"不可窃人之美以为己力，虽轻虽贱者必归功焉"，对别人成果要充分尊重，不可据为己有。颜之推还主张文士的学识和道德修养要相结合，把两者的关系比喻成春华与秋实："夫学者，犹种树也。春玩其华，秋登其实。讲论文章，春华也；修身利行，秋实也。"春华与秋实的关系，亦即学识与德行的关系。他认为"自古文人，多陷轻薄"，因此很多人不得善终，究其原因在于："文章之体，标举兴会，发引性灵，使人矜伐，故忽于持操，果于进取。"他列举了从屈原到谢朓等三十六位文人的际遇，告诫子孙要引以为戒，不可沾染文人恶习，要"深宜防虑，以保元吉"（《文章》）。

此外，《杂艺》篇则分论书法、绘画、射箭、卜筮、算术、医药、音乐、博弈、投壶等各种技艺，为我们研究这些"杂艺"在当时的种种情状及士人的社会生活提供了线索，具有宝贵的学术价值。

3. 思想价值

颜之推是孔子弟子颜回的裔孙，家学、家风传承源远流长。《颜氏家训》说："吾家风教，素为整密。"（《序致》）琅邪颜氏世代以儒学传家，家学传统对颜氏子孙影响深远。《颜氏家训》不仅内容十分丰富，涉及家庭生活的各个方面，而且思想也颇为深刻，对于现代人仍然具有一定的启发作用。其思想价值主要体现在：

（1）"以儒为本"的思想。《颜氏家训》一书，《隋书·经籍志》不载，《旧唐书·经籍志》《新唐书·艺文志》《宋史·艺文志》《郡斋读书志》著录，列于子部儒家类。不过，宋代陈振孙《直斋书录解题》则将其归于杂家，并解释说："古今家训以此为祖，而其书崇尚释氏，故不列于儒家。"清乾隆年间所修《四库全书总目》也将《颜氏家训》归入子部杂家类。四库馆臣认为《颜氏家训》的《归心》篇"深明因果，不出当时好佛之习"，《书证》《音辞》《杂艺》《文章》等篇"兼论字画音训，并考正典故，品第文艺"，不专为儒家的学问，因此将其移入杂家。其实，馆臣的做法未免苛求太过。颜之推的根本立场是儒家的，《颜氏家训》一书的主体思想也是儒家，这是毫无问题的。通观《家训》，"述立身治家之法，辨正时俗之谬，以训诸子孙"（《郡斋读书志》卷三上），儒家立场十分鲜明。首先，《颜氏家训》的主题是教育子孙"务先王之道，绍家世之业"（《教子》）。所谓"先王之道"即儒家修齐治平之道，"家世之业"即儒家经典传承之业。颜氏"世以儒雅为业"，这是颜之推在书中反复强调的。因此，颜之推的教育观是儒家的。《家训》写道："上智不教而成，下愚虽教无益，中庸之人，不教不知也。"（《教子》）强调教育的重要性。他提倡儒家的家庭伦理观："父不慈则子不孝，兄不友则弟不恭，夫不义则妇不顺矣。"（《治家》）尤其重视儒家的礼教："圣人之教：箕帚匕箸，咳唾唯诺，执烛沃盥，皆有节文。"（《风操》）颜之推以儒家圣贤为理想人格："'千载一圣，犹旦暮也；五百年一贤，犹比髀也。'言圣贤之难得，疏阔如此。"（《慕贤》）虽然他反复强调要注意全身、保生，但认为"夫生不可不惜，不可苟惜"（《养生》），在面临"舍生取义"的选择之时，还是要义无反顾地挺身而出。他从儒家的"仁义"观出发，主张戒兵、抚民，重视"生民之本"，即"要当稼穑而食，桑麻以衣。荒果之畜，园场之所产；鸡豚之善，埘圈之所生"（《治家》）。还要求不妄杀，少杀生："儒家君子，尚离庖厨，见其生不忍其死，闻其声不食其肉。"（《归心》）他提倡薄葬，认为虚耗钱财而无益。因此，颜之推的自我身份认同是儒家，他的基本价值观也是儒家。从《颜氏家训》中，可以看到儒家思想仍然是当时社会的主流价值观。

（2）"以佛济儒"的思想。和南北朝时期许多士大夫一样，颜之推对佛教持一种开放和接纳的态度，甚至在《颜氏家训》中专门写了《归心》一篇，为佛教辩护，并希望子孙后代能够归心于佛。他认为："三世之事，信而有征，家世归心，勿轻慢也。"（《归心》）颜之推为什么对佛教如此情有独钟？信佛与"业儒"是否矛盾？后世学者对此产生过较大的争议。其实，颜之推对儒、佛关系有非常清楚的认识。他认为："内外两教，本为一体，渐积为异，深浅不同。"佛、儒二教，殊途同归，佛教"五戒"与儒家"仁义礼智信"是相通的。所以他说："归周、孔而背释宗，何其迷也！"颜之推归心佛教，是因为颜氏家族既为儒学名族，又世代奉佛，视儒、佛为一体，所以信奉周、孔儒家并不就要排斥佛教。颜之推并不主张抛妻弃子出家修行，他告诫子孙："君子处世，贵能克己复礼，济时益物，治家者欲一家之庆，治国者欲一国之良"（《归心》），而"出世"与"处世"，正是佛教徒与儒士的显著区别。作为儒士，要以传承家业、"树立门户"为天职，同时也要"兼修戒行，留心诵读，以为来世津梁"（《归心》）。可以看出，颜之推奉佛，一是要求子孙奉行"戒行"，修养品德，二是相信"因果"，目的是为"来世"积福。所谓"来世"，也包括子孙后代家族兴旺。佛教"戒行"与儒家提倡的"五常"相通，"因果"也与儒家所谓"积善之家，必有余庆；积不善之家，必有余殃"之说相符，二者劝人行善的目的是一致的。可以看出，颜之推所接受的这些佛教思想，是经过选择的；佛教中消极弃世、忘我无执等思想，并没有被他接受。《颜氏家训》教育子孙要"诚孝在心，仁惠为本"，要"慎言检迹，立身扬名"（《序致》），积极入世。所以《颜氏家训》只接受了部分的佛家思想，而这部分佛家思想是与儒家思想相通的，互补的。颜之推对佛教思想的接纳，正反映了儒家文化的包容精神。

（3）家教思想。《颜氏家训》一书对后世影响最大的是其家教思想。颜之推的教育思想主要体现在以下几个方面：

第一，重视德行教育，培养君子人格。颜之推教育子孙："君子当守道崇德"，"为善则预，为恶则去，不欲党人非义之事也"（《省事》）。他甚至反对子孙与"不识仁义"的人交结为邻。读书治学的目的，是为了"开心明目，利于行耳"，要以"增益德行，敦厉风俗"为第一要务，反对投机钻营、谄事邀宠。通过学习，明白养亲、事君的道理；通过读书，变化气质，改变骄奢、鄙吝、暴悍、怯懦的习气。总之，读书治学是为了增长智慧，砥砺德行，如仁义、诚（忠）孝、恭谨、明礼、节俭、信实，"历兹以往，百行皆然"。所以说："学之所知，施无不达。"（《勉学》）颜之推希望子孙能够通过"修身"立"令名"于后世："名之与实，犹形之与影也。德艺周厚，则名必善焉；容色姝丽，则影必美焉。今不修身而求令名于世者，犹貌甚恶而责妍影于镜也。"（《名实》）

第二，重视家庭伦理，培养良好的家风。作为儒家士大夫，颜之推十分重视家庭人伦关系的和睦亲善。《颜氏家训》说："夫有人民而后有夫妇，有夫妇而后有父子，有父子而后有兄弟。一家之亲，此三而已矣。自兹以往，至于九族，皆本于三亲焉。故于人伦为重者也，不可不笃。"（《兄弟》）他认为，夫妇、父子、兄弟这三对关系在家庭中最为重要，其他社会关系都从这里推衍而出的，故处理好这三对关系，家庭才能和睦。他提倡以儒家的"夫义妇顺""父慈子孝""兄友弟恭"作为处理家庭关系的伦理准则，因而特别重视对子孙进行家庭人伦教化，培养家庭成员的伦理道德素养，形成良好的家风。

第三，重视早教幼教，提倡终身教育。《颜氏家训》云："人生小幼，精神专利，长成已后，思虑散逸，固须早教，勿失机也。"（《勉学》）就是说，人在幼年时智慧未开，可塑性强，精神容易专注，所以要及时教育，不要错过良机。孩子长大成人后，思想容易分散，教育的效果就不佳了。他自己七岁时就能背诵一千二百字左右的《鲁灵光殿赋》，到六十多岁时每隔十年温习一遍，仍然记得；而二十岁后所诵经书，一个月不温习就忘记了。"教子宜早"的教育理念，反映了颜之推对个体认知发生规律及道德养成规律的认识，同时也反映了其在家庭教育上积极主动的态度，对于当今的家庭教育仍然具有积极的启示。当然，颜之推提倡早教、早学，也不是说一旦错过了早期教育，便可以自暴自弃。人生难免会遭遇困境，如果在青少年失去了求学的机会，晚年同样可以通过学习来成就一番事业。历史上老年勤学的例子很多，如孔子自述说："五十以学《易》，可以无大过矣。"战国时荀卿五十岁才去游学，终成一代大儒；汉代的公孙弘四十余岁才学习《春秋》，后来官拜丞相。因此，任何时候都需要不断地学习。颜之推说："幼而学者，如日出之光；老而学者，如秉烛夜行，犹贤乎瞑目而无见者也。"（《勉学》）只要读书学习，任何时候都不为晚。可见，颜之推虽然强调"教妇初来，教儿婴孩"，认为"早教"成效更好，但并不否认"晚学"的重要性。他提倡终身教育，如果青少年时期错过受教育的机会，但只要发奋努力，仍然可以大器晚成。

第四，重视严慈相济，提倡寓爱于教。颜之推父母早逝，由兄长养育成人，兄长对他慈爱有余而严教不足。他后来反思自己成长过程中出现的一些问题，与兄长对他的放纵不无关系。所以颜之推特别强调，对子女只有爱是不够的，一定要寓爱于教、严慈相济。《教子》篇说："父母威严而有慈，则子女畏慎而生孝矣。"《治家》篇说："笞怒废于家，则竖子之过立见。"父母对子女的爱出于天性，但这种爱一定要注意分寸，不要溺爱，更不能放任自流。他主张父母在子女面前一定要有威严，适当的体罚有助于鞭策子女走正道，这是有一定道理的。当然也要认识到，体罚从根本上说是一种简单的、消极的教育方法，虽然可能有一些短暂的、表面的效果，但也可能会扭曲被教育者的个性，伤害其身心的健康，这是需要引起家长注意的。此外，古代家庭往往多子女，《教子》篇说："人之爱子，罕亦能均；自古至今，此弊多矣。"子女无论是"贤俊"还是"顽鲁"，父母都应当一视同仁，而不能偏宠，"有偏宠者，虽欲以厚之，更所以祸之"。偏宠不仅有违父母之道，也对子女的成长和家庭的和谐产生不利影响。

第五，重视言传身教，提倡以身作则。颜之推认为，父母与子女情感深笃，是他们最亲近和依赖的人，父母的言传身教对孩子有着潜移默化的影响。特别是对于孩子的早期教育，与孩子亲近之人的"言传"更容易获得他们的信任，收到良好的教育效果。他说："夫同言而信，信其所亲；同命而行，行其所服。禁童子之暴谑，则师友之诫不如傅婢之指挥；止凡人之斗阋，则尧舜之道不如寡妻之诲谕。"（《序致》）除了"言传"之外，家庭教育更需要以身作则的"身教"，颜之推称之为"风化"，即长辈或家庭地位较高者的言行举止对家庭成员有潜移默化的教育感化作用。颜之推说："夫风化者，自上而行于下者也，自先而施于后者也，是以父不慈则子不孝，兄不友则弟不恭，夫不义则妇不顺矣。"（《治家》）上行则下效，为人父母、兄长、丈夫者首先要端正己身，加强自身的道德修养，才能发挥表率和示范作用，熏陶和感染其他家庭成员，从而形成良好的家庭道德风尚。治家如治国。孔子曾说："其身正，不令而行；其身不正，虽令不从。"又说："不能正其身，如正人何？"（《论语·子路》）孟子也说："身不行道，不行于妻子；使人不以道，不能行于妻子。"（《孟子·尽心下》）颜之推强调治家要言传身教，要以身作则，是对孔孟思想的继承和发挥，对于当今的家庭教育仍然具有重要的参考价值。

　　第六，强调慎择师友，重视教育环境。古代思想家很早就认识到环境对于受教育者的巨大影响。墨子说："染于苍则苍，染于黄则黄。"（《墨子·所染》）荀子也说："居楚而楚，居越而越，居夏而夏。"（《荀子·不苟》）"蓬生麻中，不扶而直；白沙在涅，与之俱黑。"（《荀子·劝学》）此外，"孟母三迁"的故事也家喻户晓。颜之推继承了这些教育思想，并结合自己的切身体会，特别强调客观环境对子女教育的影响。他说："人在年少，神情未定，所以款狎，熏渍陶染，言笑举动，无心于学，潜移默化，自然似之。"（《慕贤》）人在年少之时，思想性情还没有定型，和谁相处关系密切，就会受到谁的熏陶感染，一言一笑、一举一动，即使没有刻意模仿，也会在潜移默化之中自然而然地与之相似。颜之推又说："是以与善人居，如入芝兰之室，久而自芳也；与恶人居，如入鲍鱼之肆，

久而自臭也。墨子悲于染丝，是之谓也。君子必慎交游焉。"(《慕贤》)
和善人相处，如同进入了满是芝兰香草的房间，时间长了自己也会变得
芳香起来；与恶人相处，就如同进入了出售鲍鱼的店铺，时间久了，自
己也会变得腥臭难闻。颜之推告诫子孙要注意选择良师益友，择善而居，
择善而处，择善而交。客观环境、交往对象对于受教育者有很大的影响，
对于一个人的成长至关重要。因此，要选择和营造良好的教育环境，这
一点仍然值得今人深思。

四、《颜氏家训》的流传与版本

《颜氏家训》自问世以来，即被广泛关注，其影响范围，远远超出
了颜氏一族。清人王钺说："北齐黄门颜之推《家训》二十篇，篇篇药石，
言言龟鉴，凡为人子弟者，可家置一册，奉为明训，不独颜氏也。"[22] 不过，
隋唐时期该书主要以抄本流传。至宋元以后雕版印刷盛行，为其广泛传
播提供了更加便利的条件，从而出现了众多的刻本。究其原因，诚如王
利器先生所言，一则由于儒家的大肆宣传，再则由于佛教徒的广为征引
(道宣《广弘明集》、道世《法苑珠林》、法琳《辨正论》、祥迈《辨伪录》、
法云《翻译名义集》等都曾引用《颜氏家训》)，三则由于颜氏后裔的多
次翻刻，于是泛滥书林，充斥人寰，由近及远，争相矜式[23]。

宋元以后，《颜氏家训》主要存在七卷本和二卷本两个系统[24]，篇数
都为二十篇。

1. 宋元刻本

宋版《颜氏家训》主要为七卷本，最早是宋天台郡谢氏家藏蜀本，
此本经谢景思参考五代和凝本等多种版本校勘，颇为精善。南宋淳熙七
年（1180），嘉兴沈揆以天台谢氏本为底本，结合家藏闽本等，详加考

校后付梓刊行（此本又称台州公使库本），后附沈揆《考证》二十三条及校勘姓氏。宋元乃至明清其他版本多以沈刻本为祖。

宋代另一个《颜氏家训》流传系统为董正功《续家训》本。此本八卷，为续《颜氏家训》而作，每篇先列颜氏文，因此也可视为《家训》的另一个本子。

元代版本基本上继承宋代的沈刻七卷本系统。其中廉台田氏补修重印本，有无名氏序和沈揆跋，序后有廉台田家印造琴式木记。傅增湘《藏园订补郘亭知见传本书目》称此本为潘氏滂喜斋所藏，乃元翻宋淳熙七年沈揆台州刻本，为"世间家训第一善本"。此本为现存最早的刻本，今藏于上海图书馆，通行本有"中华再造善本"丛书影印本。

2. 明刻本

明代流行的《颜氏家训》多为二卷本。《中国古籍总目》罗列了明清时二卷本《家训》24种（不含翻刻、重印本）。如成化年间罗春刻本，前后无序跋，上卷题署"建宁府同知绩溪程伯祥刊"，下卷题署"建宁府通判庐陵罗春刊"。万历二年（1574）颜嗣慎刻本依照成化本旧式校刻。

正德十三年（1518），颜如瓌用宋董正功《续家训》本、宋刻抄本及家藏本相互校订，刻成《颜氏家训》二卷。万历二年颜懋乾刻本二卷、万历六年（1578）颜志邦刻本二卷，以颜如瓌本为底本，并参考其他本子重刻而成。程荣刻《汉魏丛书》，收《颜氏家训》二卷，据颜志邦本翻刻。1935年陕西通志馆活字印《关中丛书》第三集，也依据的是颜志邦刻本。

此外，万历二十年（1592）何允中刻《广汉魏丛书》，收入《家训》二卷，据何镗本刻入，改署"东海屠隆纬真甫纂"，故此本又称为"屠本"。嘉靖三年（1524），傅太平刻《颜氏家训》二卷，据张璧序云出自中秘本系统，经张璧校录之后付傅太平刊行。傅增湘曾经收藏此本，《四部丛刊初编》据以影印。

3. 清刻本

清刻《颜氏家训》二卷本主要有：康熙五十年（1711）颜星重刻本，康熙五十八年（1719）朱轼刻本，雍正二年（1724）黄叔琳刻《颜氏家训》节抄本，乾隆五十六年（1791）王谟刻《增订汉魏丛书》本。《四库全书》本据明人刻本抄录，也为二卷本。

清刻七卷本主要有：乾嘉年间鲍氏据述古堂影宋重刻本，收入《知不足斋丛书》。唐晏刊《龙溪精舍丛书》、屏山聂氏汗青簃都据《知不足斋丛书》本重刻。

清代最有影响、流传最广的是卢文弨抱经堂校刻本，题"赵瞰江先生注，抱经堂校补"。赵曦明晚年佐卢文弨为暨阳书院讲席，与卢氏为莫逆之交。年逾八十，尚取宋本《颜氏家训》七卷为之作注，书脱稿而病亡。卢文弨以赵曦明所注为底本，为之分章断句，将宋本沈氏《考证》散置文句之下，并参以通俗本进行注补并重校。段玉裁正误定讹，钱大昕撰《注补正》一卷。参与校订的十余人多为当时知名学者，故称精善。民国年间傅增湘据宋本《续家训》对抱经堂本作了校、跋。1930 年渭南严氏孝义家塾校刻《颜氏家训注》七卷，附《补校注》一卷，以卢文弨抱经堂本为底本，保留赵曦明注、卢文弨补校注。严式诲又搜集钱大昕、孙志祖、钱馥、李审言、郑珍、赵熙、龚道耕、林思进等多家补校笺识，作《补校注》一卷附于其后。

4. 外译本

《颜氏家训》不仅在中国影响深远，而且早就传到了日本、韩国。唐代中叶，日本留学生吉备真备学成归国，把《颜氏家训》带到日本，并以此为范本，效法《颜氏家训》的体例，写成《私教类聚》一书，成为日本第一部家庭教育著作。日本宽文二年（康熙元年，1662）曾仿刻明成化年间建宁府通判庐陵罗春刊本（此本尚存）。严绍璗《日本汉籍善本书录》著录日本典藏《颜氏家训》四种。《颜氏家训》也有不少日文翻译本，如宇都宫清吉的《颜氏家训译注》（平凡社，1969 年），久米旺生等编译的《颜氏家训》（1990 年），林田慎之助译《颜氏家训》（2018年）等。《颜氏家训》也传到韩国，有多种韩语译本。其中车顺福译《颜氏家训》（汉韩对照本）收入《大中华文库》。此外日本、韩国还有不少专门研究《颜氏家训》的学位论文和著作㉕。

《颜氏家训》的英文译本主要有邓嗣禹翻译本㉖。1936 年，美国汉学家博晨光（1886—1958）与中国学者邓嗣禹（1905—1988）申请到燕京大学司徒雷登研究项目基金，合作开展《颜氏家训》英译工作，但因战争等原因而未完成。后来邓嗣禹独立完成了该书英译，于 1966年由英国 E.J.Brill 出版社出版，1968 年又出版了增订本。另有宗福常的《颜氏家训》汉英对照本，收入《大中华文库》，2004 年外文出版社出版。

5. 整理本

自清代赵曦明注、卢文弨补注《颜氏家训》之后，该书训释始粲然大备。20 世纪以来，学术界对《颜氏家训》一书极为重视，出版、发表了大量研究论著，其中对《颜氏家训》的注释、考辨成就最为突出。这里择要介绍三种。

一是周法高《颜氏家训汇注》㉗。其书博采众说，为《颜氏家训》作补注补正，对于赵、卢二家之注，缺者补之，误者正之，汇列赵氏注、卢氏补注及周氏本人的补注补正，故名《汇注》。

二是王叔岷《颜氏家训斠注》㉘。该书在周法高《汇注》的基础上，以清代鲍氏《知不足斋丛书》重雕述古堂影宋本为底本，对周书作了补正。

　　三是王利器《颜氏家训集解》㉙。该书以卢文弨抱经堂校定本为底本，而校以宋本、董正功《续家训》以及明清各种版本，并在赵、卢二家注基础上，广引文献，纠谬订讹，拾遗补缺，校勘、注释、考证精审。书末附录各家序跋、《颜之推传》(《北齐书·文苑传》)、《颜氏家训》佚文、《颜之推集》辑佚。该书集历代《颜氏家训》研究之大成，是目前为止最重要、最通行的参考书。

　　此外，刘盼遂、周祖谟、缪钺等前辈学者对《颜氏家训》的校勘、注释、考订和研究也作了重要贡献。最近数十年来，学术界出版了一些《颜氏家训》的译注、普及读物，兹不一一列举。

　　《颜氏家训》全文约四万字，是一部首尾呼应、内容相关、自成体系的家训经典，思想深邃，影响巨大，本书将二十篇全文收录。

　　清人卢文弨抱经堂本是学界公认的善本，我们的评点本也以此本为据，参考赵曦明、卢文弨、郝懿行、刘盼遂、周法高、王叔岷、王利器等诸家的研究成果，择善而从。为了方便阅读，不再分卷，而以篇目为序。对原典各篇，根据内容层次，适当予以分段。

　　①　徐少锦、陈延斌《中国家训史·导言》，西安：陕西人民出版社 2003 年版，第 2 页。

　　②　陈振孙《直斋书录解题》，徐小蛮、顾美华点校，上海：上海古籍出版社 1987 年版，第 305 页。

　　③　晁公武撰，孙猛校证《郡斋读书志校证》，上海：上海古籍出版社 1990 年版，第 442 页。

　　④　《颜氏家训·诫兵》说："颜氏之先，本乎邹、鲁，或分入齐，世以儒雅为业，遍在书记。"

　　⑤　颜氏渡江之后，居于建康（今江苏南京），称颜家巷。颜含以下七世的坟墓都在建康附近的幕府山西侧（《观我生赋》自注）。

　　⑥　《颜氏家训·文章》。下文凡引用《颜氏家训》，只夹注篇名。

⑦　关于颜之推的生平事迹，除《北齐书·文苑传》和《北史·文苑传》外，颜之推的《观我生赋》和《颜氏家训》等多有自述。当代学者缪钺先生著有《颜之推年谱》《颜之推评传》，对颜之推生平考论翔实，可资参考。

⑧　关于颜之推的生年，《颜氏家训·终制》说："吾年十九，值梁家丧乱，其间与白刃为伍者，亦常数辈。幸承徐福，得至于今。"清人钱大昕《疑年录》卷一云："颜之推，六十余，生于梁中大通三年辛亥，卒于隋开皇中。"从中大通三年（531）到太清三年（549）侯景之乱，正是十九年，推知颜之推出生于公元531年。

⑨　《鲁灵光殿赋》，为汉赋名篇。作者王延寿，东汉学者王逸之子，曾游鲁国，作此赋。年二十余岁溺水而亡。

⑩　《颜氏家训·序致》对此有记载："年始九岁，便丁荼蓼，家途离散，百口索然。慈兄鞠养，苦辛备至；有仁无威，导示不切。"

⑪　《北齐书·颜之推传》说："值侯景陷郢州，频欲杀之，赖其行台郎中王则以获免，被囚送建邺。"

⑫　颜之推《观我生赋》说："经长干以掩抑，展白下以流连。深燕雀之余思，感桑梓之遗虔。得此心于尼甫，信兹言乎仲宣。"

⑬　颜之推在江陵，主要从事文献整理工作，并时常参加文人雅集。颜之推《观我生赋》说："指余棹于两东，侍升坛之五让。钦汉宫之复睹，赴楚民之有望。摄绛衣以奏言，忝黄散于官谤。或校石渠之文，时参柏梁之唱。"

⑭　梁元帝兵败被俘，被问及焚书原因时辩解道："读书万卷，犹有今日，故焚之。"（《资治通鉴》卷一百六十五）萧绎江陵焚书，使东晋南朝历经数百年积累的文化典籍，顷刻烟尘，为典籍史上一大浩劫。颜之推《观我生赋》写道："民百万而囚虏，书千两而烟炀。溥天之下，斯文尽丧。"自注云："北方坟籍，少于江东三分之一。梁氏剥乱，散逸湮亡，唯ész元鸠合，通重十余万，史籍以来，未之有也。兵败悉焚之，海内无复书府。"痛惜之情溢于言表。

⑮　《御览》是一种大型类书，主要供皇帝阅览。三国时魏文帝曹丕曾命诸儒撰集《皇览》。南朝梁武帝命徐勉主编《华林遍略》七百卷（或作六百二十卷），该书于东魏时传至北方。北齐编纂《御览》，即仿效此书。从武平三年（572）二月开始，八月即告成书，其间颜之推贡献尤大。史称颜之推"聪颖机悟，博识有才辩……善于文字，监校缮写，处事勤敏，号为称职"（《北齐书》本传）。全书共三百六十卷，初名《玄洲苑御览》，后改名《圣寿堂御览》，最后祖珽定名为《修文殿御览》。该书宋时还流传于世，后来有了《太平御览》，此书遂逐渐残缺，以至亡佚。

⑯　刘知幾《史通》卷十二《古今正史》云："齐天保二年，敕秘书监魏收博采旧闻，勒成一史。……至隋开皇，敕著作郎魏澹与颜之推、辛德源更撰《魏书》，矫正收失。澹以西魏为真，东魏为伪，故文、恭列纪，孝靖称传。合纪、传、论例，

总九十二篇。"

⑰ 陈寅恪《从史实论切韵》："颜氏之家法，最为讲求切正之音辞。又陆法言《切韵》之写定，剖析毫厘，分别黍累，殆为一极有系统而审音从严之韵书，故《切韵》一书特与南方人士颜、萧有关。"见氏著《金明馆丛稿初编》，上海：上海古籍出版社 1980 年版，第 365 页。

⑱ 缪钺《颜之推年谱》说："思鲁与愍楚皆是之推在北齐时所生，二子之命名，有不忘本之意（《北齐书》本传）。'思鲁'表示怀思故乡（颜氏之先，本乎邹鲁）；'愍楚'表示哀念故国（梁元帝都江陵，故曰楚）。游秦大概是之推迁入关中以后所生，故曰'游秦'。"

⑲ 颜延之《庭诰》，《宋书·颜延之传》有节录，唐宋类书亦多引用。清人严可均、马国翰、龙璋等都有辑本。

⑳ 《庭诰》三千四百余字，《颜氏家训》三万六千余字。

㉑ 周作人说："《终制》一篇是古今难得的好文章，看彻生死，故其意思平实，而文辞亦简要和易，其无甚新奇处正最不可及处，陶渊明的《自祭文》与《拟挽歌辞》可与相比，或高旷过之。陶公无论矣，颜君或居其次，然而第三人却难找得出了。"见周作人《夜读抄》，北京：十月文艺出版社 2011 年版。

㉒ 王钺《读书丛残》卷之上《读颜氏家训》，清雍正元年刻本。

㉓ 王利器《颜氏家训集解·叙录》，北京：中华书局 1993 年版。

㉔ 关于《颜氏家训》的版本，参考孙丽萍《颜氏家训版本概述》（《科技向导》2010 年第 5 期）。

㉕ 关于《颜氏家训》的日本、韩国传刻本，参考周延良《〈颜氏家训〉的东渡、回归和接续》（《博览群书》2019 年第 4 期）、张大英《〈颜氏家训〉的外译流传情况》（《兴义民族师范学院学报》2018 年第 4 期）。

㉖ 彭靖《〈颜氏家训〉最早英译本与海外传播》，《中华读书报》2017 年 11 月 15 日第 14 版。

㉗ 周法高《颜氏家训汇注》，《"中央研究院"历史语言研究所专刊》之四十一，1960 年。

㉘ 王叔岷《颜氏家训斠注》，收入《香港大学五十周年纪念论文集》第一册，香港大学中文系 1964 年；台北：艺文印书馆 1975 年版。2007 年中华书局出版《王叔岷著作集》，将此书与《吕氏春秋校补》《世说新语补正》《文心雕龙缀补》汇编为《慕庐论学集》第 2 册。

㉙ 王利器《颜氏家训集解》，上海：上海古籍出版社 1980 年版；《颜氏家训集解》（增补本），北京：中华书局 1993 年版。

颜氏家训

序致第一

夫圣贤之书，教人诚孝，慎言检迹[1]，立身扬名，亦已备矣。魏晋已来[2]，所著诸子，理重事复，递相模敩[3]，犹屋下架屋，床上施床耳。吾今所以复为此者，非敢轨物范世也[4]，业以整齐门内，提撕子孙[5]。夫同言而信，信其所亲；同命而行，行其所服。禁童子之暴谑[6]，则师友之诚不如傅婢之指挥[7]；止凡人之斗阋[8]，则尧舜之道不如寡妻之诲谕[9]。吾望此书为汝曹之所信[10]，犹贤于傅婢寡妻耳。

[注释]

[1]慎言检迹：慎于言语，检点行为。检，约束。 [2]"魏晋以来"二句：指魏晋之后诸子书。这些书大多为老生常谈，内容相似，所以下文称之为"屋下架屋，床上施床"。 [3]模敩（xiào）：模仿。敩，同"效"。 [4]轨物：用作事物的标准。范世：用作世人的准则。 [5]提撕：提醒，引导。 [6]暴谑（xuè）：放肆而不严肃。 [7]傅婢：指保姆、侍女。指挥：指导。 [8]斗阋（xì）：兄弟间的争斗。 [9]寡妻：指嫡妻、正妻。诲谕：教诲。 [10]汝曹：你们。

[点评]

本篇是全书的第一篇，相当于作者的自序。颜之推阐明了撰写这本《家训》的目的，认为古代圣贤著书，教人忠诚孝顺，检点言行，立身扬名。从魏晋以来，各家著述较多，如徐幹《中论》、王肃《正论》、杜恕《体论》、顾谭《新语》、谯周《法训》、袁准《正论》等，内容大同小异。他写这本书，并不是要用来教训世人，只是为了整顿颜氏门风，借以警醒后辈，希望这本书能够为后辈所信服，胜过保姆对孩童、妻子对丈夫所起的作用。

《礼记·冠义》说："凡人之所以为人者，礼义也。礼义之始，在于正容体、齐颜色、顺辞令。容体正，颜色齐，辞令顺，而后礼义备。"少年时代要注重对言语举止的培养。

《周易·家人卦》象传说："家人有严君焉，父母之谓也。"父母教子，既要严格要求，又要不失温情，做到宽严适度。

吾家风教[1]，素为整密[2]。昔在龆龀[3]，便蒙诱诲[4]；每从两兄，晓夕温清[5]，规行矩步[6]，安辞定色[7]，锵锵翼翼[8]，若朝严君焉[9]。赐以优言，问所好尚，励短引长，莫不恳笃[10]。年始九岁，便丁荼蓼[11]，家途离散[12]，百口索然[13]。慈兄鞠养[14]，苦辛备至；有仁无威，导示不切。虽读《礼》《传》[15]，微爱属文[16]，颇为凡人之所陶染[17]，肆欲轻言[18]，不修边幅。年十八九，少知砥砺[19]，习若自然，卒难洗荡[20]。二十已后，大过稀焉[21]；每常心共口敌，性与情竞，夜觉晓非，今悔昨失，自怜无教，以至于斯。追思平昔之指[22]，铭肌镂骨[23]，非徒古书之诫，经目过耳也。故留此二十篇，以为汝曹后车耳[24]。

《北齐书·颜之推传》说："好饮酒，多任诞，不修边幅。"可见当时社会风气对颜之推也有不良影响。

[注释]

[1]风教：门风家教。《诗大序》说："风，风（讽）也，教也。风以动之，教以化之。"风、教意同，都是指教化。　[2]整密：严谨而周密。　[3]龆龀（tiáo chèn）：垂髫换齿之时，指童年。　[4]诱诲：诱导教诲。　[5]温凊（qìng）：冬温夏凊的省称。冬天温被使暖，夏天扇席使凉，为古时侍奉父母之礼。　[6]规行矩步：行为举止循规蹈矩。　[7]安辞定色：言语得体，神色从容。　[8]锵锵：形容走路的姿势大方得体。翼翼：形容行为举止恭敬谨慎。　[9]严君：指父母。　[10]恳笃：恳切。　[11]丁：遭遇。荼蓼（tú liǎo）：本为一种苦菜，引申为苦辛。这里指他九岁丧父，家境艰难。　[12]家途：家道。　[13]百口：古

时大家族人口众多，故以"百口"称之。索然：离散飘零的样子。　[14]鞠(jū)养：养育。　[15]《礼》《传》：指《三礼》与《春秋传》。　[16]属文：撰写文章。　[17]陶染：熏陶感染。　[18]肆欲轻言：随心所欲，信口开河。　[19]少：同"稍"。砥砺：指磨炼意志。　[20]洗荡：指改变不良习惯。　[21]大过：大的过失。　[22]平昔：平时。指，通"旨"，旨趣，志向。　[23]铭肌镂骨：意近"刻骨铭心"，形容感受极深，难以忘怀。铭、镂都为雕刻之意。　[24]后车：指后来者的借鉴。车，一本作"范"。

[**点评**]

颜之推对自己年轻时候的变化过程作了反思。颜氏家族本来门风严整，他在儿童期间也受到父亲非常严格的礼法训练和教育。但是，天有不测风云，他九岁即丧父，家道中落，全靠兄长养育成人。而兄长又对他过于慈爱，管教不严，使他受到环境的不良影响，轻狂放纵，不修边幅，走了不少弯路。直到十八九岁后，他才知道立志，对早年的荒唐事追悔莫及，但习惯已成自然，难以尽改。他用自己的亲身经历，来说明早期家庭教育的重要性，写成《家训》二十篇，留给子孙作为借鉴。

教子第二

上智不教而成，下愚虽教无益，中庸之人[1]，不教不知也。古者圣王有胎教之法：怀子三月，出居别宫[2]，目不邪视，耳不妄听，音声滋味，以礼节之。书之玉版[3]，藏诸金匮[4]。生子咳嚏[5]，师保固明孝仁礼义[6]，导习之矣。凡庶纵不能尔[7]，当及婴稚[8]，识人颜色[9]，知人喜怒，便加教诲，使为则为，使止则止。比及数岁，可省笞罚[10]。父母威严而有慈，则子女畏慎而生孝矣。吾见世间，无教而有爱，每不能然；饮食运为[11]，恣其所欲；宜诫翻奖[12]，应诃反笑[13]，至有识知[14]，谓法当尔。骄慢已习[15]，方复制

中国古代胎教始于西周。据刘向《列女传》记载，周文王之母太任在妊娠期间，"目不视恶色，耳不听淫声，口不出敖（傲）言，能以胎教"。古人认为母亲怀孕期间的言行和所处环境会对胎儿产生很大影响，所以要特别谨慎。

《大戴礼记·保傅篇》说："素成胎教之道，书之玉版，藏之金匮，置之宗庙，以为后世戒。"贾谊《新书·胎教》也说："胎教之道，书之玉版，藏之金柜，置之宗庙，以为后世戒。"可见古代对于胎教非常重视。

之，捶挞至死而无威，忿怒日隆而增怨，逮于成长，终为败德[16]。孔子云"少成若天性[17]，习惯如自然"是也。俗谚曰："教妇初来，教儿婴孩。"诚哉斯语！

[注释]

[1]中庸之人：这里指中等才智的人。　[2]别宫：正式寝宫以外的宫室。　[3]玉版：古代用以刻字的玉片，泛指珍贵的典籍。　[4]金匮：古时用以收藏重要文献或文物的柜子。匮，同"柜"。　[5]生子，一本作"子生"。咳嗁（hāi tí）：二三岁小儿的笑闹声。又写作"孩提"，借指小孩。　[6]师保：古时辅佐帝王和教导王室子弟的官，有师、有保，统称"师保"。这里泛指老师。　[7]凡庶：指普通人。　[8]及：一作"抚"。婴稚：指小孩。　[9]颜色：脸色。　[10]笞罚：鞭打责罚。　[11]运为：行为。　[12]翻：通"反"，反而。　[13]应诃反笑：本应严厉斥责，反而嬉皮笑脸。[14]识知：指认识事物的能力。[15]骄慢已习：骄傲怠慢已成习惯。　[16]败德：败坏德行。　[17]少成：年少时养成的习性。

[点评]

《教子》是《颜氏家训》序言后的第一篇，可见它在全书中的重要性。颜之推首先说明了教育的必要性。按照孔子的观点，人"性相近，习相远"，也就是说人的先天本性并没有多大的差异，但后天的习性却差距较大。孔子将人的智力（也包括道德水平）划分为"上智""中

人""下愚"三种类型。孔子说："中人以上，可以语上
也；中人以下，不可以语上也。"又说："唯上知与下愚不
移。""上智"和"下愚"之人，先天智力、道德水平难
以改变，但中等的人则可以通过教育加以提升，这是孔
子"因材施教"的基础，也是儒家提倡后天教育的必要
性所在。《学记》说："玉不琢，不成器；人不学，不知道。"
颜之推接受了孔子的教育理念，并提出教育要从胎教抓
起。母亲的喜怒哀乐、行为举止甚至兴趣爱好，都会潜
移默化地影响到胎儿的正常发育。这一点在今天来看也
是具有科学道理的。孩子出生之后，开始接触到外部世
界，父母则应该加以正确引导，教以礼义仁孝，使其懂
得什么可以做，什么不可以做，这样在今后的成长道路
上可以少走弯路。颜之推反对"无教而有爱"，提出教育
子女的一个重要原则："父母威严而有慈。"对子女的教
育要"严慈并重"。但世上许多父母不明此理，对子女过
分溺爱，生怕孩子受委屈，于是放任纵容，本来应该惩
戒，却加以鼓励，本来应该批评，却一笑而过。结果使
孩子不明是非，以为理所当然。等到养成不良习惯，再
去纠正，即使"捶挞至死"，也难以改变了。所以教育子
女一定要抓住婴孩期这个黄金时段，这是养成良好习惯、
培养健全人格的关键，天下父母一定不能掉以轻心。

　　凡人不能教子女者，亦非欲陷其罪恶；但重
于诃怒[1]，伤其颜色，不忍楚挞惨其肌肤耳[2]。
当以疾病为谕[3]，安得不用汤药针艾救之哉[4]？

据《梁书·王僧辩传》，王僧辩母魏夫人"性甚安和，善于绥接，家门内外莫不怀之"。她教子甚严，王僧辩虽然功盖天下，但魏夫人不以富贵骄人，朝野上下对她无不敬佩，称她为"明哲妇人"。

又宜思勤督训者[5]，可愿苛虐于骨肉乎[6]？诚不得已也。王大司马母魏夫人[7]，性甚严正[8]。王在溢城时[9]，为三千人将，年逾四十，少不如意，犹捶挞之，故能成其勋业。梁元帝时[10]，有一学士，聪敏有才，为父所宠，失于教义[11]。一言之是，遍于行路，终年誉之；一行之非，揜藏文饰[12]，冀其自改。年登婚宦[13]，暴慢日滋[14]，竟以言语不择，为周逖抽肠衅鼓云[15]。

[注释]

[1]重：难。诃怒：怒斥。 [2]楚挞（tà）：杖打。 [3]谕：比喻。 [4]针艾：即针灸。针用于刺，艾用于灸。 [5]督训：督察教育。 [6]苛虐：虐待。 [7]王大司马：即王僧辩（？—555），南朝梁名臣，曾领兵平定侯景之乱。官至大司马、领太子太傅、扬州牧。 [8]严正：严厉而正直。 [9]溢（pén）城：古地名，今属江西九江。 [10]梁元帝：萧绎，字世诚，小名七符，号金楼子，梁武帝萧衍第七子，南朝梁第四位皇帝（552—555年在位）。 [11]教义：指教育。 [12]揜（yǎn）藏：掩盖，隐藏。文饰：文过饰非。 [13]婚宦：结婚与做官，指成年。 [14]暴慢：凶暴傲慢。日滋：一天天滋长。 [15]周逖：卢文弨疑为《陈书》中的周迪，其人强暴而无信义。衅鼓：古代一种祭礼，用血涂鼓。

[点评]

父母是孩子的第一任老师。在教育子女的问题上，颜之推提倡"严"字。他举了自己亲眼所见、亲耳所闻的两个例子：一个是梁朝大将军王僧辩，母亲管教得严，终于建立功业；另一个是梁元帝时学士，虽然聪敏有才，但父亲过于宠爱，有错不纠，文过饰非，使他养成骄傲自大的习惯，最后惨遭杀害。因此在教育子女的问题上，对小孩适当责罚是必要的，"爱而不教"是对孩子的伤害。

　　父子之严，不可以狎[1]；骨肉之爱，不可以简[2]。简则慈孝不接，狎则怠慢生焉。由命士以上[3]，父子异宫，此不狎之道也；抑搔痒痛[4]，悬衾箧枕[5]，此不简之教也。或问曰："陈亢喜闻君子之远其子[6]，何谓也？"对曰："有是也。盖君子之不亲教其子也，《诗》有讽刺之辞[7]，《礼》有嫌疑之诫[8]，《书》有悖乱之事[9]，《春秋》有邪僻之讥[10]，《易》有备物之象[11]：皆非父子之可通言，故不亲授耳。"

[注释]

[1] 狎（xiá）：亲昵而不庄重。　[2] 简：怠慢。　[3] 命士：古代称有封爵受职的士人。　[4] 抑搔痒痛：为长辈按摩挠痒。　[5] 悬衾（qīn）：把被子捆好挂起来。箧（qiè）枕：将枕头装进箱子里。　[6] 陈亢：孔子弟子。　[7]《诗》有讽刺之辞：《诗经》分风、雅、颂三部分，其中风诗有一些讽刺统治者的内

《礼记·内则》："由命士以上，父子皆异宫。昧爽而朝，慈以旨甘，日出而退，各从其事，日入而夕，慈以旨甘。"

陈亢是孔子弟子，据《论语·季氏》记陈亢曾问孔子之子伯鱼曰："子亦有异闻乎？"对曰："未也。尝独立，鲤趋而过庭。曰：'学《诗》乎？'对曰：'未也。''不学《诗》，无以言。'鲤退而学《诗》。他日，又独立，鲤趋而过庭。曰：'学礼乎？'对曰：'未也。''不学礼，无以立。'鲤退而学礼。闻斯二者。"陈亢退而喜曰："问一得三，闻《诗》，闻礼，又闻君子之远其子也。"孔子的教子方式，既严肃又不过分亲昵，可谓严慈相济。

《白虎通义·辟雍篇》:"父所以不自教子何?为渫(亵)渎也。又授受之道,当极说阴阳夫妇变化之事,不可父子相教也。"

《礼记·曲礼上》说:"夫礼者,所以定亲疏、决嫌疑、别同异、明是非也。"

事见《北齐书·琅邪王俨传》。

容。　[8]嫌疑:指疑惑不解的问题。　[9]《书》有悖乱之事:《尚书》记载了一些犯上作乱之事。　[10]《春秋》有邪僻之讥:《春秋》中有讥刺邪恶行为的文辞。　[11]《易》有备物之象:《周易》中有些描述事物的意象。

[点评]

在教子问题上,颜之推重视父亲的角色。父严母慈,是一种天性。从生物学角度讲,孩子往往与母亲更为亲近。如何处理好父子关系,在很大程度上关系到教子的成败。一般来讲,父亲是一家之长,代表家中的权威,因此在孩子面前要有威严,不能过分亲昵,没有规矩。此外,儒家有"君子远其子"的传统,即"君子不亲教其子"。因为教材中有些内容属于"少儿不宜",或者不方便从父亲口中说出来,就连儒家"五经"之中也存在这类情况。所以孟子提倡"易子而教",一方面出于"父子之间不责善"的考虑,另一方面也更有利于对孩子严格要求。

齐武成帝子琅邪王[1],太子母弟也,生而聪慧,帝及后并笃爱之,衣服饮食与东宫相准[2]。帝每面称之曰:"此黠儿也[3],当有所成。"及太子即位,王居别宫,礼数优僭[4],不与诸王等;太后犹谓不足,常以为言。年十许岁[5],骄恣无节[6],器服玩好[7],必拟乘舆[8]。尝朝南殿,见典御进新冰[9]，钩盾献早李[10]，还索不得，遂大怒，詢曰[11]："至尊已有[12]，我何意无？"不知分齐[13]，率皆如此。识者多有叔段、州吁之讥[14]。后嫌宰相，遂矫诏斩之[15]，又惧有救[16]，乃勒麾下军士，防守殿门；既无反心，受劳而罢[17]，后竟坐此幽薨[18]。

[注释]

[1]齐武成帝子琅邪王：即高俨（558—571），北齐武成帝高湛第三子。因父母过度溺爱，专横跋扈，擅杀大臣，被齐后主高纬杀死，年仅十四岁。　[2]东宫：古时太子居住的宫殿，也借指太子。　[3]黠（xiá）儿：聪慧的小孩。　[4]礼数优僭（jiàn）：礼仪等级过于优厚超出本分。　[5]许：表示大概数字，相当于"左右"。　[6]骄恣无节：骄横放纵无节制。　[7]器服：器物和衣服。玩好：玩赏与爱好。　[8]乘舆：皇帝或诸侯所用的车舆。这里指皇帝。　[9]典御：主管帝王饮食的官员。新冰：新从冰窖中取出的冰块。古时冬季藏冰于窖，夏季取出用于降温。　[10]钩盾：主管皇家园林的官员。　[11]詢（gòu）：古同"诟"，怒骂。　[12]至尊：指皇帝。　[13]分齐：本分，界限。　[14]叔段：即共叔段。春秋时郑庄公之弟，因母亲武姜对其过分溺爱，飞扬跋扈。后举兵反叛，为庄公所败，《春秋》讥之。州吁：春秋时卫庄公之子，卫桓公异母弟。受庄公宠爱，后弑兄即位，被臣下杀死。　[15]矫诏：伪造或者篡改皇帝的诏书。　[16]救：一本作"敕"。　[17]劳：安抚。　[18]坐：获罪的因由。幽薨（hōng）：囚禁而死。古代王公死称"薨"。

《北齐书·武成十二王传》记高俨被杀事："帝召俨，俨疑之。陆令萱曰：'兄兄唤，儿何不去？'俨出至永巷，刘桃枝反接其手，俨呼曰：'乞见家家、尊兄！'桃枝以袂塞其口，反袍蒙头负出，至大明宫，鼻血满面，立杀之，时年十四。"家家，即"妈妈"。

［点评］

儿童阶段是习性的养成期，因此父母尤其需要注意教育的方式、方法。但是许多家长出于溺爱，对孩子过于宽纵，对于其所犯小错也不忍心责罚。孩子长大之后，就会认为那些是理所当然的，从而不知分义，不讲规矩。如不能防微杜渐，天长日久成为习惯，由小错而大错，甚至陷于罪恶，沦为囚徒，丢掉性命。高俨之死，父母要负很大的责任。

人之爱子，罕亦能均，自古及今，此弊多矣。贤俊者自可赏爱，顽鲁者亦当矜怜[1]，有偏宠者[2]，虽欲以厚之，更所以祸之。共叔之死[3]，母实为之；赵王之戮[4]，父实使之。刘表之倾宗覆族[5]，袁绍之地裂兵亡[6]，可为灵龟明鉴也[7]。

见《后汉书·刘表传》《后汉书·袁绍传》。

［注释］

[1]顽鲁：顽劣愚钝。矜怜：怜悯。　[2]偏宠：偏爱。　[3]共叔：即共叔段。见前注。　[4]赵王：即刘如意，汉高祖刘邦与宠姬戚姬所生，封为赵王。戚姬希望刘邦废太子而立如意，没有成功。刘邦死后，吕后囚禁戚姬，并毒杀如意。　[5]刘表（142—208）：字景升，东汉皇族，汉末为荆州牧。刘表有二子，因听信后妻之言，立少子刘琮为嗣。刘表死后，刘琮以荆州投降曹操，长子刘琦也逃亡江南，不得善终，刘表家族终致倾覆。　[6]袁绍（？—202）：字本初，东汉末任冀州牧，官渡之战为曹操所败。袁绍有三子，但偏爱少子袁尚，指定袁尚为继承人，其余二子不

服,兄弟三人自相残杀,遂被曹操所灭。 [7]灵龟明鉴:龟可以卜吉凶,镜可以知美丑,故以喻借鉴前事。

[点评]

古人重视家族传承,故提倡多子。但孩子多了,也带来不少问题,如偏宠偏爱、厚此薄彼。做父母的很难做到对诸子一视同仁,爱的天平有时难免倾斜。在宗法制度下,长子继承是金科玉律,否则会产生很多麻烦,导致父子相害、兄弟相残,甚至家族覆灭、王朝解体。历史上这类事例不胜枚举,究其根源,实为父母爱得错位、爱得过分造成的后果,这些都是教子失败的教训。

齐朝有一士大夫[1],尝谓吾曰:"我有一儿,年已十七,颇晓书疏[2],教其鲜卑语及弹琵琶,稍欲通解,以此伏事公卿[3],无不宠爱,亦要事也。"吾时俛而不答[4]。异哉,此人之教子也!若由此业[5],自致卿相,亦不愿汝曹为之[6]。

[注释]

[1]齐朝:指北齐。 [2]书疏:指文书、奏疏之类。 [3]伏事:即"服事",侍候。 [4]俛:古同"俯",低头。 [5]由:一本作"用"。 [6]汝曹:你们。

[点评]

在本篇的最后一段,颜之推借亲身经历的一件事,

顾炎武《日知录》卷十三《廉耻》:"嗟乎!之推不得已而仕于乱世,犹为此言,尚有《小宛》诗人之意,彼阉然媚于世者,能无愧哉!"案,《诗经·小雅》中有《小宛》一诗,据朱熹《诗集传》说,《小宛》是"大夫遭时之乱,而兄弟相戒以免祸之诗"。诗中谆谆教导子嗣要"温克""敬仪""教诲""似之",希望不要辱没门庭、愧对先祖。《诗》云:"螟蛉有子,蜾蠃负之。教诲尔子,式谷似之。"最后告诫要"惴惴小心,如临于谷;战战兢兢,如履薄冰。"面对时局艰危的现状,要小心翼翼,谨慎为人。

提出一个严肃的问题：究竟该用什么来教子女？把子女培养成什么样的人？颜之推生活于战乱动荡的年代，滞留北齐二十年，虽多次经历生死考验，幸免于难，但他的初心并没有改变，即对华夏文化的热爱，对趋炎附势者的不屑。北齐时，显贵者多为鲜卑贵族。一些士大夫迎合时尚，把会说鲜卑语、会弹琵琶当成取媚于时的手段和获得高官厚禄的捷径。颜之推对此颇为反感。在他眼里，士大夫如不能学习儒家经典，发奋"以就素业"，则终将"自兹堕慢，便为凡人"。所以教育子女"务先王之道，绍家世之业""笃学修行，不坠门风"，传承家族文化，延续文化血脉，这才是教子的正道。

兄弟第三

夫有人民而后有夫妇，有夫妇而后有父子，有父子而后有兄弟：一家之亲，此三而已矣。自兹以往，至于九族[1]，皆本于三亲焉，故于人伦为重者也[2]，不可不笃[3]。

《诗经·小雅·常棣》："凡今之人，莫如兄弟。"郑玄《笺》："人之恩亲，无如兄弟之最厚。"孔颖达《疏》："兄弟者，共父之亲，推而广之，同姓宗族皆是也。"

[注释]

[1] 九族：泛指亲属。具体所指，一说上自高祖、下至玄孙，即高祖父、曾祖父、祖父、父、身、子、孙、曾孙、玄孙；一说父族四、母族三、妻族二为九族。 [2] 人伦：指君臣、父子、夫妇、兄弟、朋友及各种尊卑长幼关系。 [3] 笃：亲厚。

[点评]

本篇主要论述兄弟关系。《老子》说："六亲不和有孝慈，国家昏乱有忠臣。"王弼注："六亲，父子、兄弟、夫妇也。"在一个家庭之中，"父子、兄弟、夫妇"是最重要的三对关系，又称为"六亲"。由"六亲"扩展到"九族"，构成中国古代家族亲属关系。儒家重视兄弟关系，提倡"兄友弟恭"的道德价值和伦理规范，将兄弟伦理统称为"悌"。

《梁书·武陵王纪传》："友于兄弟，分形共气。"《文苑英华》卷七四八引常得志《兄弟论》："且夫兄弟者，同天共地，均气连形。"

吴讷《小学集解》卷五："左提右挈，谓幼时父母左手引兄以行，右手携弟以走也。前襟后裾，谓兄前挽父母之襟，弟后牵父母之裾也。"

兄弟者，分形连气之人也[1]，方其幼也，父母左提右挈[2]，前襟后裾，食则同案[3]，衣则传服[4]，学则连业[5]，游则共方[6]，虽有悖乱之人[7]，不能不相爱也。及其壮也，各妻其妻，各子其子，虽有笃厚之人，不能不少衰也。娣姒之比兄弟[8]，则疏薄矣[9]；今使疏薄之人，而节量亲厚之恩[10]，犹方底而圆盖，必不合矣。惟友悌深至[11]，不为旁人之所移者，免夫！

[注释]

[1]分形连气：形体相分，气息相通。　[2]左提右挈（qiè）：左手抱一个，右手牵一个。提、挈意同。　[3]案：指吃饭的几案。　[4]传服：指兄长穿过的衣服传留给弟弟穿。　[5]连业：哥哥读过的经籍又留给弟弟读。业，本义为书写经典之大版。　[6]共方：同一个地方。　[7]悖乱之人：指悖礼乱来的人。[8]娣姒（dì sì）：即妯娌。[9]疏薄：疏远淡薄。[10]节量：减少，节制度量。　[11]友悌（tì）：兄弟相亲爱。深至：感情深厚。

[**点评**]

兄弟是同父母所生，骨肉一体，气息相通，拥有自然的亲情。兄弟之间的根本差异在于长幼之分，这种差异为兄弟关系赋予了天然的秩序。兄弟自幼接受父母同等之爱，一起长大成人，兄弟之间的感情是除了夫妻、父子（母子）之外最深厚的一种感情。后来结婚生子，各自成家，感情难免疏远。但颜之推认为即使如此，兄弟感情也不能受外人挑拨而有所改变。

二亲既殁，兄弟相顾，当如形之与影，声之与响；爱先人之遗体[1]，惜己身之分气[2]，非兄弟何念哉？兄弟之际，异于他人，望深则易怨，地亲则易弭[3]。譬犹居室，一穴则塞之，一隙则涂之，则无颓毁之虑[4]；如雀鼠之不恤[5]，风雨之不防，壁陷楹沦[6]，无可救矣。仆妾之为雀鼠，妻子之为风雨，甚哉！

此处"雀鼠"化用《诗经·召南·行露》："谁谓雀无角，何以穿我屋？""谁谓鼠无牙，何以穿我墉？""风雨"化用《诗经·豳风·鸱鸮》："予室翘翘，风雨所漂摇。"

[**注释**]

[1]先人：指逝去的父母。遗体：古人认为己身是父母遗留下来，故称"遗体"。　[2]分气：古人认为兄弟分得父母的血气，故谓之"分气"。　[3]"望深"二句：彼此期望太高则容易产生怨恨，而关系亲近则容易消除隔阂。　[4]颓毁：毁坏。　[5]不恤：不放心上。　[6]壁陷楹沦：房屋倒塌，屋柱断折。

[点评]

兄弟之间感情深厚，不仅父母健在时要相亲相爱，父母去世之后，更应该友爱弥深。因为兄弟的躯体是父母所给，兄弟的血气是父母所分，兄弟之间的关系是不同于常人的，相互之间期望过高就容易滋生怨恨，因地近而关系亲近则容易消除隔阂。因此颜之推告诫子孙，不要因为一些外在因素而破坏了兄弟感情。

《北齐书·韦子粲传》："粲富贵之后，遂特弃（其弟）道谐，令其异居，所得廪禄，略不相及，其不顾恩义如此。"王利器《集解》认为颜之推所斥实有所指。

兄弟不睦，则子侄不爱；子侄不爱，则群从疏薄[1]；群从疏薄，则僮仆为仇敌矣。如此，则行路皆踏其面而蹈其心[2]。谁救之哉？人或交天下之士，皆有欢爱，而失敬于兄者，何其能多而不能少也！人或将数万之师，得其死力，而失恩于弟者，何其能疏而不能亲也！

[注释]

[1] 群从：指族中子弟。疏薄：关系疏远。　　[2] 行路：指陌生人。踏（jí）：践踏。蹈：踩。

[点评]

兄弟之间的关系好坏，对于治家来说十分重要。如果兄弟不和，则子侄之间的关系就会疏远。而子侄关系不好，又影响到家族关系、僮仆关系。如果这样的话，难免会受外人欺侮，而没有人来施救。因此兄弟关系与家族团结密切相关。

娣姒者，多争之地也，使骨肉居之[1]，亦不若各归四海[2]，感霜露而相思，伫日月之相望也[3]。况以行路之人，处多争之地，能无间者鲜矣[4]。所以然者，以其当公务而执私情，处重责而怀薄义也[5]；若能恕己而行[6]，换子而抚，则此患不生矣。

[注释]

[1]骨肉：指同胞姐妹。　[2]各归四海：指远嫁各地。　[3]伫（zhù）：久立。　[4]无间：没有隔阂。　[5]重责：重大责任。薄义：情义淡薄。　[6]恕己而行：指设身处地行事。

[点评]

娣姒关系最难相处，往往影响到兄弟关系。颜之推认为在处理家庭事务时不能怀有私心，肩负重大责任时不能挂着个人恩怨，大家都要本着宽恕仁爱之心办事，多设身处地着想，用爱自己子女的态度去对待子侄，那么娣姒不和的情况就不会发生。

人之事兄，不可同于事父，何怨爱弟不及爱子乎？是反照而不明也。沛国刘瓛尝与兄璡连栋隔壁[1]，璡呼之数声不应，良久方答；璡怪问之，

《诗经·秦风·蒹葭》："蒹葭苍苍，白露为霜；所谓伊人，在水一方。"此为"霜露"句所出之典。

任昉《求为刘瓛立馆启》："刘瓛澡身浴德，修行明经。"刘孝标《辨命论》："近世有沛国刘瓛，瓛弟璡，并一时秀士也：瓛则关西孔子，通涉六经，循循善诱，服膺儒行；璡则志烈秋霜，心贞昆玉，必亭亭高竦，不杂风尘；皆毓德于衡门，并驰声于天地。而官有微于侍郎，位不登于执戟，相继殂落，宗祀无飨。"

乃曰："向来未著衣帽故也[2]。"以此事兄，可以免矣。

江陵王玄绍，弟孝英、子敏，兄弟三人，特相爱友，所得甘旨新异[3]，非共聚食，必不先尝，孜孜色貌[4]，相见如不足者[5]。及西台陷没[6]，玄绍以形体魁梧，为兵所围；二弟争共抱持，各求代死，终不得解，遂并命尔[7]。

[注释]

[1]刘琎：字子璥，沛国相（今安徽濉溪西北）人。刘瓛（huán，434—489）：字子珪，南朝齐学者。连栋隔壁：房屋相连，隔一面墙。   [2]向来：刚才。著：穿戴。   [3]甘旨新异：指美味新奇的食物。   [4]孜孜色貌：指兄弟之间亲热的样子。   [5]不足：做得不够。   [6]西台：指荆州刺史治所江陵。江陵在建业以西，故称西台。萧绎于公元552年于江陵称帝，554年西魏军攻破江陵。   [7]并命：指一同赴死。

[点评]

兄弟关系毕竟不同于父子关系，如果不能做到事兄如事父，就不要抱怨爱弟不如爱子。颜之推举了沛国刘瓛、刘琎两兄弟和江陵王玄绍三兄弟的例子，来说明兄友弟恭，弟弟能像尊敬父亲那样尊敬兄长，兄长也能像爱护儿子那样爱护弟弟，则兄弟感情自然亲密无间。

后娶第四

吉甫[1]，贤父也，伯奇，孝子也，以贤父御孝子，合得终于天性，而后妻间之，伯奇遂放。曾参妇死[2]，谓其子曰："吾不及吉甫，汝不及伯奇。"王骏丧妻[3]，亦谓人曰："我不及曾参，子不如华、元[4]。"并终身不娶，此等足以为诫。其后，假继惨虐孤遗[5]，离间骨肉，伤心断肠者，何可胜数。慎之哉！慎之哉！

[**注释**]

[1]吉甫：即周宣王时期著名的贤相尹吉甫，辅助周宣王中兴。 [2]曾参：孔子弟子，以孝闻名，相传作《孝经》。 [3]王骏：汉成帝时名臣，名儒王吉之子。 [4]华、元：指曾参的两个儿子

《初学记》卷二引《琴操》："伯奇，尹吉甫之子也。甫听其后妻之言，疑其孝子伯奇，遂逐之。"而曹植《令禽恶鸟论》说："昔尹吉甫用后妻之说，杀孝子伯奇。"二说有所不同。

《孔子家语·七十二弟子解》：曾参后母"遇之无恩"，而他却对后母"供养不衰"。其妻因"藜烝不熟"，曾子将其逐回娘家，终身不再娶妻，并告诫其子："高宗以后妻杀孝己，尹吉甫以后妻放伯奇，吾上不及高宗，中不比吉甫，庸知其得免于非乎？"与颜之推所引曾参事有出入。

王骏事见《汉书·王吉传》。

曾华、曾元。　[5]假继：指继母。惨虐：残酷虐待。孤遗：指前妻留下的孩子。

[点评]

本篇主要讲述了关于继母的话题。古时妻子死后，父亲再娶，往往引发一系列的家庭悲剧，导致骨肉分离，家庭破碎。像周朝的贤相尹吉甫，本来是一位贤明的父亲，其子伯奇也是一个孝顺的儿子，但因后妻的离间，竟将伯奇放逐而死。所以后世曾参、王骏引以为戒，妻死就不再娶。颜之推告诫子孙，对于续弦之事一定要谨慎。

六朝时河北嫡庶之分甚严，《北史》多有反映。宋人王楙《野客丛书》卷十五引褚遂良《请千牛不荐嫡庶表》曰："永嘉以来，王途不竞，在于河北，风俗乖乱，嫡待庶如奴，妻遇妾若婢。"可见当时的风俗如此。

江左不讳庶孽[1]，丧室之后[2]，多以妾媵终家事[3]；疥癣蚊虻[4]，或未能免，限以大分[5]，故稀斗阋之耻。河北鄙于侧出[6]，不预人流[7]，是以必须重娶，至于三四，母年有少于子者。后母之弟，与前妇之兄，衣服饮食，爰及婚宦，至于士庶贵贱之隔，俗以为常。身没之后，辞讼盈公门[8]，谤辱彰道路[9]，子诬母为妾，弟黜兄为佣，播扬先人之辞迹[10]，暴露祖考之长短[11]，以求直己者[12]，往往而有。悲夫！自古奸臣佞妾，以一言陷人者众矣！况夫妇之义，晓夕移之[13]，婢仆求容，助相说引[14]，积年累月，安有孝子乎？此不可不畏。

[注释]

[1]江左：指长江下游以东的江南地区，又称"江东"，大致范围为今江苏省、安徽省、上海市、浙江省、江西省等沿江东部地区。庶孽（shù niè）：指非正妻所生之子。　[2]丧室：丧妻。　[3]妾媵（yìng）：古时诸侯贵族女子出嫁，以侄娣从嫁，称媵。因以"妾媵"泛指侍妾。　[4]疥癣蚊虻（méng）：借指家庭中一些小矛盾、小摩擦。疥癣，都是皮肤表面的疾病。蚊虻，即蚊虫。　[5]大分：名分。　[6]河北：黄河以北地区。侧出：侧室所生。　[7]不预人流：指没有名分。　[8]辞讼：诉讼，官司。盈：满。公门：官府。　[9]"谤辱"句：诽谤辱骂之声连路人都听得见。　[10]播扬：大肆宣扬。辞迹：指先人的言行。　[11]祖考：指先人。考，指死去的父亲。长短：是非。　[12]直己：证明自己有理。　[13]晓夕：日夜。　[14]助相说引：帮助劝说引诱。

[点评]

颜之推所讲江左与河北风气有很大的差异。江东一带的人不忌讳婢妾所生的孩子，正妻死后不再娶，往往由婢妾来主管家事。虽然难免有些小纠纷，但限于名分，婢妾做事一般不会出格，所以很少发生兄弟争斗这种有辱家门的事。而河北地区嫡庶观念比较浓厚，婢妾没有地位，所生的孩子地位有如奴仆，所以正妻死后必须再娶，有的甚至娶三、四次。父亲死后，家庭矛盾不断，互相谩骂揭短，不成体统，有辱先人。这样的事情，颜之推希望子孙引以为戒。

凡庸之性[1]，后夫多宠前夫之孤，后妻必虐前妻之子；非唯妇人怀嫉妒之情，丈夫有沈惑之僻[2]，亦事势使之然也。前夫之孤，不敢与我子争家，提携鞠养[3]，积习生爱，故宠之；前妻之子，每居己生之上，宦学婚嫁[4]，莫不为防焉，故虐之。异姓宠则父母被怨[5]，继亲虐则兄弟为仇[6]，家有此者，皆门户之祸也[7]。

[**注释**]

[1]凡庸：普通人。 [2]沈惑：沉迷，迷惑。"沈"，同"沉"。僻：癖好。 [3]鞠养：抚养。 [4]宦学：仕宦和读书学习。 [5]异姓：指前夫或前妻所生子女。 [6]继亲：指继母。 [7]门户：家门。

[**点评**]

颜之推分析了继父、继母对待前夫、前妻子女的不同态度。一般而言，后夫对前夫的孩子比较宠爱，而后妻往往会虐待前妻的孩子。这是事势使然，有很多利益方面的考量，而不仅仅出于人的性情、癖好。宠爱异姓的孩子，自己的孩子就会有怨气；虐待别人的孩子，又会使兄弟之间反目成仇。这都是家门的不幸，所以颜之推要求子孙尽量避免。

颜之推有三子：长子思鲁、次子愍楚、三子游秦，《颜氏家训》多处有提及。

思鲁等从舅殷外臣[1]，博达之士也[2]。有子基、谌，皆已成立[3]，而再娶王氏。基每拜见后母，感慕呜咽[4]，不能自持，家人莫忍仰视。王亦凄怆^[5]，不知所容，旬月求退，便以礼遣，此亦悔事也。

[**注释**]

[1]思鲁：字孔归，颜之推长子。从舅：指母亲的叔伯兄弟。　[2]博达：学识渊博，通达事理。　[3]成立：指长大成人。　[4]感慕：感念思慕。　[5]凄怆：悲伤。

《后汉书》曰："安帝时^[1]，汝南薛包孟尝^[2]，好学笃行，丧母，以至孝闻。及父娶后妻而憎包，分出之。包日夜号泣，不能去，至被殴杖。不得已，庐于舍外，旦入而洒扫^[3]。父怒，又逐之，乃庐于里门^[4]，昏晨不废^[5]。积岁余，父母惭而还之。后行六年服^[6]，丧过乎哀。既而弟子求分财异居^[7]，包不能止，乃中分其财^[8]：奴婢引其老者^[9]，曰：'与我共事久，若不能使也。'田庐取其荒顿者^[10]，曰：'吾少时所理^[11]，意所恋也。'器物取其朽败者，曰：'我素所服食^[12]，身口所安也。'弟子数破其产，还复赈给^[13]。建光中^[14]，公车特征^[15]，至拜侍中。包性恬虚^[16]，称疾不起，以死自乞。有诏赐告归也^[17]。"

见《后汉书》卷三九《刘赵淳于江刘周赵列传》卷首。

《周易·小过·象传》："山上有雷，小过，君子以行过乎恭，丧过乎哀，用过乎俭。"

《后汉书》卷三九李贤注："告，请假也。汉制：吏病满三月当免，天子优赐其告，使得带印绶、将官属归家养病，谓之赐告也。"

[注释]

[1]安帝：东汉第六位皇帝刘祜（94—125），在位十九年。 [2]汝南：汉郡名，治今河南驻马店。薛包：字孟尝，汉安帝时著名孝子。 [3]洒扫：指洒水扫地。 [4]里门：古代县下有乡，乡下有里，民众列里而居，有里门。 [5]昏晨：早晚。 [6]"后行六年服"二句：古代父母死，子女服丧三年，而薛包服丧六年，所以说"丧过乎哀"。 [7]弟子：兄弟之子。分财异居：指分家。 [8]中分：平分。 [9]引：取。 [10]荒顿：荒废。 [11]理：打理。 [12]服食：用品和食物。 [13]还复赈给：一次又一次资助接济。 [14]建光：东汉安帝年号。 [15]公车：官车。汉代设有公车令，掌管宫殿司马门的警卫、臣民上书及征召等事宜。特征：特别征聘。 [16]恬虚：恬淡虚静。 [17]赐告归：赐其告假归家。

[点评]

颜之推举了两个例子，一个是自己亲眼所见的殷外臣，后妻虽然没有过错，但两个儿子常因思念生母而痛哭，弄得后妻也非常尴尬，结婚才半月就不得不退婚。另外一个则是古书上记载的事例。东汉薛包的父亲娶了后妻以后，就把薛包赶出家门，但薛包是个孝子，对父亲一如既往孝顺不改，终于感动了父母，让他回家。父母死后兄弟分财，薛包把好的家产让给弟弟，自己只取荒芜破败的，还时常接济帮助弟弟渡过难关。后来薛包得到朝廷的嘉奖和优礼。颜之推以此说明，为了孩子的成长，最好不要娶后妻。如果遇上这种情况，子女也应该忍辱负重，尽自己的孝道。

治家第五

夫风化者[1]，自上而行于下者也，自先而施于后者也。是以父不慈则子不孝，兄不友则弟不恭，夫不义则妇不顺矣。父慈而子逆[2]，兄友而弟傲，夫义而妇陵[3]，则天之凶民[4]，乃刑戮之所摄[5]，非训导之所移也。笞怒废于家[6]，则竖子之过立见[7]；刑罚不中[8]，则民无所措手足。治家之宽猛，亦犹国焉。

《吕氏春秋·荡兵篇》："家无怒笞，则竖子婴儿之有过也立见。"

《左传》昭公二十年记子产之言："惟有德者，能以宽服民；其次莫如猛。夫火烈，民望而畏之，故鲜死焉；水懦弱，民狎而玩之，则多死焉，故宽难。"

[注释]

[1] 风化：风俗教化。 [2] 逆：忤逆不孝。 [3] 陵：通"凌"，凌辱。 [4] 凶民：凶恶之徒。 [5] 刑戮：刑罚杀戮。摄：通"慑"，

威慑。　[6]笞怒：指鞭打之类的体罚。　[7]竖子：小子，指未成年人。见：通"现"。　[8]不中：不当。

[点评]

本篇主要讲述治理家庭的理论和方法。颜之推首先阐述了家风的作用。良好的家风，正如孔子所说："君子之德风，小人之德草，草上之风必偃。"君子的道德品质好比是风，小人的道德品质好比是草，当风吹到草上的时候，草就必定跟着倒，这就是"风化"的作用。家风的基本要求，是父慈子孝、兄友弟恭、夫义妇顺。父子、兄弟、夫妇各自都有自己的责任和义务，如果有所违背，就是"天之凶民"，应当有家法伺候。孔子说："礼乐不兴，则刑罚不中；刑罚不中，则民无所措手足。"治家与治国是一样的道理。

《艺文类聚》卷二三引王昶《家诫》："治家亦有患焉：积而不能散，则有吝啬之累；积而好奢，则有骄上之罪。大者破家，小者辱身，此二患也。"

孔子曰："奢则不孙[1]，俭则固；与其不孙也，宁固。"又云："如有周公之才之美[2]，使骄且吝，其余不足观也已。"然则可俭而不可吝已。俭者，省约为礼之谓也[3]；吝者，穷急不恤之谓也[4]。今有施则奢，俭则吝；如能施而不奢，俭而不吝，可矣。

[注释]

[1]"奢则不孙"以下四句：见《论语·述而》。孙，同"逊"，

恭顺。固,鄙陋。　　[2]"如有周公之才之美"以下三句:见《论语·泰伯》。周公,即姬旦,周文王子,武王弟,武王死后辅佐成王治理天下,制礼作乐。吝,吝啬。　　[3]省约为礼:节俭却合礼。　　[4]穷急不恤:对穷困急难之人不予救济。

[点评]

一个家庭,要正确处理奢和俭之间的关系。奢侈必然败家。颜之推提倡"施而不奢,俭而不吝",要施舍但不要奢侈,要节俭但不要吝啬,对于穷困急难的人,该救助的还是应当救助。

生民之本[1],要当稼穑而食[2],桑麻以衣[3]。蔬果之畜,园场之所产;鸡豚之善[4],埘圈之所生[5]。爰及栋宇器械[6],樵苏脂烛[7],莫非种殖之物也。至能守其业者,闭门而为生之具以足,但家无盐井耳。今北土风俗,率能躬俭节用,以赡衣食;江南奢侈,多不逮焉。

《孟子·梁惠王上》:"五亩之宅,树之以桑,五十者可以衣帛矣。鸡豚狗彘之畜,无失其时,七十者可以食肉矣。"颜之推之说与《孟子》相通。

[注释]

[1]生民之本:人民生存的根本。　　[2]稼穑:泛指农业生产。　　[3]桑麻:种桑种麻。　　[4]豚(tún):小猪,泛指猪。善:通"膳",膳食。　　[5]埘(shí):鸡窝。圈:圈羊猪牛羊等牲畜之处。　　[6]爰及:至于。栋宇:房屋。　　[7]樵苏:柴草。脂烛:古人用麻条灌以油脂,燃之照明,称为脂烛。

[点评]

吃饭、穿衣是人的基本需要，因此被称为"生民之本"。魏晋南北朝时期庄园经济盛行，庄园往往就是一个自给自足的生产、生活单位。粮食、肉类、果蔬，甚至木材、燃料等等，都可以通过自行养殖、种植来解决。只有像食盐这样的生活必需品才需要购买。因此只要勤奋节俭，就能满足家庭的基本生存需要。

梁孝元世，有中书舍人[1]，治家失度[2]，而过严刻[3]，妻妾遂共货刺客[4]，伺醉而杀之。世间名士，但务宽仁；至于饮食饷馈[5]，僮仆减损[6]，施惠然诺[7]，妻子节量[8]，狎侮宾客[9]，侵耗乡党[10]：此亦为家之巨蠹矣[11]。

房文烈，见《北史·房法寿传》附。

齐吏部侍郎房文烈[12]，未尝嗔怒[13]，经霖雨绝粮[14]，遣婢籴米[15]，因尔逃窜[16]，三四许日，方复擒之。房徐曰："举家无食[17]，汝何处来？"竟无捶挞。尝寄人宅[18]，奴婢彻屋为薪略尽[19]，闻之颦蹙[20]，卒无一言。

[注释]

[1]中书舍人：官名，全称"中书通事舍人"，负责起草诏令等，参与机密。 [2]失度：失去法度。 [3]严刻：严厉。 [4]货：

收买。　[5]饷馈：馈赠。　[6]减损：克扣。　[7]施惠然诺：答应接济他人。　[8]节量：减少。　[9]狎侮：轻视侮辱。　[10]侵耗：侵吞克扣。乡党：泛指乡亲。　[11]巨蠹：大害。蠹，蛀虫。　[12]房文烈：清河东武城（今河北清河县东北）人，北齐时官吏部侍郎。　[13]嗔怒：发怒。　[14]霖雨：连绵大雨。　[15]籴（dí）米：买米。　[16]因尔：借机。　[17]举家：全家。　[18]尝寄人宅：曾经把宅屋租赁给别人。　[19]彻：通"撤"，拆毁。　[20]颦蹙（pín cù）：皱眉皱额，不高兴的样子。

[点评]

治家不可过于严厉苛刻，也不可过于宽大仁厚。前者容易产生仇怨，造成悲剧；后者则失于管教，放任自流，没有规矩。颜之推认为这两者都会给家族造成危害，应当尽量避免。

裴子野有疏亲故属饥寒不能自济者[1]，皆收养之；家素清贫，时逢水旱，二石米为薄粥，仅得遍焉，躬自同之，常无厌色[2]。

[注释]

[1]裴子野（469—530）：字几原，河东闻喜（今山西闻喜县）人。南朝史学家裴松之曾孙、裴骃孙，"史学三裴"之一。疏亲故属：远亲旧戚。　[2]厌色：厌恶的脸色。

[点评]

颜之推举裴子野的例子，说明"俭而不吝"的道理。

据《北齐书·慕容俨传》：库狄伏连"鄙吝愚狠，无治民政术。及居州任，专事聚敛"。而"性又严酷，不识士流"。伏连家口有一百多人，盛夏之日，只给二升粮，不给盐菜，家人吃不饱，常有饥色。冬至那天，亲友来称贺，妻子用豆饼招待。伏连问豆子从哪里来的，妻说是从马料中省下来的，伏连大怒，把典马、掌食的人都叫来杖罚。历年获得的财物，藏在专门的库房中，派一名侍婢保管钥匙。他经常入库查验，对妻子说："这是官物，不许随便用！"武平年间，封宜都郡王，除领军大将军。后来参与琅邪王高俨杀和士开之事，被处死，财产全部充公。颜之推所举，可能即此人。

邺下有一领军[1]，贪积已甚，家童八百，誓满一千；朝夕每人肴膳[2]，以十五钱为率，遇有客旅[3]，更无以兼[4]。后坐事伏法，籍其家产，麻鞋一屋，弊衣数库，其余财宝，不可胜言。

南阳有人，为生奥博[5]，性殊俭吝，冬至后女婿谒之，乃设一铜瓯酒[6]，数脔獐肉[7]；婿恨其单率[8]，一举尽之。主人愕然[9]，俯仰命益[10]，如此者再。退而责其女曰："某郎好酒，故汝常贫。"及其死后，诸子争财，兄遂杀弟。

[注释]

[1]邺下：北齐都城邺城（今河北临漳县）。领军：官名，掌管禁军。　[2]肴膳：饮食。　[3]客旅：指宾客。　[4]更无以兼：也不增加。　[5]奥博：指家庭积蓄丰厚。　[6]铜瓯（ōu）：铜制酒器。　[7]脔（luán）：切成小块的肉。　[8]单率：简单草率。　[9]愕（è）然：惊愕的样子。　[10]俯仰：周旋，应付。命益：命人加菜。

[点评]

贪婪与吝啬是一对孪生兄弟。贪婪的人最明显的特质是囤积，永远都不知道满足，总是不停地追求和占有，潜意识中有严重的匮乏感。而吝啬鬼聚敛财富时都是贪婪在作崇，在使用财富时又往往一毛不拔。颜之推所列举的这两个人，就是贪婪和吝啬的典型。

　　妇主中馈[1]，惟事酒食衣服之礼耳，国不可使预政，家不可使干蛊[2]；如有聪明才智，识达古今，正当辅佐君子[3]，助其不足，必无牝鸡晨鸣[4]，以致祸也。

[注释]

　　[1]中馈：指家中饮食诸事。　[2]干蛊：主事。语出《周易·蛊卦》。　[3]君子：这里指丈夫。　[4]牝鸡晨鸣：典出《尚书·牧誓》："古人有言曰：'牝鸡无晨；牝鸡之晨，惟家之索。'"指早晨由母鸡充当公鸡打鸣。比喻女子主事。

[点评]

　　按照儒家的传统观点，男主外，女主内，分工明确。如《古列女传》记孟母曰："妇人之礼：精五饭，幂酒浆，养舅姑，缝衣裳而已。"因此，颜之推也认为女子的主要职责是相夫教子，负责家务。

　　江东妇女，略无交游，其婚姻之家[1]，或十数年间未相识者，惟以信命赠遗[2]，致殷勤焉[3]。邺下风俗，专以妇持门户，争讼曲直，造请逢迎[4]，车乘填街衢[5]，绮罗盈府寺[6]，代子

《周易·家人卦》："六二，无攸遂，在中馈。"《诗经·小雅·斯干》："无非无仪，惟酒食是议。"

《抱朴子·外篇·疾谬》记当时风俗说："而今俗，妇女休其蚕织之业，废其玄紞之务，不绩其麻，市也婆娑，舍中馈之事，修周旋之好，更相从谄，之适亲戚，承星举火，不已于行，多将侍从，晔晔盈路，婢使吏卒，错杂如市，寻道褒谑，可憎可恶，或宿于他门，或冒夜而反，游戏佛寺，观视渔畋，登高临水，出境庆吊，开车褰帏，周章城邑，杯觞路酌，弦歌行奏，转相高尚，习非成俗。"可见邺下风俗与东晋相似。

求官，为夫诉屈。此乃恒、代之遗风乎[7]？南间贫素[8]，皆事外饰，车乘衣服，必贵齐整；家人妻子，不免饥寒。河北人事[9]，多由内政[10]，绮罗金翠[11]，不可废阙，羸马悴奴[12]，仅充而已[13]；倡和之礼[14]，或尔汝之[15]。河北妇人，织纴组紃之事[16]，黼黻锦绣罗绮之工[17]，大优于江东也。

[注释]

[1]婚姻之家：即娘家与婆家。《尔雅·释亲》："婿之父为姻，妇之父为婚，妇之父母，婿之父母，相谓为婚姻。" [2]信命：遣人传送书信。赠遗（wèi）：赠送礼物。 [3]致殷勤：表达问候。 [4]造请逢迎：登门请托应酬。 [5]"车乘"句：车马挤满街道。 [6]"绮罗"句：穿着锦衣华服的人充塞官府。 [7]恒、代：恒州、代郡，今山西大同一带。 [8]南间：指南方。贫素：贫困的素族。 [9]人事：指交际应酬之事。 [10]内政：指妻子出面主持。 [11]金翠：黄金和翠玉制成的饰物。 [12]羸马：瘦弱的马。悴奴：衰老的奴仆。 [13]充：凑数。 [14]倡和之礼：指夫妻之间互动的礼节。 [15]尔汝：你我，指夫妻之间比较随便的称谓。 [16]织纴：指织作布帛之事。组紃（xún）：丝带。泛指妇女从事的纺织工作。 [17]黼黻（fǔ fú）：衣服上所绣的华美花纹。

[点评]

颜之推身经南北，耳闻目睹南方、北方风俗之不同。

在他眼里，南方妇女更遵守礼法，一般不抛头露面。北方则往往妇女持家，官司诉讼、社交往来常常由妇女出面。南方人讲面子，而北方人不太讲究。北方妇女比南方妇女更能干一些。南方妇女受传统文化影响较深，而北方妇女则更多地受鲜卑等少数民族风气的濡染。

太公曰[1]："养女太多，一费也。"陈蕃曰[2]："盗不过五女之门。"女之为累，亦以深矣。然天生蒸民[3]，先人传体[4]，其如之何？世人多不举女[5]，贼行骨肉[6]，岂当如此，而望福于天乎？吾有疏亲，家饶妓媵[7]，诞育将及，便遣阍竖守之[8]。体有不安，窥窗倚户，若生女者，辄持将去[9]；母随号泣，使人不忍闻也。

《艺文类聚》卷三五引《六韬》："成王问太公：'贫富岂有命乎？将理不得其意。'太公曰：'盗在其室，计之不熟。一盗，收种不时；二盗，取得无能；三盗，养女太多；四盗，弃事就酒；五盗，衣服过度。'"《太平御览》卷四八五所引略同。

[注释]

[1]太公：姜太公。　[2]"陈蕃曰"句：见《后汉书·陈蕃传》。陈蕃，字仲举，汝南平舆（今河南平舆县北）人。东汉时期名臣。　[3]蒸民：众民。　[4]先人传体：祖先传下来的身体。　[5]不举女：生女而不养育。　[6]贼行骨肉：残害亲生骨肉。　[7]妓媵：姬妾。　[8]阍竖：守门的僮仆。　[9]辄持将去：就立即抱走。

[点评]

古代历史上重男轻女现象比较严重，《诗经》有云："乃生男子，载寝之床。载衣之裳，载弄之璋"（如果生下男孩，要让他睡在床上，穿着衣裳，给他玉璋玩弄），"乃生女子，载寝之地。载衣之裼，载弄之瓦"（如果生下女孩，就让她躺在地上，裹着褪袴，玩着陶纺轮），可见区别还是比较明显的。这其中有社会意识方面的原因，也有经济上的原因。一些人认为生女是拖累，往往丢弃或杀害，如韩非所说："产男则相贺，产女则杀之。"颜之推认为无论生男生女，都是"先人传体"，残害女婴惨无人道，伤天害理，千万不可做这种事情。

孔齐《至正杂记》论述女扰母家，引颜氏此文为证，并云："夫妇皆人女，女必为人妇，久之即为人母，自受之，又自作之，其不悟为可叹也。"见王利器《集解》引。

妇人之性，率宠子婿而虐儿妇。宠婿，则兄弟之怨生焉；虐妇，则姊妹之谗行焉。然则女之行留[1]，皆得罪于其家者，母实为之。至有谚云："落索阿姑餐[2]。"此其相报也。家之常弊，可不诫哉！

[注释]

[1] 行留：出嫁或于家待嫁。　[2] 落索：冷落萧索。阿姑：婆婆。

[点评]

在一个家庭中，婆媳之间可能是最难处理的关系。汉代乐府民歌《孔雀东南飞》中，刘兰芝就是一个很好的例子。颜之推认为，婆媳关系的好坏，关键还是在于母亲；母亲对儿媳好点，婆媳关系自然融洽。可见颜之推的思想观念是开明的。

婚姻素对[1]，靖侯成规[2]。近世嫁娶，遂有卖女纳财，买妇输绢，比量父祖[3]，计较锱铢[4]，责多还少[5]，市井无异[6]。或猥婿在门[7]，或傲妇擅室[8]，贪荣求利，反招羞耻，可不慎欤！

［注释］

[1] 素对：指清白的配偶。　[2] 靖侯：颜之推九世祖颜含，谥靖侯。成规：老规矩。　[3] 比量：比较算计。　[4] 计较锱铢：斤斤计较。锱铢，都是古代很小的计量单位。　[5] 责多还少：多索取，少付出。　[6] 市井：市场，引申为斤斤计较。　[7] 猥婿：粗鄙的女婿。　[8] 擅室：指专断家事。

［点评］

中国古代重视婚姻。《礼记》说："昏礼者，将合二姓之好。"意思是说，两家因婚姻关系而成为亲戚。婚姻还有纳采、纳币等仪式，体现了古人对婚姻的郑重。但魏晋南北朝时讲究财产、门第，婚姻变了味，跟市场上的买卖没有两样。颜氏家族虽然属于高门士族，但门风很正。据《晋书》记载，远祖颜含在东晋时因功封西平县侯，拜侍中，后赠谥靖侯。权臣桓温想与颜含联姻，被颜含拒绝。而且颜含还留下家训告诫子孙："婚姻勿贪世家。"这就是"靖侯成规"。颜之推希望子孙牢记此训。

借人典籍，皆须爱护，先有缺坏，就为补

颜真卿《晋侍中右光禄大夫本州大中正西平靖侯颜公大宗碑铭》说："桓温求婚，以其盛满，不许，因诫子孙云：'自今仕宦不可过二千石，婚姻勿贪世家。'"

《魏书·高宗纪》载和平四年诏书说："中代以来，贵族之门，多不率法，或贪利财贿，或因缘私好，在于苟合，无所选择，令贵贱不分，巨细同贯，尘秽清化，亏损人伦。"

如《魏书·李业兴传》记载："业兴爱好坟籍，鸠集不已，手自补治，躬加题帖，其家所有，垂将万卷。"

治[1]，此亦士大夫百行之一也[2]。济阳江禄[3]，读书未竟，虽有急速[4]，必待卷束整齐，然后得起，故无损败，人不厌其求假焉。或有狼籍几案[5]，分散部帙[6]，多为童幼婢妾之所点污，风雨虫鼠之所毁伤，实为累德[7]。吾每读圣人之书，未尝不肃敬对之；其故纸有《五经》词义，及贤达姓名，不敢秽用也[8]。

[**注释**]

[1]补治：修补。　[2]百行：指众多的品行。　[3]济阳：郡名，治所在今河南开封兰考县东北。江禄：字彦遐，幼笃学，有文章，为太子洗马，湘东王录事参军。见《南史·江夷传》附。　[4]急速：指急事。　[5]狼籍：杂乱。　[6]部帙：书籍的部次卷帙。　[7]累德：有损德行。　[8]秽用：指用在不干净的地方。

[**点评**]

在印刷术发明之前，古人得书不易，往往靠借书来抄写。即使印刷术发明之后，书价也不是一般寒门士子所能承担的，所以借书而读是常事。借人之物应当爱护，不能污损、毁坏，这从一个侧面可以反映出士大夫的品行。尤其是圣贤之书，更要倍加珍爱。对有文字之纸，不可随意丢弃或污损。古时有"惜字"的传统，很多地方均建有一种类似亭或塔的炉体，用来焚烧字纸，四川人称为"字库"或者"惜字官"。

吾家巫觋祷请[1]，绝于言议[2]；符书章醮[3]，亦无祈焉，并汝曹所见也。勿为妖妄之费。

[**注释**]

[1]巫觋：男女巫的全称。女巫称巫，男巫称觋。祷请：向鬼神祈祷。　[2]绝于言议：指从来不谈论此事。　[3]符书：道士用来驱鬼、召神或治病的符咒。章醮：指拜表设祭，道教的一种祈祷形式。

[**点评**]

颜之推不相信巫觋祷请和道教的符书章醮，对于鬼神之事认识比较理性。他不希望子孙在这方面耗费精力和钱财。

从整个《治家》篇来看，颜之推主张家庭成员要各守本分，尽自己的义务和责任。提倡治家要宽严适度，不苛刻，也不放纵。既不要奢侈无度，也不能吝啬小气。要重视家庭生产，解决衣食问题。男主外，女主内。婚姻要门当户对，不要攀附权贵。要正确处理婆媳关系。主张生男生女都一样，反对弃婴杀婴。这些看法都是有益的，今天看来也有价值。

《资治通鉴》卷一七五胡注说："道士有消灾度厄之法，依阴阳五行数术，推人年命，书之如章表之仪，并具贽币，烧香陈读，云奏上天曹，请为除厄，谓之上章。夜中于星辰之下，陈设酒果、饼饵、币物，历祀天皇、太一、五星、列宿，为书如上章之仪以奏之，名为醮。"

风操第六

《礼记·曲礼上》："凡为长者粪之礼，必加帚于箕上，以袂拘而退，其尘不及长者；以箕自乡而扱之。"

《礼记·曲礼上》："抠衣趋隅，必慎唯诺。……父召无诺，先生召无诺，唯而起。"《礼记·内则》："在父母舅姑之所……不敢哕噫、嚏咳、欠伸、跛倚、睇视，不敢唾洟。"

《礼记·少仪》："执烛，不让不辞不歌。"《礼记·内则》："进盥，少者奉槃，长者奉水，请沃盥；盥卒，授巾，问所欲而敬进之。"

吾观《礼经》[1]，圣人之教，箕帚匕箸[2]，咳唾唯诺[3]，执烛沃盥[4]，皆有节文[5]，亦为至矣。但既残缺，非复全书；其有所不载，及世事变改者，学达君子[6]，自为节度[7]，相承行之，故世号士大夫风操。而家门颇有不同，所见互称长短；然其阡陌[8]，亦自可知。昔在江南，目能视而见之，耳能听而闻之；蓬生麻中[9]，不劳翰墨[10]。汝曹生于戎马之间[11]，视听之所不晓，故聊记录以传示子孙。

[注释]

[1]《礼经》：两汉时一般称《士礼》（即后世所称《仪礼》）

为《礼经》。东汉末《礼记》独立成书，地位越来越高。唐贞观年间，孔颖达等奉敕编写《五经正义》，《礼记》取代《仪礼》成为五经之一。据下文，此处《礼经》当指《礼记》。　[2]箕帚：畚箕和扫帚，代指洒扫之事。匕箸：汤匙和筷子，代指饮食之事。　[3]咳唾：咳嗽吐唾，代指长辈的指令。唯诺：应答。　[4]沃盥：倒水洗手。　[5]节文：礼节规范。《史记·礼书》说："事有宜适，物有节文。"[6]学达：博学而通达。　[7]自为节度：自己制定礼仪规范。　[8]阡陌：指途径。　[9]蓬生麻中：语出《荀子·劝学》："蓬生麻中，不扶而直；白沙在涅，与之俱黑。"比喻良好环境对人的积极影响，好的人或物处在污秽环境里，也会随之而变坏。　[10]翰墨：笔墨。　[11]戎马：指战乱。

[点评]

　　风操，是指古时士大夫的风度节操。如史称西晋裴秀"少好学，有风操"，王劭"美姿容，有风操"。颜之推认为士大夫应当遵守礼法，讲究风操，言为举止要谨慎，不可随意。他在本篇讲了三个问题：一是避讳，二是称谓，三是与丧事有关的问题。这些都是魏晋南北朝时期门第社会很重视的问题。

关于避讳，《礼记·曲礼上》："礼，不讳嫌名。二名不偏讳。逮事父母，则讳王父母。不逮事父母，则不讳王父母。君所无私讳，大夫之所有公讳。诗书不讳，临文不讳，庙中不讳。夫人之讳，虽质君之前，臣不讳也；妇讳不出门。大功小功不讳。入竟而问禁，入国而问俗，入门而问讳。"

　　《礼》云："见似目瞿[1]，闻名心瞿。"有所感触，恻怆心眼[2]；若在从容平常之地[3]，幸须申其情耳。必不可避，亦当忍之；犹如伯叔兄弟，酷类先人[4]，可得终身肠断[5]，与之绝耶[6]？又："临文不讳[7]，庙中不讳，君所无私讳。"益知闻名，须有消息^[8]，不必期于颠沛而走也^[9]。

［注释］

[1]"见似目瞿（jù）"二句：引文见于《礼记·杂记》。大意是，看到容貌与父母相似的人就眼中惊惧，听到和父母相同的名字就心中惊惧。瞿，通"惧"，吃惊。　[2]恻怆：凄怆，伤悲。　[3]从容平常之地：指正常情况。　[4]酷类：酷似。先人：指父祖。　[5]肠断：指极度悲痛。　[6]绝：断绝关系。　[7]"临文不讳"以下三句：作文时不须避讳，在宗庙祭祀时可不避讳，在君王面前不用避私家的讳。　[8]消息：斟酌，指视情况而定。　[9]颠沛而走：意为慌忙回避。颠沛，倾跌，仆倒。

关于元帝牧江州，《梁书·元帝纪》："大同六年，出为使持节都督江州诸军事、镇南将军、江州刺史。"

臧逢世因为父名"严"，所以见到写有"严寒"的书信就对之流涕。

梁世谢举^[1]，甚有声誉，闻讳必哭，为世所讥。又有臧逢世，臧严之子也^[2]，笃学修行，不坠门风，孝元经牧江州^[3]，遣往建昌督事，郡县民庶，竞修笺书^[4]，朝夕辐辏^[5]，几案盈积。书有称"严寒"者，必对之流涕，不省取记^[6]，多废公事，物情怨骇^[7]，竟以不办而退。此并过事也^[8]。近在扬都^[9]，有一士人讳审，而与沈氏交结周厚^[10]，沈与其书，名而不姓，此非人情也。

［注释］

[1]谢举：字言扬，南朝梁大臣。兼通儒学、玄学、佛

学。　[2]臧严：字彦威，南朝梁著名学者，精通《汉书》。　[3]孝元：南朝梁元帝。经牧：经略治理。　[4]笺书：书信。　[5]辐辏：车轴集中到轴心，比喻事物聚集到一处。　[6]不省取记：不查看和回复。　[7]物情：指舆论。怨骇：抱怨。　[8]过事：做得太过。　[9]扬都：指东晋南朝的都城建康，因为它又是扬州的治所，所以也称扬都。　[10]交结周厚：交往亲密。

凡避讳者，皆须得其同训以代换之[1]：桓公名白[2]，博有"五皓"之称[3]；厉王名长[4]，琴有"修短"之目[5]。不闻谓"布帛"为"布皓"，呼"肾肠"为"肾修"也。梁武小名阿练[6]，子孙皆呼"练"为"绢"；乃谓"销炼物"为"销绢物"，恐乖其义[7]。或有讳"云"者，呼"纷纭"为"纷烟"；有讳"桐"者，呼"梧桐树"为"白铁树"，便似戏笑耳。

卢文弨《补注》："如汉人以'国'代'邦'、以'满'代'盈'、以'常'代'恒'、以'开'代'启'之类是也。近世始以声相近之字代之。"

[**注释**]

[1]同训：同义词。　[2]桓公名白：春秋时齐桓公，姓姜，名小白。　[3]博：博戏，古代的一种局戏。五皓：原称"五白"，为避齐桓公讳而改。　[4]厉王名长：西汉淮南厉王刘长。　[5]修短：即"长短"，为避刘长讳而改。　[6]"梁武"句：南朝梁武帝萧衍小名阿练。　[7]乖其义：背离其本义。

[点评]

以上三段专讲避讳问题。古人对君主及父祖尊长的名讳不直接说出或写出，以表示尊重。《公羊传》说："《春秋》为尊者讳，为亲者讳，为贤者讳。"这是避讳的一条总原则。至于避讳的方法，有代称法、改字法、空字法、缺笔法等。《礼记》说："卒哭而讳，生事毕而鬼事始也。"魏晋南北朝时期讲究家讳特严。晋朝有个叫王忱的人，有一天去拜见桓玄，桓玄用酒招待他，王忱因为刚饮过药，忌冷酒，因此叫仆人去"温酒"，谁知桓玄听后突然大哭起来。原来桓玄的父亲叫桓温，一听"温"字就要痛哭流涕，王忱讨了个没趣，只好匆匆告辞。南齐谢超宗的父亲名凤。有一次他去拜访王僧虔，然后又去看他的儿子王慈。王慈正在练毛笔字。当时王氏子孙都以书法见称于世，谢超宗看到王慈练字，随口问道："你的书法和虔公比怎么样啊？"王慈因为他触犯了家讳，毫不客气地回敬道："我和父亲相比，犹如以鸡比凤。"谢超宗因此狼狈而退。诸如此类故事，比比皆是。有人因避讳而荒废公务、行事怪诞、不近人情、耽误前程，历史上也不少。为避讳而改字、代称，往往造成语言上的混乱。

《孔子家语·本姓解》："十九娶于宋之亓官氏，一岁而生伯鱼。鱼之生也，鲁昭公以鲤鱼赐孔子；荣君之贶，故因以名曰鲤，而字伯鱼。"

王利器《集解》引林思进说："如名狗子，则连及父为狗之类。"

周公名子曰禽[1]，孔子名儿曰鲤[2]，止在其身，自可无禁。至若卫侯、魏公子、楚太子[3]，皆名虮虱；长卿名犬子[4]，王修名狗子，上有连及[5]，理未为通，古之所行，今之所笑也。北土多有名儿为驴驹、豚子者，使其自称及兄弟所名，亦何忍哉？前汉有尹翁归，后汉有郑翁归，梁家亦有孔翁归，又有顾翁宠；晋代有许思妣、孟少孤[6]：如此名字，幸当避之。

[注释]

[1]"周公"句：周公给儿子取名伯禽。　[2]"孔子"句：孔子给儿子取名孔鲤。　[3]魏公子：当作"韩公子"，见《史记·韩世家》。　[4]长卿：西汉辞赋家司马相如，字长卿。　[5]上有连及：指牵涉到父辈。　[6]许思妣：据《世说新语·政事篇》，许柳子永，字思妣。孟少孤：据《晋书·隐逸传》，孟陋，字少孤。

[点评]

古人取名非常讲究，《左传》记载鲁庄公出生后不久，他的父亲向申繻询问取名之道，申繻提出了有关取名的五项基本原则："名有五：有信，有义，有象，有假，有类。"即依据婴儿出生时的情形纪实取名、依据婴儿的气质和对他将来的期望取名、依据婴儿的某些生理特征取名、借周围的事物取名、就婴儿同父亲的某种共同点取名。而且取名还要避免一些情况，如"不以国，不以官，不以山川，不以隐疾，不以畜牲"，因为这些字会经常要用到，避讳起来就比较困难。但中古时期，人们取名往往比较随意，尤其流行取贱名，诸如虮虱、犬马、猪驴等等都被用上。还有一些取名涉及父母。颜之推认为这些非常不妥，应当避免。

今人避讳，更急于古[1]。凡名子者，当为孙地[2]。吾亲识中有讳襄、讳友、讳同、讳清、讳和、讳禹，交疏造次[3]，一座百犯[4]，闻者辛苦，无憀赖焉[5]。

[注释]

[1] 更急于古：比古代更加严格。　[2] 当为孙地：应当为孙辈留下余地。　[3] 交疏：交情不深。造次：仓猝。　[4] 百犯：指多次触犯忌讳。　[5] 无憀（liáo）赖：无所适从。

[点评]

取名应当方便避讳，如果以一些常用字来取名，说话的人很容易犯讳，作为子孙听到别人口中直呼父祖名讳，心中也不是滋味。所以一些常用字要尽量不用。

《史记·司马相如传》："相如既学，慕蔺相如之为人，更名相如。"

《三国志·吴书·顾雍传》裴注引《吴录》："雍字元叹，言为蔡雍之所叹，因以为字焉。"

昔司马长卿慕蔺相如[1]，故名相如；顾元叹慕蔡邕[2]，故名雍。而后汉有朱伥字孙卿，许暹字颜回，梁世有庾晏婴、祖孙登，连古人姓为名字，亦鄙事也。

[注释]

[1] 司马长卿：即西汉辞赋家司马相如。蔺相如：战国时期赵国上卿，著名的政治家、外交家。　[2] 顾元叹：三国吴顾雍，字元叹。邕、雍古通用。

[点评]

古人取名常有寄托理想、追慕古人之意。此风也流行于后世，如宋人俞成《萤雪丛说》说："今人生子，妄自尊大，多取文、武、富、贵四字为名，不以'希颜'为名，则以'望回'为名，不以'次韩'为名，则以'齐愈'为名，甚可笑也。"颜之推不赞成这种取名方式。

昔刘文饶不忍骂奴为畜产[1]，今世愚人遂以相戏，或有指名为豚犊者[2]，有识傍观，犹欲掩耳，况当之者乎？

近在议曹[3]，共平章百官秩禄[4]，有一显贵，当世名臣，意嫌所议过厚。齐朝有一两士族文学之人，谓此贵曰："今日天下大同，须为百代典式[5]，岂得尚作关中旧意[6]？明公定是陶朱公大儿耳[7]！"彼此欢笑，不以为嫌。

"今日"句：王利器《集解》："此当隋时而言：隋统一天下，结束南北对峙局面，故云'大同'；虽都长安，即为新朝，故云'岂得尚作关中旧意'；之推写定《家训》时已入隋，故记其事云'近在议曹'也。"

陶朱公，事见《史记·越王句践世家》。陶朱公中子杀人，被囚于楚，长子自告奋勇带黄金千镒入楚救援，办事不成，反而害死了中子。

[注释]

[1]刘文饶：东汉人刘宽，字文饶。畜产：畜生。　[2]豚犊：小猪、小牛。　[3]议曹：官署名，掌管言职。　[4]平章：商定考评。秩禄：俸禄。　[5]典式：典范。　[6]旧意：指旧规矩。　[7]明公：旧时对有名位者的尊称。陶朱公：春秋时越国相国、上将军范蠡，曾献策扶助越王勾践复国，兴越灭吴。后隐去，经商致富，天下称为陶朱公。

[点评]

以上两节讲当时骂人之语，竟成为玩笑，颜之推认为如此很不严肃。

昔侯霸之子孙[1]，称其祖父曰家公；陈思王称其父为家父[2]，母为家母，潘尼称其祖曰家祖[3]。古人之所行，今人之所笑也。今南北风俗，言其祖及二亲，无云家者；田里猥人[4]，方有此言耳。凡与人言，言己世父[5]，以次第称之，不云家者，以尊于父，不敢家也。凡言姑姊妹女子子[6]：已嫁，则以夫氏称之；在室[7]，则以次第称之。言礼成他族[8]，不得云家也。子孙不得称家者，轻略之也。蔡邕书集[9]，呼其姑、姊为家姑、家姊；班固书集，亦云家孙。今并不行也。

《资治通鉴》卷一一八胡三省注："魏晋之间，凡人子者，称其父曰家公，人称之曰尊公。"

《尔雅·释亲》："父之昆弟，先生为世父，后生为叔父。"

《仪礼·丧服》郑注："女子子者，女子也，别于男子也。"

[注释]

[1]侯霸：字君房，东汉人，官至大司徒。《后汉书》有传。　[2]陈思王：即曹操之子曹植。　[3]潘尼：字正叔，西晋人，善文学。　[4]田里猥人：乡下鄙俗之人。　[5]世父：伯父。　[6]女子子：即女子。　[7]在室：指未出嫁。　[8]礼成他族：指出嫁后成为夫家的人。　[9]书集：文集。

[点评]

　　本节谈到古人称自己的祖父及父母二亲、伯父、姑姊妹等，往往在前面带一个"家"字，到颜之推时代则不再带"家"，这是古今称谓习俗的变化。

　　凡与人言，称彼祖父母、世父母、父母及长姑，皆加"尊"字，自叔父母以下，则加"贤"字，尊卑之差也。王羲之书[1]，称彼之母与自称己母同[2]，不云尊字，今所非也。

[注释]

　　[1] 王羲之（303—361）：字逸少，琅琊临沂（今山东临沂北）人，东晋著名书法家。在书法史上，与钟繇并称"钟王"，与其子王献之合称"二王"。后世尊为"书圣"。　[2] 彼之母：对方的母亲。

[点评]

　　与别人交谈，涉及到对方祖父母、伯父母及长姑等长辈，前面要用"尊"字，叔父母以下则加"贤"字，体现出对别人的尊重。

　　南人冬至、岁首[1]，不诣丧家[2]；若不修书，则过节束带以申慰[3]。北人至岁之日[4]，重行吊礼[5]；礼无明文，则吾不取。南人宾至不迎，相见捧手而不揖[6]，送客下席而已；北人迎送并至门，相见则揖，皆古之道也，吾善其迎揖。

[注释]

[1]岁首：即元旦（正月初一）。　[2]诣：去。丧家：有丧事之家。　[3]束带：指穿戴整齐，以示敬意。申慰：表达慰问。　[4]至岁：冬至、岁首的省称。　[5]重行吊礼：重视施行吊唁礼。　[6]捧手：拱手。揖：作揖，一种敬礼仪式。执礼人双手抱拳，朝受礼人先高拱，后下拜。

[点评]

　　冬至和元旦，是古代两大节日，亲友一般要登门互致问候。但如果亲友有丧事，这天则不登门，只修书问候，或者节后再去慰问。当时南北迎送宾客之礼有所不同，颜之推认为北方更佳。

《老子》第三十九章："是以侯王自称孤、寡、不穀，此其以贱为本耶！非乎？"

如《论语·述而》记："吾无行而不与二三子者，是丘也。"又《公冶长》："左丘明耻之，丘亦耻之。""十室之邑，必有忠信如丘者焉，不如丘之好学也。"都是孔子自己称名的例证。

　　昔者，王侯自称孤、寡、不穀，自兹以降，虽孔子圣师，与门人言，皆称名也。后虽有臣仆之称，行者盖亦寡焉。江南轻重[1]，各有谓号[2]，具诸《书仪》[3]；北人多称名者，乃古之遗风，吾善其称名焉。

[注释]

[1]轻重：指地位低的和地位高的。　[2]谓号：指特定的称

谓。　[3]《书仪》: 旧时士大夫私家关于书札体式、典礼仪注的著作, 通名《书仪》。

[点评]

《礼记》中《曲礼》《玉藻》等篇, 记载了天子、王侯、大臣的各种称谓。中古门阀讲究礼仪, 重视称谓, 当时出现了不少《书仪》著作, 记录各种社交礼仪。《隋书·经籍志》和《崇文总目》著录有关的《书仪》著作甚多, 现仅存宋代司马光的《书仪》。

言及先人, 理当感慕[1], 古者之所易, 今人之所难。江南人事不获已, 须言阀阅[2], 必以文翰[3], 罕有面论者。北人无何便尔话说[4], 及相访问。如此之事, 不可加于人也。人加诸己, 则当避之。名位未高, 如为勋贵所逼[5], 隐忍方便, 速报取了[6]; 勿使烦重[7], 感辱祖父[8]。若没[9], 言须及者, 则敛容肃坐[10], 称 "大门中", 世父、叔父则称 "从兄弟门中", 兄弟则称 "亡者子某门中", 各以其尊卑轻重为容色之节[11], 皆变于常。若与君言, 虽变于色, 犹云亡祖、亡伯、亡叔也。吾见名士, 亦有呼其亡兄弟为兄子弟子门中者, 亦未为安贴也[12]。北土风俗, 都不行此。

太山羊侃[13]，梁初入南；吾近至邺，其兄子肃访侃委曲[14]，吾答之云："卿从门中在梁，如此如此。"肃曰："是我亲第七亡叔，非从也。"祖孝徵在坐[15]，先知江南风俗，乃谓之云："贤从弟门中，何故不解？"

王利器《集解》："自汉、魏以来，习惯于亲戚称谓之上，加以'亲'字，以示其为直系的或最亲近的亲戚关系。"

梁章钜《称谓录》卷三曰："案，不忍称亡者之名，故称其子之门中耳。"

[注释]

[1]感慕：感念思慕。　[2]阀阅：家世门第。　[3]文翰：书信，文书。　[4]无何：无缘无故。　[5]勋贵：功臣权贵。　[6]"隐忍方便"二句：勉强忍耐，随机应变，尽快结束谈话。　[7]烦重：指说得太多。　[8]感辱祖父：使自己祖辈父辈受辱。　[9]没：去世。　[10]敛容肃坐：表情严肃，坐姿端正。　[11]容色：面部表情。　[12]安贴：妥当。　[13]太山：即泰山。羊侃：字祖忻，《梁书》有传。侃，一作侃。　[14]委曲：指事情的原委、底细。　[15]祖孝徵：祖珽，字孝徵，范阳遒县（今河北涞水县）人。北齐时官至侍中、左仆射，监修国史，加位特进，受封燕郡公。

[点评]

颜之推这里讲到在别人面前如何谈论先人的问题。后辈对先人应当感念思慕，一般不轻易对别人提起。南方人比较慎重，如果要谈门第，往往通过书信，而不会当面谈及。北方人就比较率直，往往无缘无故当面问及。面对这种情况，颜之推主张能回避就尽量回避，如果实在不能回避，就视情况随机应付。提及先人，要注意称谓，也要注意面部表情，以示对先人的尊重，不要闹笑话而有辱先人。

古人皆呼伯父、叔父，而今世多单呼伯、叔。从父兄弟姊妹已孤[1]，而对其前呼其母为伯、叔母，此不可避者也。兄弟之子已孤，与他人言，对孤者前呼为兄子、弟子，颇为不忍。北土人多呼为侄。案：《尔雅》《丧服经》《左传》，侄虽名通男女，并是对姑之称。晋世已来，始呼叔侄；今呼为侄，于理为胜也。

王利器《集解》引黄叔琳曰："去父母而称伯叔，乃晋以下轻薄之习。"

[注释]

[1] 从父：对伯父、叔父的通称。

[点评]

侄，又写作"姪"。《尔雅·释亲》说："女子谓昆弟之子为姪。"也就是说，从姑的角度称呼自己兄弟的子嗣，所以字从"女"旁。男性叔伯称兄弟的子嗣为"从子"。《仪礼·丧服传》说："谓吾姑者，吾谓之姪。"姑、姪是一对相互间的称谓。

《通典》卷六八记，有人问颜延之曰："甥侄亦可施于伯叔从母耶？"颜延之答曰："伯叔有父名，则兄弟之子不得称侄，从母有母名，则姊妹之子不可言甥；且甥侄唯施之于姑舅耳。"

别易会难，古人所重；江南饯送[1]，下泣言离[2]。有王子侯[3]，梁武帝弟，出为东郡[4]，与

曹丕《燕歌行》："别日何易会日难。"嵇康《与阮德如诗》："别易会良难。"

武帝别，帝曰："我年已老，与汝分张^[5]，甚以恻怆^[6]。"数行泪下。侯遂密云^[7]，赧然而出^[8]。坐此被责^[9]，飘飘舟渚一百许日^[10]，卒不得去。北间风俗，不屑此事，歧路言离，欢笑分首^[11]。然人性自有少涕泪者，肠虽欲绝，目犹烂然^[12]；如此之人，不可强责。

[注释]

[1]饯送：饯行。　[2]下泣言离：谈到分离就掉泪。　[3]王子侯：指皇室的列侯。　[4]东郡：指建康以东之郡。　[5]分张：分别。　[6]甚以恻怆：无比伤心。　[7]密云：指强作悲伤的样子，却流不出眼泪。　[8]赧然：羞愧脸红的样子。　[9]坐此：由这个原因。　[10]飘飘舟渚：坐船在江渚边飘荡。　[11]分首：分别。　[12]烂然：目光明亮。

[点评]

江淹《别赋》："黯然销魂者，唯别而已矣！"故国乡土之思，骨肉亲人之念，挚友离合之感，往往体现在离别的那一刻，因此泫然泣下，实为人情之自然反映。离别的原因千差万别，但离愁别绪，因南北人情不同，个体差别之异，而不尽相同，不能一概而论。

凡亲属名称，皆须粉墨^[1]，不可滥也。无风教者^[2]，其父已孤，呼外祖父母与祖父母同，使人为其不喜闻也。虽质于面[3]，皆当加"外"以别之；父母之世叔父[4]，皆当加其次第以别之；父母之世叔母[5]，皆当加其姓以别之；父母之群从世叔父母及从祖父母，皆当加其爵位若姓以别之。河北士人，皆呼外祖父母为家公家母；江南田里间亦言之[6]。以"家"代"外"，非吾所识。

卢文弨《补注》曰："'家母'似当作'家婆'。"并引《古乐府》："阿婆不嫁女，哪得孙儿抱。"

[注释]

[1]粉墨：指区别分明。　[2]风教：教养。　[3]质于面：当面对质。　[4]世叔父：伯父与叔父。　[5]世叔母：伯母与叔母。　[6]田里间：指乡间。

凡宗亲世数[1]，有从父，有从祖，有族祖。江南风俗，自兹已往，高秩者[2]，通呼为尊；同昭穆者[3]，虽百世犹称兄弟；若对他人称之，皆云族人。河北士人，虽三二十世，犹呼为从伯、从叔。梁武帝尝问一中土人曰："卿北人，何故不知有族？"答云："骨肉易疏，不忍言族耳。"当时虽为敏对[4]，于礼未通。

此事见《梁书·夏侯亶传》："亶为人美风仪，宽厚有器量，涉猎文史，辩给能专对。宗人夏侯溢为衡阳内史，辞曰，亶侍御坐，高祖谓亶曰：'夏侯溢于卿疏近？'亶答曰：'是臣从弟。'高祖知溢于亶已疏，乃曰：'卿伧人，好不辨族从。'亶对曰：'臣闻服属易疏，所以不忍言族。'时以为能对。"

[注释]

[1]宗亲世数：宗族亲属的世系辈分。　[2]高秩：官位

高。　[3]昭穆：古代宗法制度对宗庙辈次的排列规则和次序。始祖居中，以下父子（祖、父）依次为昭、穆，左为昭，右为穆。同昭穆者，指同一祖宗。　[4]敏对：机敏的回答。

[点评]

　　血缘宗亲关系和姻亲关系，奠定了社会关系的基础，随之产生的关系之间相应的名称，即亲属称谓。《尔雅》《释名》《广雅》等书都有"释亲"专篇。魏晋南北朝时期讲究宗法门第，重视亲属称谓。颜之推反复强调亲属称谓要分辨清楚，不可混乱，内亲与外亲、亲属的世系辈分，都要有所区别，不要混淆，正是这一社会风习的反映。

　　吾尝问周弘让曰[1]："父母中外姊妹[2]，何以称之？"周曰："亦呼为丈人[3]。"自古未见丈人之称施于妇人也。吾亲表所行，若父属者，为某姓姑；母属者，为某姓姨。中外丈人之妇，猥俗呼为丈母[4]，士大夫谓之王母、谢母云。而《陆机集》有《与长沙顾母书》，乃其从叔母也，今所不行。

姜宸英《湛园札记》卷一："南北朝最重表亲，卢怀仁撰《中表实录》二十卷，高谅造《表亲谱录》四十余卷，此风至唐犹存。"

[注释]

　　[1]周弘让：汝南安城（今河南汝南县东南）人，南朝梁陈时名儒。　[2]中外：指内外表亲。中指舅父子女，外指姑母子

女。　[3]丈人：指长辈。　[4]猥俗：俚俗。

[**点评**]

《尔雅·释亲》："父之姊妹曰姑。"《释名·释亲属》："父之姊妹曰姑。姑，故也，言于己为久故之人也。"又《尔雅·释亲》："妻之姊妹同出为姨。"《说文解字》："姨，妻之女弟同出为姨。"子嗣对父亲的姊妹称"姑"，对母亲的姊妹称"姨"，至今如此。

　　齐朝士子，皆呼祖仆射为祖公[1]，全不嫌有所涉也，乃有对面以相戏者。

[**注释**]

[1]祖仆射：即祖珽，北齐时官至侍中、左仆射。

　　古者，名以正体[1]，字以表德[2]。名，终则讳之，字乃可以为孙氏[3]。孔子，弟子记事者皆称仲尼；吕后微时[4]，尝字高祖为季；至汉爰种，字其叔父曰丝[5]；王丹与侯霸子语[6]，字霸为君房；江南至今不讳字也。河北士人全不辨之，名亦呼为字，字固呼为字。尚书王元景兄弟[7]，皆号名人，其父名云，字罗汉，一皆讳之，其余不足怪也。

《楚辞·离骚》王逸注："《礼》曰：'子生三月，父亲名之，既冠而字之。'名，所以正形体，定心意也；字者，所以崇仁义，序长幼也。夫人非名不荣，非字不彰。故子生，父思善应而名字之，以表其德、观其志也。"

[注释]

[1]正体：表明正规的身份。　[2]表德：表示德行。　[3]"字乃"句：祖父的字可以作为孙的氏。　[4]吕后：汉高祖皇后吕雉。微时：指没有发迹时。　[5]爰种：西汉名臣爰盎之兄子。丝：爰盎，字丝。　[6]王丹：字仲回。侯霸：字君房。《后汉书》有传。　[7]王元景：王昕，字元景。《北齐书》有传。

[点评]

　　古时，孩子出生三个月后，长辈会给他取一个"名"，这就是"乳名"。等到他长大成年之时，就要在名之外，另取一个"字"。"名"和"字"合称"名字"。《礼记》说："冠而字之，敬其名也。"君父之前称名，他人则称字。"名"代表了正规的身份标记，负载了父祖辈的命名权力和未来希望；"字"则是"名"的一种阐释、深化。在社交场合，一般称"字"而不称"名"，以示尊重；避讳规则，一般避"名"而不避"字"。

　　《孝经·丧亲章》："子曰：'孝子之丧亲也，哭不偯，礼无容，言不文，服美不安，闻乐不乐，食旨不甘，此哀戚之情也。'"

　　《礼·间传》云[1]："斩缞之哭[2]，若往而不反[3]；齐缞之哭[4]，若往而反；大功之哭[5]，三曲而偯[6]；小功、缌麻[7]，哀容可也[8]。此哀之发于声音也。"《孝经》云："哭不偯[9]。"皆论哭有轻重质文之声也。礼以哭有言者为号，然则哭亦有辞也。江南丧哭，时有哀诉之言耳。山东重丧，则唯呼苍天，期功以下[10]，则唯呼痛深，便是号而不哭。

[注释]

[1]《礼·间传》:《礼记》篇名。   [2]斩缞（cuī）:古代五种丧服中最重的一种，为最亲近的人死后所服。缞，又写作"衰"，用最粗的生麻布制成，断处外露，不缉边，称"斩衰"。   [3]若往而不反:指哭得死去活来。   [4]齐缞:五种丧服中列位二等，次于斩缞。用粗麻布制成，衣裳分制，缘边部分缝缉整齐。   [5]大功:次于"齐衰"的丧服。用粗熟麻布制成，服期为九个月。   [6]三曲而偯（yǐ）:指哭声一拖三折，谓有余声。   [7]小功:次于"大功"的丧服。用稍粗的熟麻布制成，服期五月。缌（sī）麻:次于"小功"的丧服，为五种丧服中最轻的一种。用较细熟麻布制成，做工也较"小功"为细。   [8]哀容:哀痛的神情。   [9]哭不偯:哭声不拖曲折尾音。   [10]期功:古代丧服的名称。期，服丧一年。功，按关系亲疏分大功和小功，大功服丧九月，小功服丧五月。也用以指五服之内的宗亲。

[点评]

亲人去世，痛哭以表达哀思，是人之常情。《礼记·曲礼上》说:"夫礼者，所以定亲疏、决嫌疑、别同异、明是非也。"古代缘情制礼，根据亲疏远近，规定哀痛之情的不同表达方式，因此有"五服"之分。亲疏关系不同，在哭的方式、哀痛的程度上要有所区别，以体现"亲亲"的原则。

江南凡遭重丧，若相知者，同在城邑，三日

不吊则绝之[1]；除丧[2]，虽相遇则避之，怨其不己悯也。有故及道遥者[3]，致书可也；无书亦如之[4]。北俗则不尔。江南凡吊者，主人之外，不识者不执手；识轻服而不识主人[5]，则不于会所而吊[6]，他日修名诣其家[7]。

[注释]

[1]不吊：不来吊丧。绝：绝交。 [2]除丧：指服丧期满除去丧服。 [3]有故：有缘故。道遥：路途遥远。 [4]无书亦如之：若无书信吊唁，也如"三日不吊"那样对待。 [5]轻服：五服中较轻的几种，指与死者关系较疏的亲属。 [6]会所：指治丧的地方。 [7]"他日"句：改天准备好名刺（名片）去丧家吊唁。

[点评]

祭奠死者称为"吊"，慰问死者家属称为"唁"。亲朋家有重丧，一般应当前去吊唁，以表达哀思。《礼记》说："知生者吊，知死者伤。知生而不知死，吊而不伤；知死而不知生，伤而不吊。"也就是说，与生者有交情的应去吊丧，与死者有交情的应表示哀伤。与生者有交情，而与死者没有交情的，可以去吊丧表示哀悼，但可以不表示悲伤；与死者有交情，但与生者没有交情的，可以表示哀伤，但不用去吊丧。《礼记》还规定对于非正常死亡的人不用去吊丧。如果家有重丧，亲朋好友却不闻不问，说明对方没有同情心，就要与之断绝往来。

阴阳说云[1]："辰为水墓，又为土墓，故不得哭。"王充《论衡》云[2]："辰日不哭，哭则重丧[3]。"今无教者，辰日有丧，不问轻重，举家清谧[4]，不敢发声，以辞吊客[5]。道书又曰[6]："晦歌朔哭[7]，皆当有罪，天夺其算[8]。"丧家朔望[9]，哀感弥深，宁当惜寿，又不哭也？亦不谕[10]。

见《论衡·辩崇篇》。

《抱朴子·微旨篇》："天地有司过之神，随人所犯轻重，以夺其算。大者夺纪，纪者三百日也；小者夺算，算者三日也（或作一日）。若乃越井跨灶，晦歌朔哭，凡有一事，辄是一罪，随事轻重，司命夺其算纪。"

[注释]

[1]阴阳：指阴阳家，古代相宅看风水的人。　[2]王充（27—约97）：字仲任，会稽上虞（今浙江上虞）人。出身寒门，到洛阳就读于太学，师从班彪。常游洛阳市肆读书，博览百家。曾做过郡功曹、州从事等小吏。著《论衡》八十五篇，是中国历史上一部重要的思想著作。　[3]重（chóng）丧：指还要死人。　[4]清谧：清静。　[5]吊客：吊丧的人。　[6]道书：道教书。　[7]晦：农历每月最后一天。朔：农历每月第一天。　[8]算：寿命。　[9]朔望：农历每月初一、十五。　[10]不谕：不明白。

偏傍之书[1]，死有归杀[2]。子孙逃窜，莫肯在家；画瓦书符，作诸厌胜[3]；丧出之日，门前然火[4]，户外列灰，被送家鬼[5]，章断注连[6]：凡如此比，不近有情，乃儒雅之罪人，弹议所当加也[7]。

戴冠《濯缨亭笔记》卷七："今世阴阳家以某日人死，则于某日煞回，以五行相乘，推其殃煞高上尺寸，是日，丧家当出外避之，俗云避煞。"

［注释］

[1] 偏傍：指旁门左道。　[2] 归杀：又称"归煞""回煞"，旧时迷信认为人死后灵魂要回家一次。　[3] 厌胜：旧时民间一种避邪祈吉习俗，是用法术诅咒或祈祷以制胜所厌恶的人、物或魔怪。　[4] 然：通"燃"。　[5] 祓（fú）：古时消灾祈福的仪式。　[6] 章断注连：上章请求鬼神阻止死者祸及家人。　[7] 弹议：批评。

［点评］

民间禁忌，辰日不哭，月初第一天不哭，哭了不吉利。而且还有所谓"归杀"的传说。颜之推认为这些都是旁门左道，不合人情，有违儒家孝道，不必相信。

己孤[1]，而履岁及长至之节[2]，无父，拜母、祖父母、世叔父母、姑、兄、姊，则皆泣；无母，拜父、外祖父母、舅、姨、兄、姊，亦如之：此人情也。

［注释］

[1] 己孤：自己丧父或丧母。　[2] 履岁：指一年之始。长至：指冬至这天。

江左朝臣，子孙初释服[1]，朝见二宫[2]，皆当泣涕；二宫为之改容。颇有肤色充泽[3]，无哀感者，梁武薄其为人，多被抑退[4]。裴政出服[5]，问讯武帝，贬瘦枯槁[6]，涕泗滂沱[7]，武帝目送之，曰："裴之礼不死也[8]。"

[注释]

[1]释服：又称出服，指服丧期满，脱去丧服。　[2]二宫：指皇帝和太子。　[3]充泽：容光焕发。　[4]抑退：贬退。　[5]裴政：字德表，隋时为襄阳总管。《北史》有传。　[6]贬瘦：消瘦。枯槁：憔悴。　[7]涕泗滂沱：眼泪横流。　[8]裴之礼：字子义，裴政父，南朝梁时官至少府卿。

[点评]

古人极重丧礼，居丧哀痛是失去亲人后的一种自然反应。与逝者的关系越亲密，那么痛苦就会越深。父母死，在任官员必须离职除服，归家守制（守丧），叫做丁艰或丁忧。子嗣须服丧三年，不得婚娶，不得赴宴，不得听音乐，不得游戏笑谑，三月不沐浴，夫妇不得同居。《礼记》说："创巨者其日久，痛甚者其愈迟。三年者，称情而立文，所以为至痛极也。斩衰，苴杖、居倚庐、食粥、寝苦、枕块，所以为至痛饰也。"事实上，这许多琐细而苛刻的规定一般人很难完全做到。所以有些人虽然居丧，仍然暗地里吃肉饮酒，故"肤色充泽"，而一些坚守礼法、严格自律的人，则"贬瘦枯槁"，由此可以看出谁是真孝，谁是做做样子。

二亲既没，所居斋寝[1]，子与妇弗忍入焉。北朝顿丘李构[2]，母刘氏夫人亡后，所住之堂，终身锁闭，弗忍开入也。夫人，宋广州刺史纂之孙女，故构犹染江南风教。其父奖，为扬州刺史，镇寿春，遇害。构尝与王松年、祖孝徵数人同集谈讌[3]。孝徵善画，遇有纸笔，图写为人。顷之，因割鹿尾，戏截画人以示构，而无他意。构怆然动色，便起就马而去。举坐惊骇，莫测其情[4]。祖君寻悟，方深反侧[5]，当时罕有能感此者。吴郡陆襄，父闲被刑[6]，襄终身布衣蔬饭，虽姜菜有切割，皆不忍食；居家惟以掐摘供厨[7]。江宁姚子笃，母以烧死，终身不忍啖炙[8]。豫章熊康，父以醉而为奴所杀，终身不复尝酒。然礼缘人情[9]，恩由义断[10]，亲以噎死，亦当不可绝食也。

[注释]

[1]斋寝：斋戒时所居的旁屋。　[2]顿丘：地名，今河南濮阳清丰县。李构：字祖基，北齐人。　[3]谈讌：聚谈宴饮。　[4]莫测其情：不明白事情的原因。　[5]反侧：惶恐不安的样子。　[6]父闲：陆襄父闲，字退业，见《南齐书·孝义传》。　[7]掐摘：指用手掐摘蔬菜。　[8]啖炙：吃烤肉。　[9]礼缘人情：礼仪根据人的情感而定。　[10]恩由义断：恩情可以根据事理而断绝。

[**点评**]

《诗经》中有这样的诗句："父兮生我，母兮鞠我，拊我畜我，长我育我，顾我复我，出入腹我。欲报之德，昊天罔亟。"父母的恩情就好比天一样大，是永远也报答不尽的。人不能忘根，不能忘本，父母之恩应当常思，父母之情应当常念。然而思念父母到了过度的地步，做出不近人情的事，以致影响正常生活，那就实属荒唐。

《礼经》：父之遗书[1]，母之杯圈[2]，感其手口之泽[3]，不忍读用。政为常所讲习[4]，雠校缮写[5]，及偏加服用[6]，有迹可思者耳。若寻常坟典[7]，为生什物[8]，安可悉废之乎？既不读用，无容散逸[9]，惟当缄保[10]，以留后世耳。

《礼记·玉藻》："父没而不能读父之书，手泽存焉尔。母没而杯圈不能饮焉，口泽之气存焉尔。"孔颖达疏："'父没而不能读父之书，手泽存焉尔'者，此孝子之情。父没之后而不忍读父之书，谓其书有父平生所持手之润泽存在焉，故不忍读也。"

[**注释**]

[1]遗书：遗留下来的图书。　[2]杯圈：一种木制的饮具。　[3]手口之泽：手指和口唇的沾润。　[4]政：通"正"。　[5]雠校：校勘文字。　[6]偏加服用：指特别使用。　[7]坟典：典籍。　[8]为生什物：指日常生活用品。　[9]无容散逸：不能让这些东西失散。　[10]缄保：封存保护。

[**点评**]

父母留下的遗物、遗书，要妥善保管，传给后世子孙。

思鲁等第四舅母，亲吴郡张建女也，有第五妹，三岁丧母。灵床上屏风[1]，平生旧物，屋漏沾湿，出曝晒之，女子一见，伏床流涕。家人怪其不起，乃往抱持；荐席淹渍[2]，精神伤恒[3]，不能饮食。将以问医，医诊脉云："肠断矣！"因尔便吐血[4]，数日而亡。中外怜之[5]，莫不悲叹。

[注释]

[1] 灵床：供奉亡人灵位的几筵。　[2] 荐席：垫席。淹渍：指被泪水浸湿。　[3] 伤恒（dá）：悲伤。　[4] 因尔：因此。　[5] 中外：家庭内外。

[点评]

《孝经》说："三日而食，教民无以死伤生。毁不灭性，此圣人之政也。"身体发肤，受之父母；因哀痛而伤身，有违于圣人之教，不值得提倡。

《礼》云："忌日不乐[1]。"正以感慕罔极[2]，恻怆无聊[3]，故不接外宾，不理众务耳[4]。必能悲惨自居[5]，何限于深藏也？世人或端坐奥室[6]，不妨言笑，盛营甘美[7]，厚供斋食；迫有急卒[8]，密戚至交[9]，尽无相见之理：盖不知礼意乎！

魏世王修[10]，母以社日亡[11]；来岁社日，修感念哀甚，邻里闻之，为之罢社。今二亲丧亡，偶值伏腊分至之节[12]，及月小晦后[13]，忌之外，所经此日，犹应感慕，异于余辰[14]，不预饮宴、闻声乐及行游也。

[注释]

[1]忌日：指父母去世的日子。　[2]罔极：没有尽头。　[3]恻怆无聊：内心悲伤而烦闷。　[4]众务：各种事务。　[5]悲惨：悲伤。　[6]奥室：内室。　[7]盛营甘美：置办丰富的饮食。　[8]迫有急卒：遇到紧急事情。卒，通"猝"。　[9]密戚至交：至亲好友。　[10]王修：字叔治，三国魏人。七岁丧母。为人正直，治理地方时抑制豪强、赏罚分明，深得百姓爱戴，官至大司农郎中令。　[11]社日：古时祭祀土神的日子，一般在立春、立秋后第五个戊日。　[12]伏腊：伏祭和腊祭之日。伏，夏季伏日。腊，农历十二月。分：春分、秋分。至：夏至、冬至。　[13]月小：指农历只有二十九天的月份。　[14]余辰：其他日子。

[点评]

《礼记·檀弓上》说："丧三年以为极，亡则弗之忘矣。故君子有终身之忧，而无一朝之患。故忌日不乐。"就是说守丧长达三年，以表示不忘父母的养育之恩。三年之后，也要不时怀念父母，子女的哀情是要伴随一生的，尤其是在父母去世的忌日时，更应如此。所以《礼记·祭义》说："君子有终身之丧，忌日之谓也。"父母忌日不宜宴饮行乐。

　　刘緢、缓、绥[1]，兄弟并为名器[2]，其父名昭[3]，一生不为"照"字，惟依《尔雅》"火"旁作"召"耳。然凡文与正讳相犯，当自可避；其有同音异字，不可悉然[4]。刘字之下，即有昭音。吕尚之儿[5]，如不为上，赵壹之子[6]，倘不作一，便是下笔即妨，是书皆触也[7]。

"劉"字上从卯，下从釗（钊），"钊"音正与"昭"同。如果同音异字都须避忌，则"刘"字下体也有"昭"音，就不能写了，未免避讳太多。

[注释]

[1]绥：据赵曦明、郑珍说，当属衍文。　[2]名器：知名人物。　[3]昭：刘昭，字宣卿，南朝梁著名学者，注《后汉书》。《梁书》列入《文学传》。　[4]悉然：全都这样。　[5]吕尚：即姜太公。　[6]赵壹：本名赵懿，字元叔，东汉时人。擅长辞赋，《后汉书》有传。　[7]是：凡是。触：指触讳。

王利器《集解》引刘盼遂曰："此甲问乙子，乙将以何时可以枉过，乙子不悟，答以其父已往，遂成笑柄。盖六朝、唐人通以'早晚'二字为问时日远近之辞。"

[点评]

　　为先人避讳，在当时有严格的讲究。不过颜之推认为不可过于拘泥，尤其是同音异字，如"上""一"之类常用字，也全都回避，则未免忌讳太多，无法下笔了。

　　尝有甲设宴席，请乙为宾；而旦于公庭见乙之子[1]，问之曰："尊侯早晚顾宅[2]？"乙子称其父已往。时以为笑。如此比例^[3]，触类慎之^[4]，不可陷于轻脱^[5]。

［注释］

[1]公庭：指朝堂。　[2]早晚：何时。顾：光顾。　[3]比例：同类事物相比较。　[4]触类：接触相类事物。　[5]轻脱：不稳重。

江南风俗，儿生一期^[1]，为制新衣，盥浴装饰^[2]，男则用弓矢纸笔，女则刀尺针缕，并加饮食之物，及珍宝服玩，置之儿前，观其发意所取，以验贪廉愚智，名之为"试儿"。亲表聚集^[3]，致宴享焉。自兹已后，二亲若在，每至此日，尝有酒食之事耳。无教之徒，虽已孤露^[4]，其日皆为供顿^[5]，酣畅声乐，不知有所感伤。梁孝元年少之时，每八月六日载诞之辰^[6]，常设斋讲；自阮修容薨殁之后^[7]，此事亦绝。

供顿，《资治通鉴》卷一九〇胡三省注："置食之所曰顿。唐人多言置顿。"今人称吃一次饭叫"吃一顿饭"，即本于此。

［注释］

[1]一期：一周岁。　[2]装饰：打扮。　[3]亲：亲属。表：表亲，指自己与姑母、舅父的子女。　[4]孤露：魏晋时人称丧父为孤露。　[5]供顿：设宴招待客人。　[6]载诞之辰：指生日。　[7]修容：宫内女官名。薨殁（hōng mò）：指王侯或地位高的人死亡。

［点评］

试儿，为南北朝时期的古俗。今民间尚有"抓周"习俗，与此相似。婴儿出生满一年，称"周"，这天全家人不仅要庆贺，而且还要举行隆重的"抓周"仪式。它与产儿报喜、三朝洗儿、满月礼、百日礼等一样，同属于传统的诞生礼仪，其核心是对生命延续、顺利和兴旺的祝愿，反映了父母对子女的殷切期望。

《史记·屈原列传》："夫天者，人之始也；父母者，人之本也。人穷则反本：故劳苦倦极，未尝不呼天也；疾痛惨怛，未尝不呼父母也。"

人有忧疾[1]，则呼天地、父母，自古而然。今世讳避，触途急切[2]。而江东士庶，痛则称祢[3]。祢是父之庙号，父在无容称庙，父殁何容辄呼？《苍颉篇》有"倄"字[4]，《训诂》云[5]："痛而讓也[6]，音'羽罪反'[7]。"今北人痛则呼之。《声类》音"于诶反"[8]，今南人痛或呼之。此二音随其乡俗，并可行也。

［注释］

[1]忧疾：忧患和疾病。　[2]触途：各方面。急切：严格。　[3]祢（nǐ）：古时对已在宗庙中立牌位的亡父的称谓。　[4]《苍颉篇》：古代字书，秦时李斯作。汉初，闾里书师合李斯的《苍颉篇》、赵高的《爰历篇》、胡毋敬的《博学篇》为一篇，也称《苍颉篇》。倄（yáo）：痛呼声。　[5]《训诂》：指解释《苍颉篇》的书。《汉书·艺文志》有《苍颉》一篇，又著录《苍颉传》一篇，扬雄、杜林皆作《训纂》，杜林又作《苍颉故》，"故"

即"诂"。　[6]譹：同"呼"。　[7]反：又称"反切""切""翻""反语"等。古代一种注音法，基本规则是用两个汉字相拼给一个字注音，切上字取声母，切下字取韵母和声调。　[8]《声类》：音韵学著作，三国魏李登撰。

[点评]

据刘盼遂先生说，江东人痛则呼"祢"，当是呼"奶"。奶者，母之俗字。人在感到孤立无助时则呼母（妈妈），古今不异。颜之推误以为呼"祢"，其实是因为"奶""祢"同音而导致疏失，故不能自圆其说。

梁世被系劾者[1]，子孙弟侄，皆诣阙三日[2]，露跣陈谢[3]；子孙有官，自陈解职。子则草屩粗衣[4]，蓬头垢面，周章道路[5]，要候执事[6]，叩头流血，申诉冤枉。若配徒隶[7]，诸子并立草庵于所署门，不敢宁宅[8]，动经旬日，官司驱遣[9]，然后始退。江南诸宪司弹人事[10]，事虽不重，而以教义见辱者，或被轻系而身死狱户者，皆为怨仇，子孙三世不交通矣。到洽为御史中丞[11]，初欲弹刘孝绰[12]，其兄溉先与刘善，苦谏不得，乃诣刘涕泣告别而去。

到洽弹劾刘孝绰之事，《梁书·刘孝绰传》有记载："初，孝绰与到洽友善，同游东宫，孝绰自以才优于洽，每于宴坐嗤鄙其文，洽衔之。及孝绰为廷尉卿，携妾入官府，其母犹停私宅。洽寻为御史中丞，遣令史案其事，遂劾奏之云：'携少妹于华省，弃老母于下宅。'高祖为隐其恶，改'妹'为'姝'，坐免官。孝绰诸弟，时随藩皆在荆雍，乃与书论共洽不平者十事，其辞皆鄙到氏。又写别本封呈东宫，昭明太子命焚之，不开视也。"

[注释]

[1]系：拘囚。劾：审判。　[2]诣阙：赴朝堂。　[3]露跣（xiǎn）：光着头、光着脚。陈谢：陈情谢罪。　[4]草屩（juē）粗衣：穿着草鞋和粗布衣服。　[5]周章：惶恐不安的样子。　[6]要候：在中途等候。要，通"邀"。执事：主管官员。　[7]配徒隶：发配去服苦役。　[8]宁宅：在家安居。　[9]官司：官府。驱遣：驱赶。　[10]宪司：指御史，负责纠察弹劾。　[11]到洽：梁朝大臣，与兄到溉并称"二到"。《梁书》有传。　[12]刘孝绰（481—539）：本名刘冉，字孝绰，徐州彭城（今江苏徐州）人。门荫入仕，官至秘书监。辞藻为后进所宗，每作一篇，朝成暮遍。《梁书》有传。

[点评]

　　一个人被拘禁入狱，为家门之不幸。万一遇上这种事，子孙弟侄须认真对待，尽力营救，申诉冤情。如果被人诬陷而受辱，或者因细微之罪而被囚死狱中，子孙就要牢记此仇，三世不与其来往。

《汉书·晁错传》："兵，凶器，战，危事也，以大为小，以强为弱，在俯仰之间耳。"

《淮南子·兵略训》许慎注云："凶门，北出门也；将军之出，以丧礼处之，以其必死也。"

　　兵凶战危，非安全之道。古者，天子丧服以临师，将军凿凶门而出[1]。父祖伯叔若在军阵，贬损自居[2]，不宜奏乐、宴会及婚冠吉庆事也。若居围城之中，憔悴容色，除去饰玩[3]，常为临深履薄之状焉[4]。

[注释]

[1]凶门：古时将军出征，要开一道北向的门，由此出发，如

同办丧事一样，称为凶门。 [2]贬损自居：指约束自己的日常生活。 [3]饰玩：指装饰品。 [4]临深履薄：走近深渊，踩在薄冰上。比喻戒慎恐惧，十分小心。

[点评]

《老子》说："师之所处，荆棘生焉；大军之后，必有凶年。"《孟子》也说："争地以战，杀人盈野；争城以战，杀人盈城。"他们对战争深恶痛绝，认为好战的人"罪不容于死"，痛斥"善战者服上刑"。战争是不祥之事，即使不能避免，也要按照丧事来对待。

父母疾笃[1]，医虽贱虽少，则涕泣而拜之，以求哀也。梁孝元在江州，尝有不豫[2]；世子方等亲拜中兵参军李猷焉[3]。

[注释]

[1]疾笃：病重。 [2]不豫：古时称天子有病为不豫。 [3]世子：古代诸侯王嗣子，一般为嫡长子。方等：萧方等（528—549），字实相，南朝梁元帝萧绎长子，册立为湘东世子。少聪敏，有俊才。太清三年（549）带兵出征河东王萧誉，兵败溺水而死，年仅二十二岁。

[点评]

魏晋南北朝时，医者与卜卦、算命、看相者的地位相当，属于方伎，"巫医乐师百工之人"不入于士流。不过，颜之推认为，如果父母病重，子孙要尽力求医问药；

医生地位虽然低贱或者年少，还是要给予尊重，要放下身段请求他们治病救人。

　　四海之人，结为兄弟，亦何容易。必有志均义敌[1]，令终如始者[2]，方可议之。一尔之后[3]，命子拜伏，呼为丈人，申父友之敬；身事彼亲，亦宜加礼。比见北人，甚轻此节，行路相逢，便定昆季[4]，望年观貌[5]，不择是非，至有结父为兄，托子为弟者。

［注释］

[1]志均义敌：意指志同道合。　[2]令终如始：始终如一。　[3]一尔：一旦如此。　[4]昆季：兄弟。年长为昆，年少为弟。　[5]望年观貌：只从外表判断长幼辈分。

［点评］

　　结拜兄弟，也要郑重行事，必须志趣相投，还要始终如一。因为一经结拜，亲如兄弟，则对方父母如自己父母，需要加以礼敬。颜之推认为北方人对结拜之事比较轻率，不太严肃。

　　昔者，周公一沐三握发，一饭三吐餐，以接白屋之士[1]，一日所见者七十余人。晋文公以沐

周公之事，《史记·鲁周公世家》："周公戒伯禽曰：'我文王之子，武王之弟，成王之叔父，我于天亦不贱矣。然我一沐三捉发，一饭三吐哺，起以待士，犹恐失天下之贤人。子之鲁，慎无以国骄人。'"《韩诗外传》卷三载此事略同。

辞竖头须[2]，致有图反之诮[3]。门不停宾[4]，古所贵也。失教之家，阍寺无礼[5]，或以主君寝食、嗔怒[6]，拒客未通，江南深以为耻。黄门侍郎裴之礼[7]，号善为士大夫，有如此辈，对宾杖之；其门生僮仆[8]，接于他人，折旋俯仰[9]，辞色应对[10]，莫不肃敬，与主无别也。

[注释]

[1]白屋之士：指平民百姓。　[2]竖头须：春秋时晋国小臣。竖，僮仆。头须，晋文公僮仆名。　[3]图反：图谋之事违背正常道理，意指心态不正常。诮：讥诮。　[4]门不停宾：门口不让宾客滞留，指不让宾客受到冷遇。　[5]阍寺：看门的下人。　[6]主君：主人。嗔怒：发脾气。[7]黄门侍郎：官名，为皇帝近侍之臣，可传达诏令，地位清显。裴之礼：字子义，南朝梁大臣。　[8]门生：指门下侍从的人。　[9]折旋俯仰：指进退礼仪。　[10]辞色：言辞和神色。应对：对答。

晋文公事见《左传·僖公二十四年》。

[点评]

如何接待宾客，是士大夫必须要知道的学问。周初重臣周公，宁愿中断沐浴、停止用餐，也要尽快接见来访的平民；春秋五霸之一的晋文公，也能放下架子，接见低贱小臣。有宾客来访，要热情接待，不要让他们受到冷遇。尤其是要约束那些看门的下人，不要把访客随便拒之门外。颜之推举了裴之礼调教僮仆的例子，来说明门生僮仆善于待人接物，可以给主人脸上增光。

慕贤第七

鲍照《河清颂序》引《孟子》："千年一圣，犹旦暮也。"《意林》引《申子》："百世有圣人犹随踵，千里有贤人是比肩。"

《孔子家语·六本》："与善人居，如入芝兰之室，久而不闻其香，即与之化矣。与不善人居，如入鲍鱼之肆，久而不闻其臭，亦与之化矣。丹之所藏者赤，漆之所藏者黑，是以君子必慎其所与处者焉。"

《墨子·所染》篇："子墨子见染丝者而叹曰：'染于苍则苍，染于黄则黄，所入者变，其色亦变，五入而已则为五色矣：故染不可不慎也。'"

古人云："千载一圣，犹旦暮也[1]；五百年一贤，犹比髆也[2]。"言圣贤之难得，疏阔如此[3]。倘遭不世明达君子[4]，安可不攀附景仰之乎？吾生于乱世，长于戎马，流离播越[5]，闻见已多；所值名贤[6]，未尝不心醉魂迷，向慕之也[7]。人在少年，神情未定，所与款狎[8]，熏渍陶染[9]，言笑举动，无心于学，潜移暗化，自然似之；何况操履艺能[10]，较明易习者也？是以与善人居，如入芝兰之室[11]，久而自芳也；与恶人居，如入鲍鱼之肆[12]，久而自臭也。墨子悲于染丝[13]，是之谓矣。君子必慎交游焉。孔子曰："无友不

如己者。"颜、闵之徒[14]，何可世得！但优于我，
便足贵之。

见《论语·学
而篇》。

[注释]

[1]旦暮：早晚，指时间短。　[2]比髆（bó）：并肩，指挨得
近。 [3]疏阔：稀少。 [4]不世：非一世所能有，世间少有。明达：
通达有智慧。　[5]播越：离散流亡。　[6]值：遇到。名贤：名流
贤士。　[7]向慕：向往仰慕。　[8]款狎：亲昵。　[9]熏渍陶染：
熏陶濡染。　[10]操履：操行。艺能：才艺。　[11]芝兰：芝草
和兰花，气味芳香。　[12]鲍鱼之肆：卖鲍鱼的店铺，充满腥臭
气。 [13]墨子：战国时思想家，墨家学派创始人。　[14]颜、闵：
指孔子弟子颜回、闵损，列于德行科。

[点评]

慕贤，即仰慕圣贤。颜之推主张要以圣贤为榜样，
但有史以来，真正称得上圣贤的极为少见，可以说千年
难遇，因此如果有幸遇上了世间少有的明达君子，怎能
不攀附景仰呢？他以自己的亲身经历为例：虽然生于乱
世，长于戎马，一生漂泊流离，但碰到那些名人贤士，
总是心醉魂迷，倾慕不已。因此当人在少年之时，精神、
性情还没有定型，平时一起相处的人，往往潜移默化，
互相影响。操守德行、本领技能，都是容易学到的。因
此与善人相处，就像进入满是芝草兰花的屋子一样，久
而久之自己也变得芬芳起来。而与恶人相处，就像进入
鲍鱼市场一样，久而久之自己也臭了起来。所以君子与

桓谭《新论》：
"世咸尊古卑今，贵所闻，贱所见。"《抱朴子·广譬》："贵远而贱近者，常人之用情也；信耳而遗目者，古今之所患也。"

《礼记·曲礼上》："礼不逾节，不侵侮，不好狎。"郑玄注："为伤敬也。"

人交往，一定要慎之又慎，要结交比自己优秀的人，才能提高自己的德艺。

世人多蔽[1]，贵耳贱目，重遥轻近。少长周旋[2]，如有贤哲，每相狎侮[3]，不加礼敬；他乡异县，微藉风声[4]，延颈企踵[5]，甚于饥渴。校其长短[6]，覈其精粗[7]，或彼不能如此矣。所以鲁人谓孔子为东家丘[8]。昔虞国宫之奇[9]，少长于君[10]，君狎之，不纳其谏，以至亡国，不可不留心也。

[注释]
[1] 多蔽：多受蒙蔽。 [2] 少长：从小到大。周旋：交往。 [3] 狎侮：轻慢，不尊重。 [4] 风声：流传的名声，多不实。 [5] 延颈：伸长脖子。企踵：踮起脚跟。 [6] 校：比较。长短：优点与缺点。 [7] 覈：古同"核"，审核。 [8] 东家丘：相传孔子西边邻居对孔子的贱称。 [9] 宫之奇：春秋时期虞国政治家。 [10] 少长：稍微年长一点。

[点评]
对眼前的美好视而不见，对道听途说的传闻趋之若鹜，总以为"外面的和尚会念经"，这是世人的一种普遍心态，即颜之推所说的"贵耳贱目，舍近求远"。有时圣贤就在身边，甚至是自己长期相处、非常熟悉的人，但

我们常常不以为然，甚至轻慢对待。正如韩愈所谓"千里马常有，而伯乐不常有"。鲁国人不知孔子的伟大，蔑称之为"东家丘"；虞国人不采纳宫之奇的意见，最终亡国。这些都是教训。

　　用其言，弃其身，古人所耻。凡有一言一行，取于人者，皆显称之，不可窃人之美，以为己力；虽轻虽贱者，必归功焉。窃人之财，刑辟之所处[1]；窃人之美，鬼神之所责。

《左传·僖公二十四年》："窃人之财，犹谓之盗；况贪天之功，以为己力乎？"

［注释］

[1] 刑辟：刑罚。

［点评］

　　君子成人之美，扬人之善，而不可窃人之美，以为己功。《文心雕龙·指瑕》篇说："若掠人美辞，以为己力，宝玉大弓，终非其有。"别人的一言一行有可取处，应当归功于人，而不可据为己有，埋没了别人的姓名。

　　梁孝元前在荆州，有丁觇者[1]，洪亭民耳[2]，颇善属文，殊工草隶；孝元书记[3]，一皆使之。军府轻贱[4]，多未之重，耻令子弟以为楷法，时云："丁君十纸，不敌王褒数字[5]。"吾雅爱

《梁书·元帝纪》："普通七年，出为使持节都督荆、湘、郢、益、宁、南梁六州诸军事，西中郎将、荆州刺史。"

张彦远《法书要录》："丁觇与智永同时人，善隶书，世称丁真永草。"

其手迹，常所宝持[6]。孝元尝遣典签惠编送文章示萧祭酒[7]，祭酒问云："君王比赐书翰[8]，及写诗笔[9]，殊为佳手，姓名为谁？那得都无声问[10]？"编以实答。子云叹曰："此人后生无比，遂不为世所称，亦是奇事。"于是闻者少复刮目[11]。稍仕至尚书仪曹郎[12]，末为晋安王侍读[13]，随王东下。及西台陷殁[14]，简牍湮散[15]，丁亦寻卒于扬州。前所轻者，后思一纸，不可得矣。

[注释]

[1]丁觇：南朝梁人，擅长书法。　[2]洪亭：地名。　[3]书记：指文书。　[4]军府：湘东王当时都督六州诸军事，故曰军府。　[5]王褒（513—576）：字子渊，琅邪临沂（今山东临沂北）人，东晋宰相王导的后代。博览史籍，善撰文辞，长于书法，在梁负有盛名。后入北周，诗文与庾信齐名。　[6]宝持：珍藏。　[7]典签：掌管文书的小官。萧祭酒：萧子云（487—549），字景乔，南朝齐梁时人。梁时官国子监祭酒。文采过人，著有《齐书》《东宫新记》等。　[8]比：近来。　[9]诗笔：诗文。诗有韵，笔无韵。　[10]声问：名气。　[11]刮目：指另眼相看。　[12]尚书仪曹郎：官名，掌礼仪。　[13]晋安王：南朝梁简文帝萧纲，天监五年（506）封晋安王。侍读：诸王的属官，负责陪侍诸王读书讲学。　[14]西台：指荆州治所江陵。陷殁：指荆州沦陷，南朝梁元帝萧绎被杀。　[15]湮散：湮没散失。

［点评］

丁觇既善写文章，又书法极佳，在湘东王府多年，却得不到军府的人欣赏，甚至不许子弟学习他的楷书，认为他写十张纸也抵不上王褒的一个字。后来远在都城的萧子云看到他的文章，极力称赞，才稍稍引起人们注意。这是颜之推前文所说"贵耳贱目，重遥轻近"的典型事例。

侯景初入建业[1]，台门虽闭[2]，公私草扰[3]，各不自全。太子左卫率羊侃坐东掖门，部分经略[4]，一宿皆办，遂得百余日抗拒凶逆[5]。于时，城内四万许人，王公朝士，不下一百，便是恃侃一人安之，其相去如此。古人云："巢父、许由[6]，让于天下；市道小人，争一钱之利。"亦已悬矣[7]。

洪迈《容斋续笔》卷五："晋、宋间谓朝廷禁省为台，故称禁城为台城，官军为台军，使者为台使，卿士为台官，法令为台格。"

曹植《乐府歌》："巢、许蔑四海，商贾争一钱。"《晋书·华谭传》："或问谭曰：'谚言：人之相去，如九牛毛。宁有此理乎？'谭对曰：'昔许由、巢父，让天子之贵；市道小人，争半钱之利：此之相去，何啻九牛毛也！'闻者称善。"

［注释］

[1] 侯景（503—552）：东魏怀朔镇（今内蒙古包头固阳县东）人。初为尔朱荣部将，后降高欢，拥兵十万，专制河南。太清元年（547）二月上表求降，南朝梁武帝封之为河南王、大将军、使持节都督河南北诸军事、大行台。及南朝梁与东魏通和，遂举兵反。建业：南朝梁都建康，今江苏南京。　[2] 台门：宫禁之门。　[3] 草扰：仓促纷乱。　[4] 部分：部署安排。经略：策划处理。　[5] 凶逆：凶恶的叛军。　[6] 巢父、许由：都为尧时贤士，

尧将天下让给二人，他们都不接受。　[7]悬：悬殊。

齐文宣帝即位数年[1]，便沉湎纵恣[2]，略无纲纪[3]；尚能委政尚书令杨遵彦[4]，内外清谧[5]，朝野晏如[6]，各得其所，物无异议，终天保之朝[7]。遵彦后为孝昭所戮[8]，刑政于是衰矣。斛律明月[9]，齐朝折冲之臣[10]，无罪被诛，将士解体[11]，周人始有吞齐之志，关中至今誉之。此人用兵，岂止万夫之望而已也[12]！国之存亡，系其生死。

据《北齐书·斛律金传》，金子光字明月，以武艺知名，屡立功勋。周将军韦孝宽忌光英勇，乃作谣言曰："百升飞上天，明月照长安。"又曰："高山不推自崩，槲树不扶自竖。"并派间谍泄漏其文于邺。于是祖珽、穆提婆密谋谮之于齐帝，设计将斛律光杀害，下诏称其谋反，尽灭其族。周武帝听说斛律光死，大喜。后人邺，追赠上柱国公，指诏书曰："此人若在，朕岂能至邺？"

[**注释**]

[1]齐文宣帝：即北齐开国皇帝高洋。　[2]沉湎：沉溺酒色。纵恣：肆意放纵。　[3]纲纪：法度。　[4]杨遵彦：即杨愔，字遵彦。仕北齐为尚书令，高洋死后被杀。　[5]清谧：清明安定。　[6]晏如：安定无事。　[7]天保：北齐文宣帝高洋的年号，历时9年余（550—559）。　[8]孝昭：北齐孝昭帝高演。　[9]斛律明月：斛律光，字明月，北齐名将。[10]折冲之臣：指能战胜敌人的大臣。冲，古代的一种战车。　[11]解体：指人心离散。　[12]万夫之望：万众所仰望的人。

张延隽之为晋州行台左丞[1]，匡维主将[2]，镇抚疆场[3]，储积器用[4]，爱活黎民[5]，隐若敌国矣^[6]。群小不得行志^[7]，同力迁之；既代之后，公私扰乱，周师一举，此镇先平。齐亡之迹，启于是矣。

［注释］

[1]匡维：辅佐。　[2]镇抚：镇守安抚。疆埸（yì）：边疆。　[5]爱活：爱护救助。黎民：百姓。　[6]"隐若"句：指晋州威重可与一国相匹敌。　[7]"群小"句：众小人不能按自己的意愿行事。

［点评］

颜之推列举三例，来具体说明人才对于国家兴亡的重要性。一是梁朝的羊侃。据《梁书·羊侃传》，侯景之乱时，叛军突然来袭，百姓竞相入城，形势混乱。羊侃挺身而出，对入城的人严加盘查，以防备奸细。有军人争相进入武库抢夺兵器，主管官员无法阻止；羊侃命令斩杀数人，才得以禁止。叛军进逼城下，城中人心惶惶。羊侃假称得到城外的书信，说"邵陵王、西昌侯带领援兵已到附近"，众人才稍稍安定下来。叛军进攻东掖门，纵火焚烧，火势很猛，羊侃一边亲自指挥抵抗，一边组织灭火，又引弓射杀数人，叛军才撤退。羊侃抗击叛军达一百多天，城中王公大臣以及四万多军民得以保全。而与此相反，当时一些人手握重兵，却无所作为，观望退缩，可见人与人之间差距很大。有人愿意把天下拱手让人，也有人为争蝇头小利，自相残杀。梁末萧氏兄弟之间争权夺利，互相攻伐，最终亡国。颜之推此言当有所指。二是北齐文宣帝高洋，在位初期励精图治，厉行改革，劝农兴学，重用贤才，删削律令，减少冗官，肃清吏治；前后筑长城四千里，置边镇二十五所，屡次击败柔然、突厥、契丹，出击萧梁，拓地至淮南，很有英主气象，被突厥可汗称为"英雄天子"。但高洋执政后期，以功业自矜，纵欲酗酒，残暴滥杀，大兴土木，赏罚无度，最终因饮酒过度而暴毙，年仅三十四岁。不过高洋在位期间，尚能重用杨愔、斛律光等文武贤才，国家还无大碍。北齐后主高纬则昏庸无能，听信谗言，杀害杨愔、斛律光，自毁长城，终于导致北齐灭亡。三是北齐晋州行台左丞张延隽，公正廉明，聪敏勤劳，治理有方，百姓安居乐业，边境一带高枕无忧。但一些受齐后主宠幸的小人忌恨张延隽，于是后主派人取而代之。从此以后，武备废弛，上下混乱，敌人乘机进攻，晋州陷落。北齐失去了这个战略要地，最终被北周吞灭。可见得贤才为国家之福，失贤才为国家之殃，不可不慎。

勉学第八

自古明王圣帝，犹须勤学，况凡庶乎[1]！此事遍于经史，吾亦不能郑重[2]，聊举近世切要，以启寤汝耳[3]。

[注释]

[1] 凡庶：平凡人。 [2] 郑重：频繁，反复多次。 [3] 启寤（wù）：启发，开悟。寤，通"悟"。

[点评]

颜之推针对南朝贵游子弟平时养尊处优，不学无术，遇到危难时刻，往往无法存身，陷于困境，告诫子孙"人生在世，会当有业"，只有勤奋学习，才能安身立命。

黄侃《文心雕龙札记·事类篇》："尝谓文章之功，莫切于事类，学旧文者，不致力于此，则不能逃孤陋之讥，自为文者，不致力于此，则不能免空虚之诮；试观《颜氏家训·勉学》《文章》二篇所述，可以知其术矣。"

《庄子·大宗师》："其耆欲深者，其天机浅。"成玄英疏："天然机神浅钝。"

士大夫子弟，数岁已上，莫不被教[1]，多者或至《礼》《传》[2]，少者不失《诗》《论》[3]。及至冠婚[4]，体性稍定[5]，因此天机[6]，倍须训诱[7]。有志尚者[8]，遂能磨砺，以就素业[9]；无履立者[10]，自兹堕慢[11]，便为凡人。

[注释]

[1]被教：受教。 [2]《礼》《传》：指《礼记》及《左传》。 [3]《诗》《论》：指《诗经》和《论语》。 [4]冠婚：加冠、结婚，指成年。 [5]体性：体质与性情。 [6]天机：自然之性，指灵性。 [7]倍须训诱：需要加倍教育引导。 [8]志尚：志气。 [9]素业：清素的事业，指读书治学。 [10]履立：操守。 [11]堕慢：堕落懈怠。

[点评]

颜之推指出士大夫子弟最好的出路还是读书，研习儒家经典。可以研习《礼经》或《春秋传》这样的大经，至少也要诵习《诗经》或《论语》。等到成年之后，更要加以引导，培养良好的志趣，加以磨砺，在儒学研究上有所成就，形成读书治学的良好家风。如果没有固定的操守，堕落懈怠，难免沦落为普通人。

人生在世，会当有业[1]：农民则计量耕稼，商贾则讨论货贿[2]，工巧则致精器用[3]，伎艺则沉思法术^[4]，武夫则惯习弓马，文士则讲议经书。多见士大夫耻涉农商，羞务工伎，射则不能穿札^[5]，笔则才记姓名，饱食醉酒，忽忽无事^[6]，以此销日^[7]，以此终年。或因家世余绪^[8]，得一阶半级^[9]，便自为足，全忘修学。及有吉凶大事，议论得失，蒙然张口^[10]，如坐云雾；公私宴集，谈古赋诗，塞默低头^[11]，欠伸而已^[12]。有识旁观，代其入地。何惜数年勤学，长受一生愧辱哉^[13]！

[注释]

[1]会当：应当。　[2]货贿：财货。　[3]致精器用：努力制造各种精巧的用品。　[4]伎艺：技艺，指有技艺的人。法术：技术。　[5]穿札：射穿札甲。札，铠甲的叶片，多用皮革或金属制成。　[6]忽忽：迷糊，恍惚，指无所事事的样子。　[7]销日：消磨时光。　[8]余绪：前辈留下的荫庇。　[9]阶：官阶。级：官爵的品级。　[10]蒙然：愚昧无知的样子。　[11]塞默：默不作声。　[12]欠伸：打呵欠，伸懒腰。　[13]愧辱：羞辱。

[点评]

人生在世，一定要有自己的专长，才能在社会上立足。颜之推举例说，农民、商人、手工业者都以各自的职业谋生。武士习武，文士习经，也各有专长。而当时

《北齐书·许惇传》："（许惇）虽久处朝行，历官清显，与邢邵、魏收、阳休之、崔劼、徐之才之徒，比肩同列，诸人或谈说经史，或吟咏诗赋，更相嘲戏，欣笑满堂，惇不解剧谈，又无学术，或竟坐杜口，或隐几而睡，深为胜流所轻。"王利器认为颜之推所讥，即为此人。

颜延之《庭诰》："尊朋临坐，稠览博论，而言不入于高听，人见弃于众视，则慌若迷涂失偶，黡如深夜撤烛，衔声茹气，腆嘿而归。"可与颜之推此说相参证。

的很多士大夫既看不起农商，又羞于从事各种技艺，力气拉不动弓，连铠甲都射不穿。有的人只会写自己的姓名，其余一概不知，终日吃喝玩乐，无所事事；有人依仗门第关系，取得一官半职，就此满足，不知勤学。等到国家有吉凶大事需要讨论，则缄口结舌，茫然无知；公私宴集时，大家谈古赋诗，其乐融融，而自己只能低头默坐，打打呵欠，伸伸懒腰。有识之士看到他这个样子，真想替他钻到地下去。为什么不花费几年时间勤学苦读，免受一生的羞辱呢？

梁朝全盛之时，贵游子弟[1]，多无学术，至于谚云："上车不落则著作[2]，体中何如则秘书[3]。"无不熏衣剃面[4]，傅粉施朱[5]，驾长檐车[6]，跟高齿屐[7]，坐棋子方褥，凭斑丝隐囊[8]，列器玩于左右[9]，从容出入，望若神仙。明经求第[10]，则顾人答策[11]：三九公宴[12]，则假手赋诗。当尔之时，亦快士也[13]。及离乱之后，朝市迁革[14]，铨衡选举[15]，非复曩者之亲[16]；当路秉权[17]，不见昔时之党。求诸身而无所得，施之世而无所用。被褐而丧珠[18]，失皮而露质[19]，兀若枯木[20]，泊若穷流[21]，鹿独戎马之间[22]，转死沟壑之际[23]。当尔之时，诚

著作郎，始设于曹魏时，隶属于中书省，负责编纂国史。秘书郎，始设于魏晋时，隶属于秘书省，掌管图书经籍。此二职都为清要之官，南朝多以贵游子弟充任，梁代尤甚。

《周礼·地官·师氏》："掌国中失之事以教国子弟，凡国之贵游子弟学焉。"郑玄注："贵游子弟，王公之子弟。游，无官司者。"《抱朴子·崇教篇》："贵游子弟，生乎深宫之中，长乎妇人之手，忧惧之劳，未尝经心。"

驽材也[24]。有学艺者[25]，触地而安[26]。自荒乱已来[27]，诸见俘虏。虽百世小人，知读《论语》《孝经》者，尚为人师，虽千载冠冕[28]，不晓书记者[29]，莫不耕田养马。以此观之，安可不自勉耶？若能常保数百卷书，千载终不为小人也。

韩愈《符读书城南》诗："金璧虽重宝，费用难贮储；学问藏之身，身在即有余。"可与此说互相参考。

[**注释**]

[1]贵游：指显贵者。　[2]著作：官名，即著作郎。　[3]体中何如：当时书信中的客套语。秘书：官名，即秘书郎。　[4]熏衣剃面：香熏衣服，修剃脸面。　[5]傅粉施朱：涂脂抹粉。　[6]长檐车：车盖前檐向前伸出之车。　[7]跟高齿屐（jī）：穿装有高齿的木鞋。　[8]凭：倚，靠。斑丝：杂色丝。隐囊：如今天的靠枕。　[9]器玩：指可供玩赏的器物。　[10]明经：通晓经学。汉代察举中的"明经"科，后世沿袭。求第：求取功名。　[11]顾：同"雇"。答策：回答策问。古时就政事、经义等设问，由应试者对答。　[12]三九：三公九卿，为汉以后之习语。　[13]快士：优异人士。　[14]朝市迁革：指改朝换代。　[15]铨衡：考核、选拔人才。　[16]曩（nǎng）者：以往，从前。　[17]当路秉权：掌权的人。　[18]被褐（pī hè）：穿着粗布短袄，指处境贫困。　[19]露质：露出本来面目。　[20]兀：光秃。　[21]穷流：即将干涸的河流。　[22]鹿独：颠沛流离的样子。　[23]转死：死而弃尸。　[24]驽材：蠢才。　[25]学艺：学问技艺。　[26]触地而安：无论何处都能安居。　[27]荒乱：年荒世乱。　[28]冠冕：指仕宦之家。　[29]书记：指图书典籍。

[点评]

梁朝建立之后，有过数十年的繁荣。梁武帝以儒治国，在建康设立了五经馆，又下令设立国子学，让皇太子、大臣、宗室王侯学习儒家经典。在侯景之乱前，梁朝总体上政治稳定，经济发展，军事增强，文化繁荣，诞生了像《昭明文选》《文心雕龙》等光耀千古的巨作。梁武帝的八个儿子中，萧统、萧纲、萧绎、萧纪都是饱学之士。但萧氏王朝对贵族子弟过于宽纵，这些人生活腐化堕落，追求一种畸形的审美风尚，形成一股"熏衣剃面，傅粉施朱"的不良社会风气。他们沉迷于享乐，不学无术，凭借父祖留下的余荫，就能得到清闲的官职。遇上考试，就请人代劳；宴集赋诗，也往往找人当枪手。天下太平之时，他们的特权似乎理所当然，一旦土崩瓦解，他们就失去了依凭，又没有什么真本领，就只能流离失所，死无葬身之地了。这是颜之推的亲见亲闻，读起来的确令人感到沉痛。所以他要求子孙一定要有学问、有才艺，头脑中"常保数百卷书"，才更有可能在乱世中存活下来。

李冶《敬斋古今黈》卷五："世之劝人以学者，动必诱之以道德之精微，此可为上性言之，非所以语中下者也。上性者常少，中下者常多，其诱之也非其所，则彼之昧者日愈惑，顽者日愈媮，是其所以益之者，乃所以损之也。"古人劝人读书，有的立意过高，在普通人看来就遥不可及。所以颜之推用非常切身的利害关系来告诫子孙，更有说服力。

夫明《六经》之指[1]，涉百家之书[2]，纵不能增益德行，敦厉风俗[3]，犹为一艺，得以自资[4]。父兄不可常依，乡国不可常保[5]，一旦流离，无人庇荫[6]，当自求诸身耳。谚曰："积财千万，不如薄伎在身。"伎之易习而可贵者[7]，无过读书也。世人不问愚智，皆欲识人之多，见事之广，而不肯读书，是犹求饱而懒营馔[8]，欲暖而惰裁衣也。夫读书之人，自羲、农已来[9]，宇宙之下，凡识几人，凡见几事，生民之成败好恶[10]，固不足论，天地所不能藏，鬼神所不能隐也。

[注释]

[1]《六经》：依《礼记·经解》所列，为《诗》《书》《乐》《易》《礼》《春秋》。指：通"旨"，宗旨，思想。　[2]涉：涉猎。百家：指各家学问。　[3]敦厉：劝勉，勉励。　[4]自资：自谋生计。　[5]乡国：故乡和国家。　[6]庇荫：庇护。　[7]伎：技艺。　[8]营馔：置办膳食。　[9]羲、农：伏羲氏、神农氏，传说中的古帝，与女娲并称"三皇"。　[10]生民：指人民。

[点评]

读书要以儒家经典为主，并涉猎百家之书。颜之推所谓"百家"，应指儒家之外其他各种学问。读书的目的，首要在于提升自己的道德水平，其次也可拥有一种本领，可以作为谋生手段。当时社会动乱、战争频繁，国破家亡是常事，所以说"父兄不可常依，乡国不可常保"，一旦流离失所，能不能苟全性命于乱世，一方面看自己的运气，另一方面就只能靠自己的本事了。无论社会如何变迁，都需要有学问的读书人。读书可以增长见识，知古今成败，明是非善恶。

有客难主人曰："吾见强弩长戟[1]，诛罪安民，以取公侯者有矣；文义习吏[2]，匡时富国，以取卿相者有矣；学备古今，才兼文武，身无禄位，妻子饥寒者，不可胜数，安足贵学乎？"主人对曰："夫命之穷达[3]，犹金玉木石也；修以学艺，犹磨莹雕刻也[4]。金玉之磨莹，自美其矿璞[5]，木石之段块，自丑其雕刻；安可言木石之雕刻，乃胜金玉之矿璞哉？不得以有学之贫贱，比于无学之富贵也。且负甲为兵，咋笔为吏[6]，身死名灭者如牛毛，角立杰出者如芝草[7]；握素披黄[8]，吟道咏德[9]，苦辛无益者如日蚀，逸乐名利者如秋荼[10]，岂得同年而语矣。且又闻之：生而知之者上，学而知之者次。所以学者，欲其多知明达耳。必有天才，拔群出类，为将则暗与孙武、吴起同术[11]，执政则悬得管仲、子产之教[12]，虽未读书，吾亦谓之学矣。今子即不能然，不师古之踪迹，犹蒙被而卧耳[13]。"

《论语·季氏篇》："孔子曰：'生而知之者，上也；学而知之者，次也；困而学之，又其次也；困而不学，民斯为下矣。'"

[注释]

[1]强弩（nǔ）长戟（jǐ）：指强大的武器。弩，一种利用机械力量射箭的弓。戟，古代兵器，在长柄的一端装有青铜或铁制成的枪尖，旁边附有月牙形锋刃。   [2]文义习吏：阐释礼义，研习吏道。   [3]穷达：困顿与显达。   [4]磨莹：磨治使光洁。   [5]矿璞：未经炼制的铜铁矿石。   [6]咋笔：操笔。古人构思作文时常以口咬笔杆，故称咋笔。   [7]角立：脱颖而出，卓然特立。   [8]握素披黄：指勤奋读书。素，古代用来书写的白色丝织品。黄，古代用来书写的黄色纸张。素、黄都指代书籍。   [9]吟道咏德：指讲究道德修养。   [10]秋荼：荼至秋而繁茂，用以比喻繁多。荼，茅草的白花。   [11]闇（àn）：暗中。孙武：春秋时期著名军事家，著有《孙子兵法》。吴起：战国时期著名政治家、军事家，著有《吴子》，与孙武并称"孙吴"。   [12]悬：揣测。管仲：春秋时齐国著名政治家，辅佐齐桓公成霸业。子产：春秋时郑国著名政治家。   [13]蒙被而卧：蒙着被子睡觉，比喻不思进取，孤陋寡闻。

[点评]

第一流的士大夫文能治国，武能安邦，但这种人在历史上太少，可遇而不可求。在魏晋南北朝时代，干戈频仍，战乱纷起，因此社会上有崇尚武功、重用文吏的风气。许多人靠建功立业封侯拜相，安享荣华。而不少"学备古今，才兼文武"的人，却"身无禄位，妻子饥寒"，因此有人质疑读书无用。颜之推认为，一个人命运的困顿与显达，犹如金玉与木石的差别。研习学问，好比打磨金玉，雕刻木石。经过打磨的金玉，就比未经冶炼的原矿、原璞更精美；经过雕刻的木石，总比未经打磨的一段木头、一块石头漂亮。但怎么能说经过雕刻的木石就胜过未经冶炼的原矿、原璞呢？因此不能用有学问的贫贱去和没有学问的富贵相比。那些没有学问、身死名灭的人，在历史上多如牛毛，脱颖而出的少之又少；而勤奋读书、修养品德而获益留名的人，在历史上却很常见。因此两者不可同日而语。更何况读书学习是为了多明白一些道理。除了历史上那些"生而知之"的天才，其他普通人都要通过读书学习才能获得知识；如果不勤奋学习，就像蒙着被子睡觉一样，什么都不知道了。

《尚书·周官》："三公燮理阴阳。"《汉书·陈平传》说：宰相佐天子，理阴阳，调四时，理万物，抚四夷。

见《诗经·邶风·简兮》："有力如虎，执辔如组。"《韩诗外传》卷二解释说："故御马有法矣，御民有道矣，法得则马和而欢，道得则民安而集。"

　　人见邻里亲戚有佳快者[1]，使子弟慕而学之，不知使学古人，何其蔽也哉？世人但知跨马被甲[2]，长矟强弓[3]，便云我能为将；不知明乎天道，辩乎地利，比量逆顺[4]，鉴达兴亡之妙也[5]。但知承上接下，积财聚谷，便云我能为相；不知敬鬼事神，移风易俗，调节阴阳[6]，荐举贤圣之至也。但知私财不入，公事夙办[7]，便云我能治民；不知诚己刑物[8]，执辔如组[9]，反风灭火[10]，化鸱为凤之术也[11]。但知抱令守律[12]，早刑晚舍[13]，便云我能平狱[14]；不知同辕观罪[15]，分剑追财[16]，假言而奸露[17]，不问而情得之察也[18]。爰及农商工贾，厮役奴隶，钓鱼屠肉，饭牛牧羊，皆有先达[19]，可为师表，博学求之，无不利于事也。

[**注释**]

[1]佳快：优秀。　[2]被：通"披"。　[3]矟（shuò）：同"槊"，古代冷兵器，即长矛。　[4]比量：权衡。逆顺：指形势优劣。　[5]鉴达：洞察。　[6]调节阴阳：指大臣辅佐天子治国。　[7]夙办：及时处理。　[8]诚己刑物：诚心待人，作人楷模。　[9]执辔（pèi）如组：手握缰绳像丝带，形容驾驭车马技术高超，比喻治民有术。辔，马缰绳。组，丝织的宽带。　[10]反风灭火：这是用东汉人刘昆的典故。据《后汉书·儒林传》，刘昆在汉光武帝时任江陵令，县中连年发生火灾，刘昆就向火叩头，常常能降雨止风。后来晋升为弘农太守，辖区中的老虎都叼着幼崽渡河逃离县境。由于政绩卓著，被征召为光禄勋。诏书说："前在江陵，反风灭火；后守弘农，虎北渡河。行何德政，而致是事？"刘昆回答说："偶然耳。"　[11]化鸱（chī）为凤：变鸱鸟为凤凰，比喻变恶为善。据《后汉书·循吏传》记载，仇览作蒲亭长，有一个名叫陈元的人，与母亲住在一起，而其母去向仇览告陈元不孝。仇览于是亲自到陈元家，为他讲述人伦孝行，并喻以吉凶祸福，陈元后来变成了孝子。乡人唱道："父母何在在我庭，化我鸱枭哺所生。"鸱枭即鸱枭。鸱，猫头鹰，古人视为恶鸟。　[12]抱令守律：依照法令律条办事。　[13]早刑晚舍：判刑宁早，赦免宁迟。　[14]平狱：公正判案。　[15]同辕观罪：将犯人绑在同一车辕上，让他们反省各自的罪行。据《左传·成公十七年》记载，郤犫与长鱼矫争田，就把长鱼矫拘捕囚禁起来，与他的父母妻子绑在同一个车辕上。辕，车前驾牲畜的两根直木。　[16]分

赵曦明注："古圣贤如舜、伊尹皆起于耕，后世贤而躬耕者多，不能以遍举。尸子曰：'子贡，卫之贾人。'《左传》载郑商人弦高及贾人之谋出荀罃而不以为德者，皆贤达也。工如齐之斵轮及东郭牙；厮役仆隶如倪宽为诸生都养，王象为人仆隶而私读书；钓鱼屠牛，皆齐太公事；饭牛，宁戚事；卜式、路温舒、张华，皆尝牧羊：史传所载，如此者非一。"所举的这些人后来都成为贤达之士。

剑追财：为西汉名臣何武之事。据《风俗通义》记载，沛郡有位富翁，家资二千余万，儿子才几岁就丧母，女儿又不贤慧。富翁病危时，就把财产全部交给女儿，只给儿子留下一把剑，说："等到你弟弟十五岁时给他。"弟弟年满十五岁时，他姐姐不肯把剑给他，弟弟就去官府申诉。太守何武看了诉状后，对手下人说："这家女儿强横，女婿又贪鄙，富翁担心他们害死儿子，所以暂时把财产寄存在那里。剑就是决断的意思；之所以等到十五岁，是考虑这时儿子成人了，能够向官府申诉，官府可以为他做主。"于是何武判决姐姐把富翁的财产全部归还给弟弟。　[17]假言而奸露：为北魏名臣李崇事。据《魏书·李崇传》：李崇任扬州刺史时，有寿春县人苟泰三岁儿子被诱拐。数年后，苟泰发现其子在同县人赵奉伯家，就告到官府。双方各执一词，难以决断。李崇就命令把苟、赵与小儿隔离，数十天后派人告知苟、赵，说小儿已暴病身亡。苟泰闻讯当即痛哭失声，悲不自胜，而赵奉伯却只是嗟叹而已。李崇由此察知真情，就把小儿归还给苟泰。　[18]不问而情得：为西晋陆云事。据《晋书·陆云传》记载，陆云为浚仪令时，有人被杀，凶犯未定。陆云盘问被害人之妻，无结果，关押十余日后将她放出，密令手下尾随其后，并吩咐说："不出十里，当有男子等候与她说话，那时就把他们一齐抓来。"后来果然如陆云所言。凶犯坦白了犯罪事实，一县之人均称赞陆云办案神明。　[19]先达：指有学问和德行的前辈。

［点评］

在本节中，颜之推用了很多典故，说明不仅要向亲戚邻里中的优异者学习，更向古代那些贤达人士学习。要做优秀的将军，不只在于能跨马披甲，握长枪，挽强弓，更在于能明天道，辨地利，判断形势，洞察兴亡的奥妙。要做合格的宰相，也不是只晓得秉承圣意、统领百官、为国积财，还要知道如何敬事鬼神、移风易俗、调节阴阳、举荐贤能。治理百姓，不只在于不聚私财、勤于公事，更重要的在于以德化民，改恶为善。审理案件，不只在于遵守法律条文，判刑宜早，宽赦宜迟，还要具备明察秋毫的本领。历史上各行各业都有不少优秀人物可做榜样，虚心向他们学习，对事业是有益处的。

夫所以读书学问，本欲开心明目，利于行耳。未知养亲者，欲其观古人之先意承颜[1]，怡声下气[2]，不惮劬劳[3]，以致甘腝[4]，惕然惭惧[5]，起而行之也。未知事君者，欲其观古人之守职无侵，见危授命[6]，不忘诚谏[7]，以利社稷，恻然自念[8]，思欲效之也。素骄奢者，欲其观古人之恭俭节用，卑以自牧，礼为教本，敬者身基，瞿然自失[9]，敛容抑志也[10]。素鄙吝者[11]，欲其观古人之贵义轻财，少私寡欲，忌盈恶满，赒穷恤匮[12]，赧然悔耻[13]，积而能散也。素暴悍者，欲其观古人之小心黜己，齿弊舌存[14]，含垢藏疾[15]，尊贤容众，茶然沮丧[16]，若不胜衣也；素怯懦者，欲其观古人之达生委命[17]，强毅正直，立言必信，求福不回，勃然奋厉[18]，不可

《周易·谦卦》："谦谦君子，卑以自牧也。"意思是君子以谦卑自守。

《左传·成公十三年》："礼，身之干也；敬，身之基也。"

《周易·谦卦》："人道恶盈而好谦。"

《礼记·曲礼上》："积而能散。"郑玄注："谓己有蓄积，见贫穷者则当能散以赒救之。"

《论语·子张》："君子尊贤而容众，嘉善而矜不能。"

恐慑也。历兹以往，百行皆然。纵不能淳，去泰去甚^[19]。学之所知，施无不达。

[**注释**]

[1] 先意承颜：先体察父母的心意而顺承他们的脸色。出自《礼记·祭义》："曾子曰：'君子之所谓孝者，先意承志，谕父母于道。'"　[2] 怡声下气：轻言细语，和颜悦色。出自《礼记·内则》："父母有过，下气怡色柔声以谏。"　[3] 劬（qú）劳：劳苦。　[4] 甘腝（ruǎn）：指鲜美柔软的食物。　[5] 惕然：惶恐的样子。惭惧：羞愧而恐惧。　[6] 授命：献出生命。　[7] 诚谏：忠谏。诚，因避隋文帝父"忠"字讳改。　[8] 恻然：悲伤的样子。　[9] 瞿然：惊愕的样子。　[10] 敛容抑志：收敛骄傲之态，抑制骄奢之志。　[11] 素：素来。鄙吝：鄙俗吝啬。　[12] 赒（zhōu）：周济。恤：救济。　[13] 赧（nǎn）然：羞愧的样子。　[14] 齿弊舌存：意思是刚者易折，柔者难毁。出自刘向《说苑·敬慎》。　[15] 含垢藏疾：形容宽仁大度。出自《左传·宣公十五年》。　[16] 茶（nié）然：疲惫的样子。　[17] 达生：指参透人生。委命：听任命运支配。出自《庄子·达生》篇。　[18] 勃然：形容兴起或旺盛的样子。奋厉：振奋激励。　[19] 去泰去甚：意指事宜适中而不过分。出自《老子》。

[**点评**]

读书的目的是开发心智，开阔眼界，提高认识能力，以规范自己的行为。如果不知如何奉养父母，就让他们看看古人如何尽孝心。如果不知如何侍奉君主，就让他们看看古人如何恪守本分，为国献身。对于那些平时骄横奢侈的人，就让他们看看古人如何俭朴克制、谦卑自守、礼让恭敬。对于那么素来浅薄吝啬之人，就让他们看看古人如何仗义疏财、少私寡欲、振困济穷。对于那些平时凶暴的人，就让他们看看古人如何小心谨慎，自我约束。对于平时胆小懦弱的人，就让他们看看古人如何不受世事牵绊，奋发振作。通过读书，可以纠正各自性情中的缺点，完善自己的人格。从学习中获得的知识财富，到哪里都用得上。

世人读书者，但能言之，不能行之，忠孝无闻，仁义不足；加以断一条讼，不必得其理；宰千户县，不必理其民；问其造屋，不必知楣横而棁竖也[1]；问其为田，不必知稷早而黍迟也[2]；吟啸谈谑[3]，讽咏辞赋，事既优闲，材增迂诞[4]，军国经纶[5]，略无施用：故为武人俗吏所共嗤诋[6]，良由是乎！

[注释]

[1]楣（méi）：指房屋的横梁。棁（zhuō）：梁上的短柱。　[2]稷（jì）：高粱，一说即小米。黍（shǔ）：黄米，性黏，可酿酒。　[3]吟啸：吟诗与啸呼。谈谑：谈笑戏谑。　[4]迂诞：迂阔荒诞。　[5]经纶：整理蚕丝，比喻治理国家。　[6]嗤诋（chī dǐ）：讥笑嘲骂。

《史记·孙子吴起列传》太史公曰："语曰：'能行之者，未必能言；能言之者，未必能行。'"

《汉书·百官公卿表》："县令、长，皆秦官，掌治其县。万户以上为令，秩千石至六百石。减万户为长，秩五百石至三百石。"这里说"千户"，指最小之县。

[点评]

　　读书切忌只会空谈，而不能付诸实践。有人书读得不少，自己的德行却没有得到提升，不仅忠孝和仁义都做不到，而且实际技能也一点没有长进。整天只知谈笑戏谑，吟诗作赋，悠闲自在，对军国大事一点用处都没有。这些读书人被人耻笑，也不是没有原因的。

　　夫学者所以求益耳。见人读数十卷书，便自高大，凌忽长者[1]，轻慢同列[2]；人疾之如仇敌，恶之如鸱枭[3]。如此以学自损，不如无学也。古之学者为己，以补不足也；今之学者为人，但能说之也。古之学者为人，行道以利世也；今之学者为己，修身以求进也。夫学者是犹种树也，春玩其华，秋登其实；讲论文章，春华也，修身利行，秋实也。

[注释]
[1]凌忽：轻慢。 [2]同列：指地位相当的人。 [3]鸱枭（chī xiāo）：猫头鹰一类的鸟，喻指邪恶之人。

[点评]
　　学习是为了提升自己。不要自己只读了一点点书，就狂妄自大，目中无人。这种人往往令人生厌，还不如

《论语·宪问》："古之学者为己，今之学者为人。"何晏《集解》引孔安国说：'为己，履而行之；为人，徒能言之。'"又见于《荀子·劝学》。

《左传·昭公十八年》："夫学，殖也，不学将落。"孔颖达疏："夫学如殖草木也，令人日长日进，犹草木之生枝叶也；不学则才知日退，将如草木之坠落枝叶也。"

《文心雕龙·辨骚》："玩华而不坠其实。"《北齐书·文苑传》序："开四照于春华，成万宝于秋实。"均以春华、秋实喻学与用。华，通"花"。

不读书。古时求学的人是为了完善自己的德性和知识，而现在求学的人却为了向别人炫耀，只能夸夸其谈。古时求学的人是为了推行圣人之道以造福社会，现在求学的人却为了装扮自己以谋取利益。真正的学习就像种树一样，既可以欣赏春天的花儿，也可以享受秋天的果实。付出努力之后，既可以得到美的享受，也可使身心从中得到实际的裨益。

人生小幼，精神专利[1]，长成已后，思虑散逸，固须早教，勿失机也。吾七岁时，诵《灵光殿赋》[2]，至于今日，十年一理，犹不遗忘；二十之外，所诵经书，一月废置，便至荒芜矣。然人有坎壈[3]，失于盛年，犹当晚学，不可自弃。孔子云[4]："五十以学《易》，可以无大过矣。"魏武、袁遗[5]，老而弥笃，此皆少学而至老不倦也。曾子七十乃学，名闻天下；荀卿五十[6]，始来游学，犹为硕儒；公孙弘四十余[7]，方读《春秋》，以此遂登丞相；朱云亦四十[8]，始学《易》《论语》；皇甫谧二十[9]，始受《孝经》《论语》：皆终成大儒，此并早迷而晚寤也[10]。世人婚冠未学，便称迟暮[11]，因循面墙[12]，亦为愚耳。幼而学者，如日出之光，老而学者，如秉烛夜行，

魏武帝好学，据《三国志·魏书·武帝纪》注："太祖御军三十余年，手不舍书，昼则讲武策，夜则思经传，登高必赋，及造新诗，被之管弦，皆成乐章。"

曾子七十，王利器《集解》以为应作"十七"。曾子小孔子四十六岁，跟随孔子学习时，应在少年时。古代八岁入小学，十五入大学，十七岁已达入仕之年，曾子十七岁始学，也可以说是"晚学"。

《尚书·周官》："不学墙面。"孔安国传："人而不学，其犹正墙面而立。"后以"面墙"比喻不学。

《说苑·建本》篇记师旷说："少而好学，如日出之阳；壮而好学，如日中之光；老而好学，如秉烛之明。秉烛之明，孰与昧行乎？"

犹贤乎瞑目而无见者也。

[注释]

[1] 专利：专注。　[2]《灵光殿赋》：东汉王延寿（约140—约165）作，该赋收入《文选》。据《后汉书·王逸传》："王逸子延寿，字文考，有俊才。少游鲁国，作《灵光殿赋》。"灵光殿，西汉宗室鲁恭王所建，故址在今山东曲阜东。　[3] 坎壈（kǎn lǎn）：坎坷不得志。　[4]"五十以学《易》"二句：出自《论语·述而》。何晏《集解》说："《易》穷理尽性，以至于命。年五十而知天命，以知命之年，读至命之书，故可以无大过。"　[5] 魏武：即魏武帝曹操。袁遗：字伯业，袁绍堂兄，曾任长安令。以好学闻名，曹操曾称："长大而能勤学，惟吾与袁伯业耳。"　[6] 荀卿（约前313—前238）：名况，战国末著名思想家，儒家学派的代表人物。《史记·孟荀列传》说："荀卿，赵人。年五十，始来游学于齐。"　[7] 公孙弘（前200—前121）：西汉齐地菑川（今山东寿光）人。四十余岁始学《春秋公羊传》，拜丞相，封平津侯。事见《汉书·公孙弘传》。　[8] 朱云：字游，鲁国（治今山东曲阜）人。少年时爱打抱不平，以勇力闻名。四十岁才随博士白子友学《易》，又随萧望之学《论语》，能传承他们的学业。事见《汉书·朱云传》。　[9] 皇甫谧（215—282）：字士安，自号玄晏先生，安定朝那（今甘肃灵台县）人，魏晋时期著名学者。著作有《针灸甲乙经》《帝王世纪》《高士传》《逸士传》《列女传》《玄晏春秋》等。事见《晋书·皇甫谧传》。　[10] 寤：通"悟"，觉悟。　[11] 迟暮：天快黑的时候，指时间晚。　[12] 因循：守旧而不知变通。面墙：面对着墙，指一无所见。

[点评]

人的一生，学习效率最高的是少年时代，因此要抓住时机进行早教。少年时读过的书，往往印象深刻，不易遗忘。二十岁之后，人的注意力容易分散，记忆力就慢慢不如以前了。当然，由于各种原因，有些人在青少年时期失学，这也没有关系。学习是一生的修行，任何时候开始都不会太迟。所以颜之推说"失于盛年，犹当晚学，不可自弃"。历史上很多名人、贤者，都是很晚才开始学习的，同样取得了很大的成就，青史留名。

学之兴废，随世轻重。汉时贤俊，皆以一经，弘圣人之道，上明天时，下该人事[1]，用此致卿相者多矣。末俗已来不复尔[2]，空守章句[3]，但诵师言，施之世务，殆无一可。故士大夫子弟，皆以博涉为贵[4]，不肯专儒。梁朝皇孙以下，总丱之年[5]，必先入学，观其志尚，出身已后[6]，便从文史，略无卒业者。冠冕为此者，则有何胤、刘瓛、明山宾、周舍、朱异、周弘正、贺琛、贺革、萧子政、刘縚等[7]，兼通文史，不徒讲说也。洛阳亦闻崔浩、张伟、刘芳[8]，邺下又见邢子才[9]：此四儒者，虽好经术，亦以才博擅名。如此诸贤，故为上品，以外率多田野间人，音辞鄙陋，风操

《论语·卫灵公》："子曰：'人能弘道，非道弘人。'"

《论衡·超奇》："夫能说一经者为儒生，博览古今者为通人，采掇传书以上书奏记者为文人，能精思著文，连结篇章者为鸿儒。"王利器《集解》："颜氏所谓专儒，即仲任之所谓儒生，以其仅能说一经，非鸿儒之比，故谓之专儒。"

《梁书·武帝纪》载天监九年三月乙未诏曰："王子从学，著自《礼经》，贵游咸在，实惟前诰，所以式广义方，克隆教道。今成均大启，元良齿让，自兹以降，并宜肄业。皇太子及王侯之子，年在从师者，可令入学。"可见梁朝重视皇族子孙教育。

蚩拙^[10]，相与专固^[11]，无所堪能^[12]，问一言辄酬数百，责其指归^[13]，或无要会^[14]。

[注释]

[1] 该：包括。　[2] 末俗：指末世衰败的习俗。　[3] 章句：分章析句，汉代以来经学家的一种解经方法。泛指书籍注释。　[4] 博涉：广泛地涉猎、阅读。　[5] 总丱（guàn）：古时儿童束发为两角，借指童年。　[6] 出身：指出仕做官。已：同"以"。　[7] 何胤：字子季，梁朝学者。师从沛国刘瓛，学《易》及《礼记》《毛诗》。事见《梁书·处士传》。明山宾：字孝若。南朝梁建立后，置五经博士，明山宾首膺其选。累官东宫学士。《梁书》有传。周舍：字升逸，博学多通，尤精义理。南朝梁武帝时召拜尚书祠部郎。参预机密者二十余年。《梁书》有传。朱异：字彦和，遍治《五经》，尤明《礼》《易》，涉猎文史，兼通杂艺，为南朝梁时名儒。《梁书》有传。周弘正：字思行，十岁通《老子》《周易》。起家南朝梁太学博士，累迁国子博士。特善玄言，兼明释典。《陈书》有传。贺琛：字国宝，会稽山阴（今浙江绍兴）人。通义理，尤精《三礼》。《梁书》有传。贺革：字文明。少年时即通《三礼》，又遍治群经。湘东王萧绎在荆州设学校，以贺革领儒林祭酒，讲《三礼》。事见《梁书·儒林传》。萧子政：南朝梁时官至都官尚书。著有《周易义疏》《系辞义疏》《古今篆隶杂字体》等。　[8] 崔浩：字伯渊，北魏名臣，博览经史，后因修史，以暴露"国恶"的罪名被杀。《魏书》有传。张伟：字仲业，北魏名儒，学通诸经，讲授于乡里，受业者常数百人。事见《魏书·儒林传》。刘芳（453—513）：字伯文，彭城（今江苏徐州）人。北魏著名学者，魏宣武帝时官中书令。撰有《毛诗笺音义证》等多

种。 [9]邢子才（496—569）：本名邵，字子才，河间鄚县（今河北任丘）人。北魏、北齐大臣、著名文人。年未二十即知名于世，文章之美，独步当时。与魏收、温子升号称三才子（世称"北地三才"）。晚年致力于《五经》章句，穷究其旨要。《北齐书》有传。 [10]蚩拙（chī zhuō）：愚昧，笨拙。 [11]专固：专断而顽固。 [12]无所堪能：什么事也不能胜任。 [13]指归：主旨，意向。 [14]要会：要旨。

[点评]

学习风气往往随着时代的变化而变化。汉代以经学为重，讲究家法，因此学者往往专通一经，穷究要旨，上通天道，下明人事，因此能够凭经术取卿相，"通经致用"。后来学风日益颓废，读书人空守章句，只知背诵师说，既不能有自己的创新，也无法经世致用。汉代以后，士大夫子弟不再崇尚"专门之学"，而以博览各种典籍为贵。梁朝虽然要求皇族子孙入学读书，但到了仕宦年龄，就去参与文官事务，没有一个能把学业坚持到底的。不过梁代也有不少博通的名儒，像何胤、刘瓛等人，既能做官，又把学问做得很好。北方也有一些学者，像崔浩、张伟、刘芳、邢子才这些人，既通经术，又学问渊博，是学者中的上品。除了这些人外，颜之推认为其他人大多见识鄙陋，做不了事，又无操守。你问他一句，他可以回答几百句来，说了半天，还是不得要领。

邺下谚云："博士买驴[1]，书券三纸，未有驴字。"使汝以此为师，令人气塞[2]。孔子曰：

孙诒让《刘恭甫墓表》："群经义疏之学,莫盛于六朝,皇、熊、沈、刘之伦,著录繁夥。"

《论语·子罕》："子在川上曰:'逝者如斯夫,不舍昼夜!'"《金楼子·立言》:"驰光不留,逝川倏忽,尺日为宝,寸阴可惜。"

"学也禄在其中矣[3]。"今勤无益之事,恐非业也。夫圣人之书,所以设教,但明练经文[4],粗通注义,常使言行有得,亦足为人;何必"仲尼居"即须两纸疏义[5],燕寝、讲堂,亦复何在?以此得胜,宁有益乎?光阴可惜,譬诸逝水[6]。当博览机要[7],以济功业;必能兼美,吾无间焉[8]。

[注释]

[1]博士:古代学官名,这里泛指执教者。战国时有博士,秦朝沿袭,汉文帝设置一经博士,汉武帝时设置五经博士,晋设置国子博士。 [2]气塞:气息堵塞,形容很无语。 [3]学也禄在其中矣:见《论语·卫灵公》。 [4]明练:熟悉,通晓。 [5]"何必"以下三句:"仲尼居"为《孝经·开宗明义章》第一句。解经家对"仲尼居"的"居"字有不同理解,有的释为"燕寝",有的解为"讲堂"。燕寝,闲居之处。讲堂,讲习之所。疏义,又称"义疏",盛行于南北朝的一种解经体裁,主要补充演绎注文。 [6]逝水:流走的水,比喻流逝的光阴。 [7]机要:机微要旨。 [8]吾无间焉:我无话可说。

[点评]

魏晋以来,文章强调用典属对、辞采绮丽等形式之美,因此很多人写的文章内容空洞浮华,言之无物。一篇文章,用典繁复,句式骈俪,虚文过多而流于空泛,形式掩盖了内容,读来不容易明白到底要说什么。颜之推明确反对这种文风，认为如果耗费精神在这些形式上面并没有多大益处。圣贤之书是用来教育人的，熟读经文，粗通大义，使之对于自己有所帮助即可。至于那些细枝末节、无关紧要的问题，不必去钻牛角尖，争个你输我赢，有什么意思呢？光阴似水，时间可贵，要把有限的精力用在阅读最重要的典籍上。如果既能博览，又能专精，是最好不过的了。

俗间儒士，不涉群书，经纬之外[1]，义疏而已。吾初入邺，与博陵崔文彦交游[2]，尝说《王粲集》中难郑玄《尚书》事[3]。崔转为诸儒道之，始将发口，悬见排蹙[4]，云："文集只有诗赋铭诔[5]，岂当论经书事乎？且先儒之中，未闻有王粲也。"崔笑而退，竟不以《粲集》示之。魏收之在议曹[6]，与诸博士议宗庙事[7]，引据《汉书》，博士笑曰："未闻《汉书》得证经术。"收便忿怒，都不复言，取《韦玄成传》，掷之而起。博士一夜共披寻之[8]，达明乃来谢曰[9]："不谓玄成如此学也。"

据《汉书·韦贤传》附子玄成传载，韦玄成于永光年间代于定国为丞相，讨论废除郡国庙，又奏议太上皇、孝惠、孝文、孝景庙皆亲尽宜毁，墓园皆不必再修。魏收议宗庙所引《汉书》之事即此。

[注释]

[1]经纬：经书和纬书。经书指儒家经典，纬书则主要是诸儒依附《六经》而作的宣扬符瑞、占验之书。《易》《书》《诗》

《礼》《乐》《春秋》及《孝经》均有纬，称"七纬"。 [2]博陵：郡名，治今河北蠡县南。崔氏为魏晋南北朝时博陵大姓。 [3]王粲（177—217）：字仲宣，"建安七子"之一。自幼有才名，为学者蔡邕所赏识。汉末大乱，依附荆州牧刘表，后归曹操。事见《三国志》及注。《隋书·经籍志》载有"后汉侍中《王粲集》十一卷"，已散佚，明人辑有《王侍中集》。郑玄（127—200）：字康成，北海高密（今山东高密）人，东汉末经学大师。治学以古文经学为主，兼采今文经学。以毕生精力整理古代文化遗产，遍注儒家经典，集两汉经学大成，其学被称为"郑学"。 [4]排蹙（cù）：排挤斥责。 [5]诗赋铭诔：古代文体名。赋，是韵文和散文的综合体，讲究词藻、对偶、用韵。铭，常刻于碑版或器物上，多用韵语，用以称述功德或自警。诔，多用韵文列述死者德行功迹，用以悼念死者。 [6]魏收（506—572）：字伯起，北齐时任中书令兼著作郎，奉诏编撰《魏书》，后累官至尚书右仆射。《北齐书》有传。 [7]宗庙：古代帝王、诸侯祭祀祖宗的庙宇。 [8]披寻：翻阅查找。 [9]达明：到天亮时。

［点评］

治学眼界不能太窄。研究经学，只读经书、纬书及义疏是不够的，还要广泛猎集部、史部，加以互证旁通，才能避免孤陋寡闻之讥。

《庄子》的《天道》《刻意》二篇中都有"无物累"之语，《秋水》篇中有"不以物害己"之言。

夫《老》《庄》之书，盖全真养性[1]，不肯以物累己也[2]。故藏名柱史[3]，终蹈流沙[4]；匿迹漆园[5]，卒辞楚相，此任纵之徒耳[6]。何晏、王弼[7]，祖述玄宗[8]，递相夸尚[9]，景附草靡[10]，皆以农、黄之化[11]，在乎己身，周、孔之业[12]，弃之度外。而平叔以党曹爽见诛，触死权之网也[13]；辅嗣以多笑人被疾[14]，陷好胜之阱也[15]；山巨源以蓄积取讥[16]，背"多藏厚亡"之文也；夏侯玄以才望被戮[17]，无"支离""拥肿"之鉴也；荀奉倩丧妻[18]，神伤而卒，非"鼓缶"之情也；王夷甫悼子[19]，悲不自胜，异东门之达也；嵇叔夜排俗取祸[20]，岂"和光同尘"之流也[21]；郭子玄以倾动专势[22]，宁"后身外己"之风也[23]；阮嗣宗沈酒荒迷[24]，乖"畏途相诫"之譬也[25]；谢幼舆赃贿黜削[26]，违"弃其余鱼"之旨也：彼诸人者，并其领袖，玄宗所归[27]。其余桎梏尘滓之中[28]，颠仆名利之下者[29]，岂可备言乎！直取其清谈雅论，剖玄析微，宾主往复[30]，娱心悦耳，非济世成俗之要也。洎于梁世，兹风复阐，《庄》《老》《周易》，总谓"三玄"[31]。武皇、简文[32]，躬自讲论。周弘正奉赞大猷[33]，化行都邑，学徒千余，实为盛美。元帝在江、荆间[34]，复所爱习，召置学生，亲为教授，废寝忘食，以夜继朝，至乃倦剧愁愤[35]，辄以讲自

何劭《王弼传》说王弼论道，"附会文辞，不如何晏，自然有所拔得，多晏也。颇以所长笑人，故时为士君子所疾。"

王衍曾丧幼子，山简向他慰问，王衍悲不自胜。山简劝他说："孩抱中物，何至于此？"王衍答："圣人忘情，最下不及于情，然则情之所钟，正在我辈。"事见《晋书·王戎传》。

《庄子·达生》篇："夫畏途者十杀一人，则父子兄弟相戒也，必盛卒徒而后敢出焉。"意思是，危险的道路上十人中有一人被劫杀，父子兄弟就会相互告诫，多带随从才敢出行。

释^[36]。吾时颇预末筵^[37]，亲承音旨^[38]，性既顽鲁，亦所不好云。

［注释］

[1] 全真养性：保全本真，涵养天性。　[2] 以物累己：因外在之物而牵累自己。　[3] 藏名柱史：老子做过周代守藏室的柱下史，也就是管理图书的官员。　[4] 终蹈流沙：《列仙传》载，老子西游，为关令尹喜著书，后来西行进入流沙，不知所终。流沙，沙漠。　[5] "匿迹漆园"二句：庄子做过漆园吏。据说楚国要聘庄子为相，庄子辞谢。　[6] 任纵：任性放纵。　[7] 何晏（？—249）：字平叔，南阳宛县（今河南南阳）人。因党附曹爽，为司马懿所杀。与夏侯玄、王弼等共倡玄学，竞事清谈，开一时风气，世称"正始之音"。著有《道德论》《无名论》《无为论》及《论语集解》等。王弼（227—249）：字辅嗣，三国魏山阳（今河南焦作）人。少年时即享高名，笃好老庄，辞才逸辩，与何晏、夏侯玄等同开玄学清谈之风。著有《周易注》《老子注》等。事见《三国志》及注。　[8] 玄宗：道家把"道"别称为玄宗。这里指玄学。　[9] 递相：互相。夸尚：夸耀推崇。　[10] 景附草靡：像影子一样依附形体，像草一样随风而倒。景，"影"的本字。靡，随风倒下。　[11] 农、黄之化：指道家的教化。农指神农氏；黄指黄帝，都是道家依托的古帝。　[12] 周、孔之业：指儒家学说。儒家以周公为先圣，孔子为先师。　[13] 死权：为权势而死。　[14] 被疾：遭人忌恨。　[15] 阱：陷阱。　[16] "山巨源"二句：山涛（205—283）字巨源，"竹林七贤"之一，事见《晋书》。山涛"以蓄积取讥"之事，未见记载。刘盼遂怀疑当是"王戎"之误。王戎与山涛同为竹林名士，故容易混淆。史

载王戎贪吝好货，颇为时人所讥。见《晋书·王戎传》。蓄积，积聚储存的财物。多藏厚亡，收藏得多，散失也多。语出《老子》第四十四章。　　[17]"夏侯玄"二句：夏侯玄（209—254）字太初，谯（今安徽亳县）人。曾任魏征西将军，都督雍凉州诸军事，与曹爽有亲戚关系。曹爽被杀后，因参与密谋诛杀司马氏，事泄被杀。事见《三国志》及注。才望，才能声望。支离，即支离疏，《庄子·人间世》里所提到的畸形人，以畸形而能终其天年。拥肿，同"臃肿"，指树木瘿节多，磊块不平直。《庄子·逍遥游》里讲一种樗树，树干拥肿，小枝拳曲，因其无用，也就不被匠人砍伐。　　[18]"荀奉倩"三句：荀粲（210—238）字奉倩。他认为妇人才智不值得提倡，应当以色为主。骠骑将军曹洪之女有美色，他却娶以为妻。几年后，妻病亡，荀粲非常悲伤，一年后也去世了。事见《世说新语·惑溺》篇注引《荀粲别传》。鼓缶之情，语本《庄子·至乐》，说庄周妻死，惠施去吊唁，却看见庄子"箕踞鼓盆而歌"。缶，即瓦盆。　　[19]"王夷甫"三句：王衍（256—311）字夷甫，琅琊临沂（今山东临沂北）人。出身士族，喜谈《老》《庄》，所论义理，随时更改，时人称为"口中雌黄"。曾任中书令、尚书令、司徒、司空、太尉等要职。后为石勒所杀。他在幼子死去后悲不自胜。东门之达，据《列子·力命》篇说，魏国有个叫东门吴的人，儿子死了不悲伤，有人问他为什么，他说自己当初没有儿子时也不悲伤。　　[20]"嵇叔夜"句：嵇康（224—263，一说223—262）字叔夜，谯郡铚（今安徽宿州西南）人，官中散大夫。崇尚《老》《庄》，为"竹林七贤"之一。自称不堪流俗，非汤武而薄周孔，越名教而任自然。后被钟会诬陷，为司马昭所杀。　　[21]和光同尘，语出《老子》第四章，意指将光洁和尘浊同等看待，后多指与世无争，不露锋芒。　　[22]"郭子玄"二句：郭象（约252—312）字子玄，河南洛阳人。少有才理，好《老子》《庄子》，能清言。主张名教即自然，为当时玄学大师。著有《庄子注》传于世。《晋书》有传。　[23]后身外己：甘于置身人后，反而能占先机；将生命置之度外，反倒能够保全。语本《老子》第七章。　[24]"阮嗣宗"二句：阮籍（210—263），字嗣宗，陈留尉氏（今属河南）人。与嵇康齐名，为"竹林七贤"之一。累迁步兵校尉，世称阮步兵。《晋书》有传。　[25]畏途：指艰险可怕的道路，语本《庄子·达生》。　[26]"谢幼舆"二句：谢鲲（281—324）字幼舆，陈国阳夏（今河南太康县）人。好《老》《易》，曾被东海王司马越辟为属官，因家僮取用公物而被削除官职。《晋书》有传。弃其余鱼，据《淮南子·齐俗篇》："惠子从车百乘，以过孟诸，庄子见之，弃其余鱼。"意思是庄子见惠子拥有那么多的财富，对他很反感，把自己吃剩的鱼都丢弃了，以示节俭知足之意。　[27]归：依归。　[28]桎梏尘滓：为尘俗所束缚。桎梏，脚镣和手铐，喻指一切束缚人的东西。尘滓，尘俗滓秽，比喻世间烦琐的事务。　[29]颠仆名利：为名利而奔走倾倒。　[30]往复：指往来问答、辩论。　[31]三玄：魏晋玄学以《老子》《庄子》《周易》三书为"三玄"。　[32]武皇：即南朝梁武帝萧衍。《梁书》称其"少而笃学，洞达儒玄"，造《周易讲疏》《老子讲疏》等。简文：即南朝梁简文帝萧纲。《梁书》称其"博综儒书，善言玄理"，所著有《老子义》《庄子义》等。　[33]大猷：治国的大道。　[34]元帝在江、荆间：南朝梁元帝曾任江州刺史、荆州刺史。　[35]倦剧：非常疲倦。愁愦：忧愁愦懑。　[36]辄：往往。释：排遣。　[37]末筵：意同末座，最后的座位，比喻地位卑下。　[38]亲承音旨：指亲自听讲。

［点评］

汉魏之际，流行讲究修辞与技巧的谈说论辩方式，称为"清谈"，玄学即随着清谈风气而逐渐流行。名士们热衷于讨论与社会生活无关的玄学问题。《老子》《庄子》和《周易》被称为"三玄"，清谈的主要内容和很多玄学问题都源自这三种书。玄学讨论的话题集中在有无、本末、言意、才性、自然名教、圣人有情无情、声无哀乐等玄理。玄学内部出现了若干派别，如贵无派、崇有派、独化派等等。玄学之风虽然流行于魏晋时期，但在南朝仍有余响，梁朝时由于君臣喜好，还一度很兴盛。颜之推其实是不喜玄谈的。他认为《老》《庄》道家之书，本质是讲保全本真，涵养天性，不因外在之物而牵累自己。所以老子隐姓埋名做周柱下史，最后隐遁于沙漠之中；庄子则宁愿隐藏于漆园做一名小吏，而拒绝担任楚国相的职位。他们都活得自由自在，无拘无束。相反，魏晋以来那些以玄谈著称的人物，自以为掌握了道家思想的精髓，而排斥周公、孔子之道。这些人要么党同伐异，要么争强好胜；有的贪婪吝啬，有的纵酒迷乱。至于那些陷入名利之场而不能自拔的人，就更多了。他们并没有真正明白老庄思想的真谛，只不过选取一些玄言妙语，作为宾主饭后茶余游谈的话题而已，对于形成良好社会风气并无作用，所以颜之推认为这些人不值得学习。

齐孝昭帝侍娄太后疾[1]，容色憔悴，服膳减损。徐之才为灸两穴[2]，帝握拳代痛，爪入掌心，血流满手。后既痊愈，帝寻疾崩，遗诏恨不见太后山陵之事[3]。其天性至孝如彼，不识忌讳如此，良由无学所为。若见古人之讥欲母早死而悲哭之，则不发此言也。孝为百行之首，犹须学以修饰之，况余事乎！

《淮南子·说山训》："东家母死，其子哭之不哀。西家子见之，归谓其母曰：'社何爱速死，吾必悲哭社。'（江、淮间称母为社。）夫欲其母之死者，虽死亦不能悲哭矣。谓学不暇者，虽暇亦不能学矣。"齐孝昭帝与此人类似。

[注释]

[1]齐孝昭帝：高演（535—561），北齐第三位皇帝。乾明元年（560）在娄太后支持下，发动政变，自立为帝，年号皇建。在位一年驾崩，谥号孝昭，庙号肃宗。娄太后：高演之母。　[2]徐之才（505—572）：字士茂。善医术，兼有机辩，聪敏强识，通图谶之学，颇受高洋、高演等宠爱。《北齐书》有传。　[3]山陵：指帝王或皇后的坟墓。

[点评]

齐孝昭帝虽然对其母很孝顺，但由于没有怎么读书，不知如何表达，居然说自己最遗憾的事情，是不能亲自为太后送葬，闹出笑话。

梁元帝尝为吾说："昔在会稽[1]，年始十二，便已好学。时又患疥，手不得拳，膝不得屈。闲斋张葛帏避蝇独坐[2]，银瓯贮山阴甜酒[3]，时复进之，以自宽痛[4]。率意自读史书[5]，一日二十卷，既未师受，或不识一字，或不解一语，要自重之，不知厌倦。"帝子之尊，童稚之逸，尚能如此，况其庶士，冀以自达者哉[6]？

[注释]

[1]会稽：郡名，治所在山阴（今浙江绍兴）。　[2]葛帏：葛布制成的帏帐。　[3]银瓯：银杯。　[4]宽痛：缓解疼痛。　[5]率意：随意。　[6]自达：指通过自己努力获得成功。

[点评]

　　在古代帝王中，南朝的梁元帝堪称勤学。他十二岁患疥疮，手握不成拳，膝盖不能弯，伤口溃烂，浑身发痒，只好坐进帏帐里，有时抿一口甜酒来缓解。因为不方便请老师，碰到疑难问题只得靠自己反复琢磨。他早年还盲了一只眼，晚年另一只眼也无法看书了，他就请别人读书给他听。《梁书》称赞他："藏书十万多卷，工书善画。""下笔成章，出言为论，才思敏捷，无人能比。"梁元帝作为帝子尚且如此好学，普通士子有什么理由不勤勉奋发呢？

　　古人勤学，有握锥投斧[1]，照雪聚萤[2]，锄则带经，牧则编简，亦为勤笃。梁世彭城刘绮[3]，交州刺史勃之孙[4]，早孤家贫，灯烛难办，常买荻尺寸折之[5]，然明夜读[6]。孝元初出会稽[7]，精选寮案[8]，绮以才华，为国常侍兼记室[9]，殊蒙礼遇，终于金紫光禄[10]。义阳朱詹[11]，世

《战国策·秦策》：苏秦"读书欲睡，引锥自刺其股，血流至足"。《庐江七贤传》：文党（即文翁）曾与人入山伐木，对同伴说："吾欲远学，先试投我斧高木上，斧当挂。"他把斧子往上投，果然挂在树上，于是去长安学习儒家经典，终于成为一代名吏。

《艺文类聚》卷二："孙康家贫，常映雪读书。"《晋书·车胤传》载，车胤博学多通，"家贫，不常得油，夏月则练囊盛数十萤火以照书，以夜继日焉"。

《汉书·倪宽传》载：倪宽"带经而锄，休息辄读诵"。又《汉书·路温舒传》载，温舒父让他牧羊，他就捞取泽沼中的蒲叶，截成牒册，用来抄书。

居江陵，后出扬都^[12]，好学，家贫无资，累日不爨^[13]，乃时吞纸以实腹。寒无毡被，抱犬而卧。犬亦饥虚，起行盗食，呼之不至，哀声动邻，犹不废业，卒成学士，官至镇南录事参军^[14]，为孝元所礼。此乃不可为之事，亦是勤学之一人。东莞臧逢世^[15]，年二十余，欲读班固《汉书》，苦假借不久，乃就姊夫刘缓乞丐客刺书翰纸末^[16]，手写一本，军府服其志尚^[17]，卒以《汉书》闻^[18]。

［注释］

[1] 握锥：指战国时苏秦以锥刺股之事。投斧：指文党投斧求学之事。 [2] 照雪：指孙康映雪读书之事。聚萤：指车胤以练囊盛萤火照书之事。 [3] 彭城：古郡名，治所在今江苏徐州。 [4] 交州：古地名，辖今中国广东、广西及越南北部和中部，州治番禺。 [5] 荻：多年生草本植物。 [6] 然明：照明。然，同"燃"。 [7]"孝元"句：据《梁书·元帝纪》，天监十三年（514），萧绎封湘东王，邑二千户，为宁远将军、会稽太守。 [8] 寮寀（liáo cǎi）：本义为官舍，引申为僚属或同僚。 [9] 国常侍：王国侍从官。记室：皇子府记室，掌表启书疏。 [10] 金紫光禄：即金紫光禄大夫，为加官及褒赠之官，无具体职掌。 [11] 义阳：郡名，东晋末移治平阳（今河南信阳）。朱詹：生平不详。《金楼子·聚书篇》有州民朱澹远，王利器《集解》疑即朱詹。 [12] 扬都：指南朝都城建业（今江苏南京）。 [13] 累日：多日。爨

（cuàn）：烧火煮饭。　[14]镇南：即镇南将军。录事参军：官名，掌总录众曹文簿，举弹善恶。东晋南朝公府、将军府、州刺史开军府者都设有此官。　[15]东莞：郡名，治所在今山东沂水县东北。　[16]乞丐：讨要。客刺：名刺，相当于今之名片。古时客刺书翰，边幅极长，故有余处可供书写。　[17]军府：即大将军府。志尚：志向。　[18]卒：终于。

齐有宦者内参田鹏鸾[1]，本蛮人也。年十四五，初为阉寺[2]，便知好学，怀袖握书，晓夕讽诵。所居卑末[3]，使役苦辛[4]，时伺间隙，周章询请[5]。每至文林馆[6]，气喘汗流，问书之外，不暇他语。及睹古人节义之事，未尝不感激沉吟久之[7]。吾甚怜爱，倍加开奖。后被赏遇，赐名敬宣，位至侍中开府[8]。后主之奔青州[9]，遣其西出，参伺动静[10]，为周军所获。问齐主何在，绐云[11]："已去，计当出境。"疑其不信，欧捶服之[12]，每折一支[13]，辞色愈厉，竟断四体而卒[14]。蛮夷童丱[15]，犹能以学成忠，齐之将相，比敬宣之奴不若也。

《北齐书·文苑传》："后主属意斯文，三年，祖珽奏立文林馆；于是更召引文学士，谓之待诏文林馆焉。"《北史·齐本纪下》："后主武平四年二月景（丙）午，置文林馆。"

[注释]

[1]内参：指太监。田鹏鸾：《北齐书》及《北史·傅伏传》

都记载了本段所述之事，"鹏"下均无"鸾"字。　[2]阍（hūn）寺：古代宫中掌管门禁的近侍小臣，后指宦官。　[3]卑末：卑贱。　[4]使役：差使。苦辛：辛苦。　[5]周章：到处，多方。询请：请教。　[6]文林馆：官署名，北齐后主武平四年（573）设置，多引文学之士入馆，称为待诏，以李德林、颜之推同判馆事，掌著作及校理典籍，兼训生徒。　[7]感激：感动。沉吟：连声赞叹。　[8]侍中开府：《北齐书》《北史》都作"开府中侍中"。《隋书·百官志》说："中侍中省，掌出入门阁，中侍中二人。"中侍中由宦官担任。侍中，官名。开府，原指成立府署，自选僚属。　[9]后主：北齐后主高纬。青州：北魏时设置，治所在今山东广饶县。后移治今山东青州。　[10]参伺：侦察。　[11]绐（dài）：欺骗。　[12]欧捶：殴打。欧，通"殴"。　[13]折：打断。支：通"肢"，肢体。　[14]四体：四肢。　[15]童丱（guàn）：童子。

［点评］

以上颜之推举古今好学、勤学的事例，说明通过学习能够成为名人、成为学问家。甚至一些地位低贱之人，也能通过学习，懂得为国尽忠，超过许多将相大臣。

邺平之后，见徙入关[1]。思鲁尝谓吾曰[2]："朝无禄位，家无积财，当肆筋力[3]，以申供养。每被课笃[4]，勤劳经史，未知为子，可得安乎？"吾命之曰："子当以养为心，父当以学为教。使汝弃学徇财[5]，丰吾衣食，食之安得甘？衣之安得暖？若务先王之道[6]，绍家世之业[7]，藜羹缊

北齐武平七年（576）十月，周军大举进攻北齐，次年二月，周军灭北齐，周武帝入邺，北齐君臣被押送长安。事见《北齐书·后主纪》。

褐[8]，我自欲之[9]。"

[注释]

[1]见：被。　[2]尝：曾经。　[3]肆：极尽。筋力：体力。　[4]课笃：督促学习。　[5]弃学徇财：放弃学业，追求财货。　[6]务：致力。　[7]绍：传承。　[8]藜羹（lí gēng）：用藜菜煮成的羹，泛指粗劣的饭菜。缊褐（yùn hè）：粗麻制成的短衣。　[9]自欲之：自己想要的东西。

[点评]

　　颜之推多次遭遇亡国之祸，虽然侥幸生存了下来，但生活困顿，家无余财。不过他反对通过"弃学徇财"的方式来改善生活，要求子孙把主要精力放在学业上，能够以学传家，即使生活困苦一点，他也心甘情愿。

　　《书》曰："好问则裕[1]。"《礼》云："独学而无友，则孤陋而寡闻。"盖须切磋相起明也[2]。见有闭门读书，师心自是[3]，稠人广坐，谬误差失者多矣。

语见《尚书·仲虺之诰》。

语见《礼记·学记》。

　　《穀梁传》称公子友与莒挐相搏[4]，左右呼曰"孟劳"。"孟劳"者，鲁之宝刀名，亦见《广雅》[5]。近在齐时，有姜仲岳谓："'孟劳'者，公子左右，姓孟名劳，多力之人，为国所宝。"

《论语·子张》："曾子曰：'堂堂乎张也，难与并为仁矣。'"原意是称子张（孔子弟子）相貌堂堂，很有气魄，汉灵帝引此语品评田凤。

据《金楼子》卷六《杂记篇第十三上》，此人即王翼。

此节又见《书证篇》，略有不同。

《汉书·王莽传论》颜师古注引应劭曰："紫，间色；瞋，邪音也。"又引服虔曰："言莽不得正王之命，如岁月之馀分为闰也。"

与吾苦诤[6]。时清河郡守邢峙[7]，当世硕儒，助吾证之，赧然而伏[8]。

又《三辅决录》云[9]："灵帝殿柱题曰[10]：'堂堂乎张，京兆田郎[11]。'"盖引《论语》，偶以四言，目京兆人田凤也。有一才士，乃言："时张京兆及田郎二人皆堂堂耳[12]。"闻吾此说，初大惊骇，其后寻愧悔焉。

江南有一权贵，读误本《蜀都赋》注[13]，解"蹲鸱，芋也"[14]，乃为"羊"字；人馈羊肉，答书云："损惠蹲鸱[15]。"举朝惊骇，不解事义[16]，久后寻迹，方知如此。

元氏之世[17]，在洛京时，有一才学重臣，新得《史记音》[18]，而颇纰缪[19]，误反"颛顼"字[20]，"顼"当为"许录反"，错作"许缘反"，遂谓朝士言："从来谬音'专旭'，当音'专翻'耳[21]。"此人先有高名，翕然信行[22]；期年之后[23]，更有硕儒，苦相究讨，方知误焉。

《汉书·王莽赞》云："紫色瞋声[24]，馀分闰位[25]。"谓以伪乱真耳。昔吾尝共人谈书，言及王莽形状，有一俊士，自许史学，名价甚高[26]，乃云："王莽非直鸱目虎吻[27]，亦紫色蛙声。"

又《礼乐志》云："给太官挏马酒。"李奇注："以马乳为酒也，揰挏乃成[28]。"二字并从手。揰挏，此谓撞捣挺挏之，今为酪酒亦然。向学士又以为种桐时，太官酿马酒乃熟。其孤陋遂至于此。

太山羊肃[29]，亦称学问，读潘岳赋"周文弱枝之枣"[30]，为"杖策"之"杖"；《世本》"容成造历"[31]，以"历"为"碓磨"之"磨"[32]。

《汉书·礼乐志》颜师古注引李奇说："以马乳为酒，撞挏乃成也。"又说："挏音动。马酪味如酒，而饮之亦可醉，故呼马酒也。"

潘岳《闲居赋》："周文弱枝之枣，房陵朱仲之李。"李周翰注："周文王时，有弱枝枣树，味甚美。"

[注释]

[1]裕：充裕。　[2]起明：启发。　[3]师心：以心为师。自是：自以为是。　[4]"《穀梁传》"二句：事在僖公元年。《穀梁传》，《春秋》三传之一。　[5]《广雅》：三国魏张揖撰。篇目次序依据《尔雅》，博采汉人笺注、《三苍》《说文》等书，增广《尔雅》所未备，故名《广雅》。　[6]诤：通"争"，争论。　[7]清河：郡名，西汉高祖时置，北齐移治武城（今河北清河县西北）。邢峙：北齐名儒，通《三礼》《左氏春秋》。皇建初为清河太守，有惠政。事见《北齐书·儒林传》。　[8]赧（nǎn）然：羞愧的样子。伏：通"服"。　[9]《三辅决录》：东汉赵岐撰，晋挚虞注，主要记载三辅地区的人物。三辅，指西汉治理京畿长安地区的三个职官（京兆尹、左冯翊、右扶风），也指其所辖地区。　[10]灵帝：指东汉灵帝刘宏，公元168—189年在位。　[11]田郎：田凤，京兆人，时为尚书郎。　[12]"时张京兆"句：古人著作没有标点，颜之

推提到的这位才士，误将灵帝所题八字点断为"堂堂乎张京兆、田郎"，所以出现错误。　[13]《蜀都赋》：晋代左思撰有《三都赋》，分《魏都赋》《吴都赋》《蜀都赋》。　[14]蹲鸱（dūn chī）：大芋。因状如蹲伏的鸱（猫头鹰），故称。　[15]损惠：谢人馈送礼物的敬辞。　[16]事义：指所引典故的意义。　[17]元氏之世：指北魏。北魏皇帝原姓拓跋，孝文帝迁都洛京（洛阳）后，改拓跋为元。　[18]《史记音》：南朝梁邹诞生撰，三卷。《隋书·经籍志》著录。　[19]纰缪（pī miù）：错误。　[20]颛顼（zhuān xū）：传说中古代部族首领。　[21]翾：读作 xuān。　[22]翕（xī）然信行：一致信从。　[23]期年：指一周年。　[24]紫色：杂色的一种。蛙（wā）声：淫邪的乐声。蛙，同蛙。　[25]馀分闰位：古人称非正统的帝位为馀分闰位。　[26]名价：名气。　[27]直：只是，仅仅。鸱目虎吻：目似猫头鹰，嘴似老虎。　[28]揰挏（chòng dòng）：上下推击。今本《汉书·礼乐志》李奇注作"撞挏"。　[29]太山：即泰山。　[30]潘岳（247—300）：字安仁，荥阳中牟（今属河南）人。长于诗赋，与陆机齐名，文辞华丽。著有《闲居赋》《悼亡诗》等。弱枝之枣，语出潘岳《闲居赋》。　[31]《世本》：战国时人撰，记黄帝讫春秋时诸侯大夫的氏姓、世系、居（都邑）、作（制作）等。容成，传说为黄帝之臣，制作历法。　[32]"以历"句：据段玉裁说，古书字多假借，《世本》假"磨"为"曆"，致有此误。陈直说，汉代"曆""磨"二字通用的情况很多，《齐鲁封泥集存》有"磨城丞印"，即曆城丞。只不过"律曆"不能假作"律磨"，故颜之推认为不对。

［点评］

以上颜之推列举了孤陋寡闻、治学不精的例子。读书要不耻下问，常与人切磋，互相启发，不要"闭门读书，师心自是"，否则在大庭广众之中信口开河，沦为笑柄。

谈说制文[1]，援引古昔，必须眼学[2]，勿信耳受[3]。江南闾里间[4]，士大夫或不学问，羞为鄙朴[5]，道听途说，强事饰辞[6]：呼"徵质"为"周郑"[7]，谓"霍乱"为"博陆"[8]，上荆州必称"陕西"[9]，下扬都言"去海郡"，言食则"糊口"，道钱则"孔方"[10]，问移则"楚丘"[11]，论婚则"宴尔"[12]，及王则无不"仲宣"[13]，语刘则无不"公幹"[14]。凡有一二百件，传相祖述[15]，寻问莫知原由，施安时复失所[16]。庄生有"乘时鹊起"之说[17]，故谢朓诗曰[18]："鹊起登吴台。"吾有一亲表，作《七夕》诗云："今夜吴台鹊，亦共往填河。"《罗浮山记》云[19]："望平地树如荠。"故戴暠诗云[20]："长安树如荠[21]。"又邺下有一人《咏树诗》云："遥望长安荠。"又尝见谓矜诞为"夸毗"[22]，呼高年为"富有春秋"，皆耳学之过也。

《说文·食部》："餬，寄食也。"

《文选》载谢朓《和伏武昌登孙权故城诗》作"鹊起登吴山"，与颜之推所引稍异。吴骞《拜经楼诗话》以为颜氏所见为谢朓之原本。

《岁华纪丽》引《风俗通》："织女七夕当渡河，使鹊为桥。"

《文子·道德》："故上学以神听，中学以心听，下学以耳听。以耳听者，学在皮肤；以心听者，学在肌肉；以神听者，学在骨髓。故听之不深，即知之不明。"

[注释]

[1]谈说：指与人谈话。制文：作文。 [2]眼学：即目

睹。　[3]耳受：指耳闻。　[4]闾里：里巷，乡间。　[5]鄙朴：粗俗质朴。　[6]饰辞：修饰辞藻。　[7]呼"徵质"为"周郑"：在东周初年，郑国和周天子关系密切，但后来关系恶化，以致发生了郑庄公与周平王交换太子作为人质的事情。征，索取。质，用作保证的人或物。　[8]"谓霍乱"句：汉代大臣霍光曾封博陆侯。后来汉宣帝命人画功臣像于麒麟阁，只有霍光不称名，只称"大司马大将军博陆侯，姓霍氏"。王利器认为称"霍乱"为"博陆"即来源于此。　[9]"上荆州"句：周朝封周公、召公为二伯，总领诸侯，周公主陕东，召公主陕西。据《南齐书·州郡志》，江左大镇，莫过于荆、扬二州，时人比作陕东、陕西，故称荆州为陕西。　[10]孔方：因古时铜钱中有方孔，故以之用作钱的代称。语出晋代鲁褒《钱神论》："亲爱如兄，字曰孔方。"　[11]楚丘：本为春秋时卫国都邑，在今河南滑县东。春秋时齐桓公迁邢于夷仪，封卫于楚丘。　[12]宴尔：《诗经·邶风·谷风》有"宴尔新昏（婚）"的诗句，后来就用"宴尔"指新婚。宴，也作"燕"，古时通用。　[13]仲宣：即王粲，"建安七子"之一。　[14]公幹：刘桢（？—217），字公幹，东平（今属山东）人，"建安七子"之一。　[15]祖述：效法，遵循。　[16]施安：施行，运用。　[17]"庄生"句：据《太平御览》卷九二一引《庄子》说："君子之居世也，得时则蚁行，失时则鹊起也。"后世以"鹊起"指见机而作，又用作乘时崛起之意。　[18]谢朓（464—499），字玄晖，出身陈郡谢氏，与"大谢"谢灵运同族，世称"小谢"。为"竟陵八友"之一。少好学，有美名。文章清丽，善草隶，擅长五言诗。　[19]《罗浮山记》：晋代袁彦伯撰。　[20]戴暠：南朝梁、陈时诗人。　[21]长安树如荠：引自戴暠《度关山诗》，见《乐府诗集》卷二七。　[22]"又尝见"二句：矜诞与"夸毗"、高年与"富有春秋"意思正好相反。矜诞，自大狂妄。夸毗，过分柔顺以取媚于人。富有春秋，指年轻。

[**点评**]

　　眼见为实，耳听为虚。谈话和写文章，引经据典时一定要慎之又慎，必须是自己亲眼看到的典故，而不能人云亦云。江南一些士大夫自己不肯下功夫读书，却把一些道听途说的东西拿来装点门面，而贻笑于大方之家。颜之推认为这都是"耳学"之过。

　　夫文字者，坟籍根本[1]。世之学徒，多不晓字：读《五经》者，是徐邈而非许慎[2]；习赋诵者，信褚诠而忽吕忱[3]；明《史记》者，专徐、邹而废篆籀[4]；学《汉书》者，悦应、苏而略《苍》《雅》[5]。不知书音是其枝叶，小学乃其宗系[6]。至见服虔、张揖音义则贵之[7]，得《通俗》《广雅》而不屑[8]。一手之中，向背如此，况异代各人乎？

　　《隋书·经籍志》："《百赋音》十卷，宋御史褚诠之撰。"又：梁又有"兼中书舍人《褚诠之集》八卷，《录》一卷，亡。"《汉书·司马相如传》颜师古注："近代之读相如赋者，皆改易义文，竞为音说，徐广、邹诞生、褚诠之、陈武之属是也。"

[**注释**]

　　[1]坟籍：典籍。　[2]徐邈（343—397）：字仙民，东晋东莞姑幕（今山东莒县）人。博涉多闻，撰正五经音训，学者宗之。所注《穀梁传》见重于时。事见《晋书·儒林传》。许慎（约58—约147，一说约30—约121）：字叔重，东汉学者，博通经

籍，撰《五经异义》十卷，又著《说文解字》十四篇，是我国第一部按部首编排的字典。事见《后汉书·儒林传》。 [3] 褚诠：即褚诠之，南朝宋齐时人，善于诗赋。吕忱：字伯雍，西晋学者，撰有《字林》。 [4] 徐：即南朝宋中散大夫徐广（字野民），曾撰《史记音义》十二卷。邹：即邹诞生，撰有《史记音》三卷。篆籀：均为古代书体。篆为小篆，籀指大篆。 [5] 应、苏：指应劭、苏林。应劭、苏林均曾注释《汉书》，应劭并撰有《汉书集解音义》二十四卷。《苍》：指《苍颉篇》。《雅》：指《尔雅》。 [6] 小学：汉代称文字学为小学，隋唐以后为文字学、训诂学、音韵学的总称。宗系：宗族世系，此处指主体、根本。 [7] 服虔：字子慎，河南荥阳（今河南荥阳东北）人。东汉经学家。善《春秋》，著有《春秋左氏解谊》《春秋左氏音》《汉书音训》等。见《后汉书·儒林传》。张揖：字稚让，三国魏清河（今河北清河县）人。为博士，著有《埤苍》《古今字诂》等，今存《广雅》一书。 [8]《通俗》：即《通俗文》，相传东汉服虔撰，主要训释经史用字。

[点评]

"一物不知，儒者之耻。"颜之推强调文字之学为典籍的根本，读书首先必须识字，懂得篆籀，尤其要重视许慎《说文解字》和《仓颉》《尔雅》这些古文字著作。当时涌现了不少阐释文字音义的书，但颜之推认为"书音是其枝叶，小学乃其宗系"，声音是枝叶，字义才是本原。

夫学者贵能博闻也。郡国山川，官位姓族，衣服饮食，器皿制度，皆欲根寻[1]，得其原本；至于文字，忽不经怀[2]，己身姓名，或多乖舛[3]，纵得不误，亦未知所由。近世有人为子制名[4]：兄弟皆山傍立字，而有名"峙"者；兄弟皆手傍立字，而有名"機"者；兄弟皆水傍立字，而有名"凝"者。名儒硕学，此例甚多。若有知吾钟之不调[5]，一何可笑[6]。

[**注释**]

[1]根寻：寻根究底。　[2]经怀：关心。　[3]乖舛：错误。　[4]制名：取名。　[5]"若有知"句：据《淮南子·修务》记载，春秋时晋平公曾令乐官铸钟，铸成后请师旷欣赏，师旷却说："钟音不调。"平公不解，问道："寡人让乐工试过，都说钟音是协调的，你却说不调，为什么呢？"师旷回答说："后世如没有懂音乐的人就罢了，如有懂音乐的人，必定知道钟音不调。"此处颜之推借用乐工听不出钟音不协调之典故，来讥讽那些"名儒硕学"竟然未能看出上述命名中的不当之处。吾，沈揆认为当为"晋"字之误。　[6]一何：多么。

[**点评**]

颜之推强调学者应该博学多闻，像山川、地理、职官、族姓、衣服、饮食、器物制度这些知识都要知其本原。对于文字的知识，同样不能忽视。像为子孙起名这样的事情，一些饱学之士也不知道文字的本原，而闹出不少笑话，这是值得引为教训的。

赵曦明注引段玉裁说："《说文》有'峙'无'峙'，后人凡从'止'之字，每多从'山'；至如'岐'字本从山，又改'路岐'之'岐'从'止'，则又'山'变为'止'也。颜意谓从'山'之'峙'不典，不可以命名。"

王利器《集解》引据龚道耕说，"颜时俗书'機'作'攙'，而'機'字本不從手。"

赵曦明注引段玉裁说："此亦颜时俗字。凝本从仌，俗本从水，故颜谓其不典，今本正文仍作正体，则又失颜意矣。"

吾尝从齐主幸并州[1]，自井陉关入上艾县[2]，东数十里，有猎闾村。后百官受马粮在晋阳东百余里亢仇城侧[3]。并不识二所本是何地，博求古今，皆未能晓。及检《字林》《韵集》[4]，乃知"猎闾"是旧䑲余聚[5]，"亢仇"旧是䝿䝿亭[5]，悉属上艾。时太原王劭欲撰乡邑记注[6]，因此二名闻之[7]，大喜。

[注释]

[1]齐主：指北齐文宣帝高洋。并州：州名，治所在晋阳（今山西太原）。 [2]井陉（xíng）关：古关名，故址在今河北井陉县北井陉山上，是太行山区进入华北平原的隘口，为"太行八陉"之一。上艾县：汉置，故治在今山西阳泉东南，后移今平定县治。 [3]晋阳：秦汉时为太原郡治所，东汉后又为并州治所，故址在今山西太原南古城营村。 [4]《字林》：晋人吕忱所撰字书，共七卷，已佚。《韵集》：晋人吕静所撰韵书，共十卷，已佚。见《隋书·经籍志》。 [5]䑲（liè）余聚：古村落名，故址在今山西平定县境内。聚，村落。 [6]䝿䝿（mǎn qiú）亭：古亭名，故址在今山西平定县境内。 [6]王劭：字君懋，太原晋阳（今山西太原）人。官至中书舍人，待诏文林馆，以博物为时人所称许。隋朝建立后，授著作佐郎。撰有《俗语难字》《隋书》《齐志》等。《隋书》有传。乡邑记注：指地方志书之类。 [7]闻之：告诉他。

今本《庄子》无"魄二首"，《一切经音义》卷四六引《庄子》作"眂二首"，魄、眂为古今字。

吾初读《庄子》"魄二首"[1]，《韩非子》曰

"虫有魄者，一身两口，争食相龁[2]，遂相杀也"，茫然不识此字何音，逢人辄问，了无解者。案，《尔雅》诸书，蚕蛹名魄，又非二首两口贪害之物。后见《古今字诂》，此亦古之"虺"字，积年凝滞[3]，豁然雾解[4]。

"虫有"四句，见《韩非子·说林下》。今本《韩非子》"魄"即作"虺"。

［注释］

[1]魄（huǐ）：古同"虺"，一种蛇。　[2]龁（hé）：用牙齿咬东西。　[3]凝滞：指疑难。　[4]雾解：像雾一样消散。

尝游赵州[1]，见柏人城北有一小水[2]，土人亦不知名。后读城西门徐整碑云[3]："洦流东指[4]。"众皆不识。吾案《说文》，此字古"魄"字也，洦，浅水貌。此水汉来本无名矣，直以浅貌目之，或当即以"洦"为名乎？

颜之推在北齐河清末年被推举为赵州功曹参军，"游赵州"应当在此时。

段玉裁《说文解字注》第十一上："《说文》作'洦'，隶作'泊'，亦古今字也。"

［注释］

[1]赵州：州名。北齐时改殷州置赵州，治所在广阿（今河北隆尧县东旧城）。　[2]柏人：县名。西汉置，治所在今河北隆尧县西，东魏时改名柏仁。　[3]徐整：字文操，三国吴人，曾任太常卿。著有《毛诗谱》《三五历记》等。　[4]洦：古"魄"字，指水浅的样子。

郝懿行《斠记》说："今俗书'勿勿'为'匆匆'，尤为谬妄。"

世中书翰[1]，多称"匆匆"，相承如此，不知所由，或有妄言此"忽忽"之残缺耳。案《说文》："勿者，州里所建之旗也[2]，象其柄及三斿之形[3]，所以趣民事[4]，故悤遽者称为勿勿[5]。"

［注释］

[1] 书翰：书信。　[2] 州里：本为行政建制，后泛指乡里。古时二千五百家为州，二十五家为里。　[3] 斿（liú）：古同"旒"，指旌旗下垂的飘带等饰物。　[4] 趣：催促。　[5] 悤遽（cōng jù）：急遽，匆忙。

［点评］

"勿""匆""忽""悤"，古书中常常混用，颜之推作了辨析。

《重修广韵》卷三："竖，立也。又童仆之未冠者。"

《说文系传》卷十"皀"下引作"蜀竖谓豆粒为豆皀"。"皀""逼"同音。

吾在益州[1]，与数人同坐，初晴日晃，见地上小光，问左右："此是何物？"有一蜀竖就视[2]，答云："是豆逼耳。"相顾愕然，不知所谓。命取将来，乃小豆也。穷访蜀土，呼粒为逼，时莫之解。吾云："《三苍》《说文》[3]，此字'白'下为'匕'，皆训'粒'，《通俗文》音'方力反'。"众皆欢悟[4]。

[注释]

[1] 益州：州名，治今四川成都。　[2] 竖：僮仆。就视：靠近察看。　[3]《三苍》：又作"三仓"，古代三部字书。汉人将李斯《仓颉》、赵高《爰历》、胡毋敬《博学》合称"三苍"。魏晋时又将李斯《苍颉篇》、扬雄《训纂篇》、贾舫《滂喜篇》合称为"三苍"。　[4] 欢悟：高兴地领悟。

愍楚友婿窦如同从河州来[1]，得一青鸟，驯养爱玩，举俗呼之为鹖[2]。吾曰："鹖出上党[3]，数曾见之[4]，色并黄黑，无驳杂也。故陈思王《鹖赋》云[5]：'扬玄黄之劲羽。'"试检《说文》："鸲雀似鹖而青，出羌中[6]。"《韵集》音介，此疑顿释。

颜之推有三子：长子思鲁，次子愍楚，入北周后生游秦。"愍楚"意谓愍梁元帝江陵之亡。

[注释]

[1] 愍楚：颜之推次子。友婿：同门女婿间互称，即所谓"连襟"。河州：十六国前凉时设立，治所在枹罕县（今甘肃临夏西南）。　[2] 举俗：诸本作"举族"。鹖（hé）：鸟名。头有毛角如冠，性猛好斗。　[3] 上党：郡名。战国时韩国设置，治所在今山西长治北。　[4] 数曾：多次。　[5] 陈思王：即曹操子曹植。　[6] 羌中：即古代羌族聚居地区，今青海、西藏、甘肃西南、四川西北一带。

梁世有蔡朗者，讳纯，既不涉学，遂呼莼为露葵[1]。面墙之徒[2]，递相仿效。承圣中[3]，遣

《本草纲目》卷一六："古人采葵，必待露解，故曰露葵。今人呼为滑菜。"生于水中之莼与露葵并非一物。

据王利器《集解》引李慈铭说，李恕之"恕"当作"庶"。李庶为李阶子，见《北史》附《李崇传》。

一士大夫聘齐，齐主客郎李恕问梁使曰[4]："江南有露葵否？"答曰："露葵是莼，水乡所出。卿今食者绿葵菜耳[5]。"李亦学问，但不测彼之深浅，乍闻无以核究[6]。

[注释]

[1] 莼（chún）：莼菜，多年生水草，嫩叶可做汤菜。露葵：即冬葵，俗称滑菜。   [2] 面墙之徒：不学无术之人。   [3] 承圣：南朝梁元帝萧绎的年号，共计 2 年余（552 年 11 月—555 年 4 月）。   [4] 主客郎：北齐官制，尚书省下祠部尚书所统有主客郎，掌管接待外国宾客。见《隋书·百官志》。   [5] 绿葵菜：即冬葵（冬苋菜）。   [6] 核究：核实。

[点评]

以上数段，颜之推以具体事例说明学者应当博学多识，尤其要懂得古文字学，才能不闹笑话。

思鲁等姨夫彭城刘灵[1]，尝与吾坐，诸子侍焉。吾问儒行、敏行曰[2]："凡字与谥议名同音者[3]，其数多少，能尽识乎？"答曰："未之究也，请导示之。"吾曰："凡如此例，不预研检，忽见不识，误以问人，反为无赖所欺，不容易也[4]。"因为说之，得五十许字[5]。诸刘叹曰："不意乃尔！"若遂不知，亦为异事。

[注释]

[1]刘灵：彭城人。善画，官谘议参军。　[2]儒行、敏行：都为刘灵之子。　[3]谘议：即谘议参军。《隋书·百官志》："皇弟、皇子府置谘议参军。"刘灵为此官，颜之推在其诸子面前不便直呼其名，故举其官号以代指。　[4]不容易：不能草率从事。　[5]许：表示大约数字。

[点评]

古时讲究避讳，南北朝时尤其重视此事。因此子孙必须对于那些与父祖名字同音的文字要有所了解，以免说话、作文时触犯，为人耻笑。

校定书籍，亦何容易，自扬雄、刘向[1]，方称此职耳。观天下书未遍，不得妄下雌黄[2]。或彼以为非，此以为是；或本同末异；或两文皆欠[3]，不可偏信一隅也[4]。

《汉书·艺文志》："成帝时，以书颇散亡，使谒者陈农求遗书于天下；诏光禄大夫刘向校经传、诸子、诗赋……每一书已，向辄条其篇目，撮其指意，录而奏之。"

[注释]

[1]扬雄（前53—18）：字子云，蜀郡成都（今属四川）人。汉代经学家、思想家。王莽时，校书天禄阁，官为大夫。长于辞赋，以文章名世。曾著《方言》《太玄》《法言》等。刘向（前77—前6）：本名更生，字子政，汉楚元王四世孙。曾校阅群书，撰成《别录》，为我国目录学之祖。　[2]雌黄：矿物名，可制作颜料。

古人书写有误，则以雌黄涂去，因称改窜文字为雌黄。　[3]欠：不足。　[4]一隅：指某一方面。

[点评]

校勘书籍，看似容易，其实要求非常高。其中学问很深，古往今来真正能够称职的人不多，像扬雄、刘向那样的博学大儒才堪任此事。对于古书，不能轻易怀疑，也不可胡乱改动。宋元以来学者常犯的错误，就是以个人的主观判断来定古人的是非，往往疑经、改经，造成古书文本的混乱。校定古书，涉及各方面的知识，诸如目录、版本、文字、音韵、训诂，以及天文、地理、社会、历史等等。不仅要求广博的知识储备，还需要具备极高的判断与鉴别能力。所以颜之推所说的"观天下书未遍，不得妄下雌黄"，确为至理名言。

文章第九

夫文章者，原出《五经》：诏命策檄[1]，生于《书》者也；序述论议[2]，生于《易》者也；歌咏赋颂[3]，生于《诗》者也；祭祀哀诔[4]，生于《礼》者也；书奏箴铭[5]，生于《春秋》者也。朝廷宪章[6]，军旅誓诰[7]，敷显仁义[8]，发明功德[9]，牧民建国[10]，施用多途。至于陶冶性灵，从容讽谏，入其滋味，亦乐事也。行有余力[11]，则可习之。

[注释]

[1]诏命策：皇帝颁发的命令文诰。檄：用于晓谕或声讨。 [2]序述：主要用于记叙。论议：主要用于论说。 [3]歌

《文心雕龙·宗经》："故论说辞序，则《易》统其首；诏策章奏，则《书》发其源；赋颂歌赞，则《诗》立其本；铭诔箴祝，则《礼》总其端；纪传盟檄，则《春秋》为根。"与颜之推之说异曲同工。

赵翼《廿二史札记》卷四："两汉诏命，皆由《尚书》出。"

杨修《答临淄侯笺》："今之赋颂，古诗之流。"

咏：主要用于歌唱。赋颂：讲究对偶和用典。颂多用于赞美、歌颂。　[4] 祭祀哀诔（lěi）：四种文体，主要用于祭祀、哀悼死者。　[5] 书奏：臣子上达皇帝的奏疏。箴：规戒性的韵文。铭：在古代常刻在器物或碑石上，兼用于规戒、褒赞。　[6] 宪章：典章制度。　[7] 誓诰："誓"为誓师之词，"诰"为告诫之文。《尚书》中有《甘誓》《泰誓》《牧誓》《秦誓》，有《汤诰》《召诰》等。孔颖达说："汤武革命，而誓诰兴。"　[8] 敷显：传布显扬。　[9] 发明：阐发，彰显。　[10] 牧民：指治理人民。　[11]"行有余力"二句：语出《论语·学而》："弟子入则孝，出则悌，谨而信，泛爱众，而亲仁，行有余力，则以学文。"

[点评]

魏晋南北朝是一个文学自觉的时代。曹丕曾说："盖文章经国之大业，不朽之盛事。"把文学的地位提到一个空前的高度，既强调了文章对治理国家的重要性，也强调了其对于个人立身扬名的积极意义。此外，文学的自觉还表现在对审美的追求上。曹丕提出的"诗赋欲丽"和陆机的"诗缘情而绮靡，赋体物而浏亮"就表现了对文章美的关注。颜之推把"文章"纳入家训，正是这种时代思潮的反映。本篇一方面从"宗经""尚用"的儒家文学立场出发，论述了文章（广义的文章包括一切文体）的本原在于五经，主要作用是彰显仁义，颂扬功德，治国安民。除此之外，颜之推也承认文章可以陶冶性情，抒发情感，用于讽谏，深入理解其中滋味，也是令人快乐的事。因此在保持研究儒家经典这个"素业"的前提下，行有余力，也可以学文。

然而自古文人，多陷轻薄：屈原露才扬己[1]，显暴君过；宋玉体貌容冶[2]，见遇俳优；东方曼倩[3]，滑稽不雅；司马长卿[4]，窃赀无操；王褒过章《僮约》[5]；扬雄德败《美新》[6]；李陵降辱夷虏[7]；刘歆反覆莽世[8]；傅毅党附权门[9]；班固盗窃父史[10]；赵元叔抗竦过度[11]；冯敬通浮华摈压[12]；马季长佞媚获诮[13]；蔡伯喈同恶受诛[14]；吴质诋忤乡里[15]；曹植悖慢犯法[16]；杜笃乞假无厌[17]；路粹隘狭已甚[18]；陈琳实号粗疏[19]；繁钦性无检格[20]；刘桢屈强输作[21]；王粲率躁见嫌[22]；孔融、祢衡[23]，诞傲致殒；杨修、丁廙[24]，扇动取毙；阮籍无礼败俗[25]；嵇康凌物凶终[26]；傅玄忿斗免官[27]；孙楚矜夸凌上[28]；陆机犯顺履险[29]；潘岳干没取危[30]；颜延年负气摧黜[31]；谢灵运空疏乱纪[32]；王元长凶贼自诒[33]；谢玄晖悔慢见及[34]。凡此诸人，皆其翘秀者[35]，不能悉纪，大较如此。至于帝王，亦或未免。自昔天子而有才华者，唯汉武、魏太祖、

王逸《楚辞章句叙》："而班固谓之露才扬己，竞于群小之中，怨恨怀王，讥刺椒兰，苟欲求进，强非其人，不见容纳，忿恚自沈，是亏其高明而损其清洁者也。"

宋玉《登徒子好色赋》："大夫登徒子侍于楚王，短宋玉曰：'玉为人体貌闲丽，口多微辞，又性好色，王勿与出入后宫。'"

《文心雕龙·程器》："略观文士之疵，相如窃妻而受金，扬雄嗜酒而少算，敬通之不循廉隅，杜笃之请求无厌，班固谄窦以作威，马融党梁而黩货，文举傲诞以速诛，正平狂憨以致戮，仲宣轻脆以躁竞，孔璋惚恫以粗疏，丁仪贪婪以乞货，路粹哺啜而无耻，潘岳诡譸于愍、怀，陆机倾仄于贾、郭，傅玄刚隘而詈台，孙楚狠愎而讼府。诸有此类，并文士之瑕累。"可与颜之推之说互相参看。

王得臣《麈史》卷二："《颜氏家训》亦足以为良，至论文章，以游、夏、孟、荀、枚乘、张衡、左思为狂，而又诋忤子云，吾不取焉。"

文帝、明帝、宋孝武帝[36]，皆负世议[37]，非懿德之君也[38]。自子游、子夏、荀况、孟轲、枚乘、贾谊、苏武、张衡、左思之俦[39]，有盛名而免过患者，时复闻之，但其损败居多耳[40]。每尝思之，原其所积[41]，文章之体，标举兴会[42]，发引性灵[43]，使人矜伐[44]，故忽于持操[45]，果于进取。今世文士，此患弥切，一事惬当[46]，一句清巧，神厉九霄[47]，志凌千载，自吟自赏，不觉更有傍人。加以砂砾所伤，惨于矛戟，讽刺之祸，速乎风尘，深宜防虑[48]，以保元吉[49]。

[注释]

[1]"屈原"句：屈原表露才华，自我宣扬，暴露国君的过失。屈原（约前340—前278），战国时期楚国诗人、政治家。"楚辞"的开创者和代表作家，开辟了"香草美人"的传统，被誉为"楚辞之祖"。　[2]"宋玉"句：宋玉相貌艳丽，被当作俳优对待。宋玉（前298—前222），战国著名辞赋家，传世作品有《九辩》等。　[3]"东方"句：东方朔言行滑稽，缺乏雅致。东方曼倩，东方朔，字曼倩，博学广识，能言善辩，语言诙谐，甚得汉武帝赏识。　[4]"司马"句：司马相如（前179—前118），字长卿，"汉赋四大家"之一，被誉为"赋圣""辞宗"。司马相如以琴心挑逗卓文君，使她与之私奔，文君父卓王孙不得已分给她僮仆百人、钱百万，相如夫妇归成都，买田宅为富人。见《史

记·司马相如传》。　[5]"王褒"句：王褒的过失暴露在《僮约》中。王褒（前90—前51），字子渊，西汉辞赋家，与扬雄并称"渊云"。　[6]"扬雄"句：扬雄写了《剧秦美新》歌颂王莽，损害了自己的德行。　[7]"李陵"句：李陵向匈奴投降而受辱。李陵（？—前74），字少卿，名将李广之孙。天汉二年（前99）李陵领兵五千出居延，被匈奴单于八万余骑包围，力战粮尽矢绝后投降，单于以女妻之，立为右校王。汉武帝听信谣传，以为李陵教匈奴打仗，族灭其家。　[8]"刘歆"句：刘歆在王莽的新朝反复无常。刘歆（约前50—23），字子骏，后改名刘秀。西汉宗室，经学家刘向之子。王莽代汉，拜刘歆为国师，封嘉新公。后谋诛王莽，事泄自杀。　[9]"傅毅"句：傅毅投靠依附权贵。傅毅（？—90），字武仲，扶风茂陵（今陕西兴平）人。博学有才，汉章帝时为兰台令史、郎中，后又依附车骑将军马防、大将军窦宪。　[10]"班固"句：班固（32—92）字孟坚，东汉史学家、文学家，与司马迁并称"班马"。据《后汉书·班固传》，班固父彪在司马迁《史记》之后写了六十五篇的续篇，后来班固作《汉书》，应该参考了父亲所作，但是并没有明确标注，所以被人批评"盗窃父史"。　[11]"赵元叔"句：赵壹（122—196）字元叔。恃才傲物，不肯结交权势，受到地方豪绅的打击与排挤，于是写了《解摈》一文，申述正邪不相容之理。抗竦（sǒng），高傲，倨傲。　[12]"冯敬通"句：冯衍字敬通，新莽末入更始政权，后投刘秀。因遭人谗毁其"文过其实"，被废于家。撰有《显志赋》，抒发自己失官的感慨和愤懑。摈压，排斥打压。　[13]"马季长"句：马融（79—166），字季长，东汉著名经学家。据《后汉书·马融列传》："初，融惩于邓氏（骘），不敢复违忤势家，遂为梁冀草奏李固，又作《大将军西第颂》，以此颇为正直所羞。"[14]"蔡伯喈"句：蔡邕（133—192）

字伯喈。通经史，精音律，善辞赋，工书法。董卓掌权时，强召蔡邕为祭酒。三日之内，官至左中郎将等职，封高阳乡侯。董卓被诛杀后，蔡邕因在王允座上叹息被下狱而死。　[15]"吴质"句：吴质（177—230）字季重。有文才，与司马懿、陈群、朱铄被称为曹丕的"四友"。喜欢结交权贵，在家乡名声不佳。后吴质病故，被谥为"丑侯"。诋忤，触忤，冒犯。　[16]"曹植"句：曹植（192—232）字子建，曹操之子，曹丕弟。生前曾为陈王，去世后谥号"思"，因此又称陈思王。建安文学代表人物。南朝谢灵运有"天下才有一石，曹子建独占八斗"的评价。陈寿《三国志》说："陈思文才富艳，足以自通后叶，然不能克让远防，终致携隙。"　[17]"杜笃"句：杜笃（？—78）字季雅，京兆杜陵人。《后汉书》本传载："笃少博学，不修小节，不为乡人所礼。居美阳，与美阳令游，数从请托，不谐，颇相恨，令怨，收笃送京师。"乞假，请托。　[18]"路粹"句：路粹（？—214）字文蔚，很有文才，因参与构陷孔融，时人无不嘉其才而畏其笔。后拜秘书令，因违禁而被杀。　[19]"陈琳"句：陈琳（？—217）字孔璋，"建安七子"之一。董卓蹂躏洛阳，陈琳避难至冀州，入袁绍幕府，为袁起草檄文痛骂曹操。后为曹军俘获，曹操爱其才而不咎。后与刘桢、应玚、徐幹等同年染疫而亡。　[20]繁钦（？—218）：字休伯。任丞相曹操主簿，以善写诗、赋、文章知名于世。其代表作《定情诗》写一位女子自述与人邂逅相爱但又被抛弃的悲伤自悔之情。检格：检点约束。　[21]"刘桢"句：刘桢博学有才，警悟辩捷。参加曹丕宴会时，平视王妃甄氏，以不敬之罪罚服劳役。输作，因犯罪罚作劳役。　[22]"王粲"句：王粲自幼有才名，为学者蔡邕所赏识。汉末大乱，依附荆州牧刘表，后归曹操。性躁竞，善属文，其诗赋为建安七子之冠。率躁，率直急躁。见嫌，被嫌弃。　[23]"孔融"句：孔融（153—208）字文举，孔子的二十世孙。少有异才，善诗文，为"建安七子"之一。性喜结宾客，抨议时政，言辞激烈，终因触怒曹操而被杀。祢衡（173—198）字正平，东汉末年名士。恃才傲物，和孔融交好。孔融向曹操推荐祢衡，但祢衡称病不去。曹操封他为鼓手，想以此羞辱他，祢衡便裸身击鼓。后来又辱骂曹操，曹操就把他遣送给刘表。祢衡对刘表也很轻慢，刘表又把他送给江夏太守黄祖，最后因为和黄祖言语冲突而被杀，时年二十六岁。诞傲，狂放傲慢。殒，指死亡。　　[24]"杨修"二句：杨修（175—219）字德祖，太尉杨彪之子。博学多才，任丞相府主簿，数次助曹植与曹丕争夺魏太子位。后被曹操以"前后漏泄言教，交关诸侯"的罪名处死。丁廙（yì）字敬礼，博学有才，因与曹植亲善，被曹丕所杀。　　[25]"阮籍"句：据《世说新语·任诞》记载，阮籍好酒，他家旁边小酒馆女主人年轻漂亮，阮籍就常和王戎去饮酒，醉了就若无其事地躺在人家旁边睡觉，根本不避嫌。还有一次，阮籍嫂子要回娘家，他不仅为嫂子饯行，还特地送她上路。面对旁人的闲话，阮籍说："礼岂为我辈设也？"　　[26]"嵇康"句：嵇康因恃才傲物，得罪权贵被大将军司马昭处死。　　[27]"傅玄"句：傅玄（217—278）字休奕。西晋建立后，拜侍中，因事免职。又任御史中丞，升太仆，转司隶校尉，因当众责骂谒者及尚书，被劾免。著有《傅子》。　　[28]"孙楚"句：孙楚（220—293）字子荆，出身于官宦世家，晋惠帝初任冯翊太守。《晋书》说他"才藻卓绝，爽迈不群，多所陵傲，缺乡曲之誉"。　　[29]"陆机"句：陆机（261—303）字士衡。少有奇才，文章冠世，与其弟陆云合称"二陆"，又与顾荣、陆云并称"洛阳三俊"。吴亡后出仕西晋，先后依附贾谧、司马伦、司马颖。太安二年（303）任后将军、河北大都督，率军讨伐长沙王司马乂，大败于七里涧，最终遭谗遇害，被夷三族。　　[30]"潘岳"句：潘岳谄事贾谧，为"二十四友"之首。据《晋书·潘岳传》："（潘）岳性轻躁，趋世利，其母数诮之曰：'尔当知足，而干没不已乎！'岳终不能改。"赵王司马伦执政，潘岳与伦亲信孙秀有宿怨，孙秀诬以谋反，被杀。干没，侥幸取利。　　[31]"颜延年"句：颜延之（384—456）字延年，南朝宋时官至金紫光禄大夫，后世称其"颜光禄"。史称他"文章之美，冠绝当时"。与陶渊明私交甚笃。据《宋书·颜延之传》，颜延之"好酒疏诞，不能斟酌当世"，"辞甚激扬，每犯权要"，于是两次被排斥出朝廷。延之心中怨愤，乃作《五君咏》以述竹林七贤，又得罪权贵，被罢官。摧黜，打击斥退。　　[32]"谢灵运"句：谢灵运（385—433）名公义，字灵运。博览群书，工诗善文，与颜延之并称"颜谢"。据《宋书·谢灵运传》：灵运"为性褊激，多愆礼度"，自以为有才能，宜掌大权，既不被重用，心中"常怀愤愤"。元嘉十年（433），被以"叛逆"罪处以绞刑。　　[33]"王元长"句：王融（467—493）字元长，东晋宰相王导六世孙。《南齐书·王融传》说他"文辞辩捷，尤善仓卒属缀，有所造作，援笔可待"。南朝齐武帝时，入竟陵王萧子良幕府，为"竟陵八友"之一。齐武帝病重，王融欲矫诏拥立萧子良即位，事败下狱，赐死。自诒（yí），自作自受。　　[34]"谢玄晖"句：谢朓字玄晖，永元元年（499），江祏等人协助始安王萧遥光谋取帝位，欲废掉东昏侯。谢朓将其密谋泄露，江祏等深恨之，加之谢朓曾经对其有所轻慢，遂联合始安王诬告谢朓欲谋反，将其下狱死。侮慢，对人轻忽，态度傲慢无礼。见及，被牵连。　　[35]翘秀：出类拔萃。　　[36]"唯汉武"句：指汉武帝刘彻、三国魏太祖曹操、魏文帝曹丕、魏明帝曹叡、南朝宋孝武帝刘骏。　　[37]世议：世人非议。　　[38]懿德：美德。　　[39]俦（chóu）：类，辈。　　[40]损败：指遭受祸患。　　[41]原：推究。　　[42]标举：揭示。兴会：兴致感受。 [43]发引：抒发。性灵：指内心世界、精神情感。 [44]矜伐：恃才自负。 [45]持操：操守。 [46]惬当：恰当。 [47]神厉九霄：精神上达九霄。 [48]防虑：防范。 [49]元吉：大吉。

［点评］

文章的作用不能说不大。但是，文人如何运用文章，发挥好文章的作用，又是另外一件事情。纵观历史上的文人，没有操行、令人诟病的很多。颜之推列举了大量"轻薄"的文人：他们有的孤芳自赏，露才扬己；有的滑稽不雅，类同俳优；有的图人钱财，没有操守；有的党附权贵，谄媚取容；有的心胸狭隘，贪求无厌；有的不知检点，恃才傲物。这些文人大多才华横溢，在历史上的知名度很高，然而不少人没有得到善终，或者没有留下好的声名。当然这其中的是非曲直不是那么简单，个人的命运跟所生活的时代、遭遇的君主和人事关系很大，颜之推完全归咎于他们的性情和操行上的欠缺，未免有失偏颇。但无论如何，颜之推以这些人为戒，告诉子孙：文章的本质在于彰显仁义，治国安民，表达兴致，抒发性灵；文人要克服自己性情中的弱点，不能忽视操守，追求名利。既能对社会有所裨益，又能保全自己的生命，这才是大智慧。

学问有利钝[1]，文章有巧拙[2]。钝学累功[3]，不妨精熟；拙文研思[4]，终归蚩鄙[5]。但成学士，自足为人。必乏天才，勿强操笔。吾见世人，至无才思，自谓清华[6]，流布丑拙，亦以众矣，江南号为"詅痴符"[7]。近在并州，有一士族，好为可笑诗赋，诮擎邢、魏诸公[8]，众共嘲弄，虚相赞说，便击牛酾酒[9]，招延声誉。其妻，明鉴妇人也，泣而谏之。此人叹曰："才华不为妻子所容，何况行路[10]！"至死不觉。自见之谓明，此诚难也。

《北齐书·邢邵传》：邢邵字子才，读书五行俱下，一览便记，"文章典丽，既赡且速"，"每一文出，京师为之纸贵"；"词致宏远，独步当时"，与济阴温子升为文士之冠，世论谓之"温、邢"。巨鹿魏收虽天才艳发，而年龄在二人之后，故子升死后，方称"邢、魏"。

[注释]

[1]利钝：聪明与迟钝。　[2]巧拙：精巧与拙劣。　[3]累功：积累功夫。　[4]研思：钻研思索。　[5]蚩（chī）鄙：粗俗拙陋。　[6]清华：清雅华美。　[7]詅（líng）痴符：中古方言，指没有才学而又喜欢炫耀的人。詅，叫卖。　[8]诮擎（diào piē）：嘲笑，戏弄。邢：邢邵。魏：魏收。　[9]击牛：杀牛。酾（shāi）酒：斟酒。　[10]行路：指陌生人。

[点评]

做学问和写文章还是有很大的不同。做学问只要勤奋努力，坚持不懈，日积月累，总会有所收获。但文章写得好不好，有时也要看天分，有的人无论怎么用功，效果都不明显。这就是学问和才气的区别。因此颜之推认为，如果自己缺乏天分，就不要勉强执笔写文章，只要勤学苦读，成为一个饱学之士，就足以立身于世了。有些人本来没有什么才思，却缺少自知之明，偏要附庸风雅，写出来的诗赋粗俗拙陋，又四处炫耀，见笑于大方之家。

学为文章，先谋亲友，得其评裁[1]，知可施行，然后出手；慎勿师心自任[2]，取笑旁人也。自古执笔为文者，何可胜言，然至于宏丽精华，不过数十篇耳。但使不失体裁，辞意可观，便称才士；要须动俗盖世，亦俟河之清乎[3]！

[注释]

[1] 评裁：批评鉴别。　[2] 师心自任：由着性子自作主张。　[3] 俟河之清：等黄河的水变清，喻指非常不容易。

[点评]

做文章不易，做好文章尤其难。因此文章写成之后，不妨先拿给亲友看看，请他们提些意见，认真修改，然后才可公诸于世。不能师心自用，随便示人，被人取笑。自古以来不知有多少人提笔做文章，但真正称得上"宏丽精华"的，只有屈指可数的数十篇而已。只要文章合乎体裁要求，辞藻和意境有可观之处，就可以称得上"才士"了。颜之推认为，要想把文章做到惊世骇俗，恐怕千载难逢，所以不必在这上面过于花费心思。

不屈二姓，夷、齐之节也[1]；何事非君，伊、

白居易《与元九书》："又仆尝语足下：凡人为文，私于自是，不忍于割截，或失于繁多，其间妍媸，益又自惑，必待交友有公鉴无姑息者讨论而削夺之，然后繁简当无不得其中矣。况仆与足下为文尤患其多，已尚病之，况他人乎！"可与颜氏之说相印证。

《孟子·公孙丑上》："非其君不事，非其民不使，治则进，乱则退，伯夷也。何事非君，何使非民，治亦进，乱亦进，伊尹也。"

箕之义也[2]。自春秋以来，家有奔亡[3]，国有吞灭[4]，君臣固无常分矣[5]。然而君子之交绝无恶声，一旦屈膝而事人，岂以存亡而改虑？陈孔璋居袁裁书[6]，则呼操为豺狼；在魏制檄，则目绍为蛇虺。在时君所命[7]，不得自专，然亦文之巨患也，当务从容消息之[8]。

《左传·昭公三十二年》：“社稷无常奉，君臣无常位，自古以然。”

《史记·乐毅列传》：“臣闻古之君子交绝不出恶声，忠臣去国，不洁其名。”

[注释]

[1] 夷、齐：即伯夷、叔齐，为商末孤竹国国君的两个儿子。兄弟让国，耻食周粟，饿死首阳山。 [2] 伊：伊尹，商朝大臣，被尊为阿衡（宰相）。曾作《伊训》以教导商王太甲。箕：箕子，为商纣王诸父。商朝灭亡后，作《洪范》向周武王陈述天地之大法。 [3] 家：此处指古代卿大夫及其家族。 [4] 吞灭：吞并灭亡。 [5] 常分：定分。 [6]“陈孔璋”四句：陈琳（字孔璋）先依附袁绍，作讨曹檄文，极尽谩骂之能。后归附曹操，又作檄痛骂袁绍。裁书，草写文书。蛇虺（huǐ）：毒蛇，借指凶残狠毒之人。 [7] 时君：当时的君主。 [8] 消息：指斟酌考虑。

[点评]

魏晋南北朝时，朝代更迭、君臣换位如同转轮，士大夫在“何事非君”和“不屈二姓”之间常常面临艰难的选择。颜之推认为，自从春秋时代以来，“家有奔亡、国有吞灭”是常事，因此君臣之间也没有什么不可改变的名分。不过，君臣之间还是要有底线的。君子之间即使绝交了也不能恶语相向，不能投了新主就谩骂旧主。文人有时候身不由己，写文章必须遵从君命，这也是一大祸患，对此不能不仔细斟酌，认真思量。

　　或问扬雄曰："吾子少而好赋？"雄曰："然。童子雕虫篆刻[1]，壮夫不为也[2]。"余窃非之曰：虞舜歌《南风》之诗[3]，周公作《鸱鸮》之咏[4]，吉甫、史克《雅》《颂》之美者[5]，未闻皆在幼年累德也[6]。孔子曰："不学《诗》[7]，无以言。""自卫返鲁[8]，乐正，《雅》《颂》各得其所。"大明孝道[9]，引《诗》证之。扬雄安敢忽之也？若论"诗人之赋丽以则，辞人之赋丽以淫"[10]，但知变之而已，又未知雄自为壮夫何如也？著《剧秦美新》，妄投于阁，周章怖慑[11]，不达天命，童子之为耳。桓谭以胜老子[12]，葛洪以方仲尼[13]，使人叹息。此人直以晓算术，解阴阳，故著《太玄经》，数子为所惑耳；其遗言余行，孙卿、屈原之不及[14]，安敢望大圣之清尘[15]？且《太玄》今竟何用乎[16]？不啻覆酱瓿而已。

[注释]

[1] 雕虫篆刻：雕琢虫书，篆写刻符。比喻微不足道的技能。 [2] 壮夫：指成年人。 [3]“虞舜”句：据《礼记·乐记》说，上古之时，舜作五弦之琴，以歌《南风》。 [4]“周公”句：据《毛诗序》说，周武王去世后，成王年幼，于是周公摄政。当时有流言说周公想篡位，成王也不明周公之意，于是周公作《鸱鸮》诗以表心志。 [5]“吉甫”句：据《毛诗序》说，《大雅》中《崧高》《蒸民》《韩奕》《江汉》，都是尹吉甫赞美周宣王的诗。《鲁颂》中《駉》一篇，是史克歌颂僖公而作。 [6] 累德：对德行有损害。 [7]“孔子”二句：据《论语·季氏》记，陈亢问孔子之子伯鱼：“你有受到老师特别的教诲吗？”伯鱼回答说：“没有。只不过有次他独自站在庭院中，我快步从他身边走过，他问：‘学《诗》了吗？’我回答说：‘没有。’他说：‘不学《诗》，无以言。’我就回去学《诗》。” [8]“自卫返鲁”以下三句：见《论语·子罕》。 [9]“大明孝道”二句：孔子为曾子讲授孝道，撰述《孝经》，每章之末，都引《诗》加以证明。 [10]“诗人之赋”二句：见《法言·吾子》。丽以则，华丽而合乎法度。丽以淫，华丽而过度放纵。 [11] 周章怖慑（shè）：仓皇惊惧的样子。 [12] 桓谭（约前 23—56）：字君山，东汉时人。博学多通，遍习五经，喜非毁俗儒。著有《新论》。《后汉书》有传。 [13] 葛洪（283—363）：字稚川，自号抱朴子，东晋著名道教理论家、炼丹家和医药学家。 [14] 孙卿：荀子（约前 313—前 238），名况，两汉时因避汉宣帝询名讳称“孙卿”，战国末期儒家学派的代表人物。著有《荀子》一书传世。 [15] 清尘：指高洁的遗风。 [16]“不啻”句：据《汉书·扬雄传》载，刘歆观《太玄》，对扬雄说：“空自苦！今学者有禄利，然尚不能明《易》，又如《玄》何？吾恐后人用覆酱瓿也。”覆酱瓿（bù），比喻著作的价值不为人所认识。覆，盖。酱瓿，酱缸。

［点评］

　　此段专论扬雄的文章和人品。扬雄为汉代大儒，少年好学，长于辞赋，博览群书。游历长安，为大司马王音门下史。汉成帝时，得到同乡杨庄推荐，入奏《甘泉》《河东》等赋，授给事黄门侍郎，修书于天禄阁。王莽篡位后，刘歆之子因谋反被杀，扬雄怕受牵连，便从天禄阁上跳下，差点死掉。他仿《论语》作《法言》，仿《易经》作《太玄》。有人讥笑他，他便写了一篇《解嘲》。为了宽慰自己，又写了一篇《逐贫赋》。刘歆看到扬雄的《太玄》，不以为然，对他说："你真是白白使自己受苦！现在学者有利禄诱惑，还不能通晓《易》，何况《玄》？我怕后人只能用它来盖酱油坛子。"扬雄笑而不答。扬雄死后，有人嘲笑扬雄不是圣人却敢作经，好比春秋时吴、楚君主僭位称王，这是灭族绝后之罪。桓谭却对扬雄的书评价极高，认为凡人贵远贱近，以貌取人，不知其书的价值。其实扬子的书义理深邃，符合圣人之言，如果遇到明君圣主，再经时贤智者阅读，受到他们称道，必定超过诸子。扬雄早期以辞赋闻名，晚年却鄙薄辞赋，主张一切言论应当以五经为准，而"辞赋非贤人君子诗赋之正"，贬低为"童子雕虫篆刻，壮夫不为"。其实他评论辞赋创作是欲讽反劝，提出"诗人之赋丽以则，辞人之赋丽以淫"的看法，把楚辞和汉赋的优劣得失加以区别。在《法言》中，他主张文学应当宗经、征圣，以儒家著作为典范，这对刘勰的《文心雕龙》颇有影响。颜之推认为年轻时吟诗作赋并不见得妨碍德行，并举虞舜、周公、尹吉甫、史克、孔子这些圣贤为例。扬雄成年之后又做得如何呢？他写了献媚王莽的《剧秦美新》，又曾经从天禄阁往下跳，处事惊慌失措，不能乐天知命，倒像小孩子似的。而桓谭认为他胜过老子，葛洪把他和孔子相提并论，实在令人叹息。颜之推认为扬雄只不过通晓阴阳术数，写下《太玄》，人们被他迷惑了。他的言辞、德行，连荀子和屈原都比不上，怎么能和孔子、老子相提并论？他的《太玄》有什么用？只能拿去盖酱油坛子。

《北齐书·刘逖传》："逖远离乡家，倦于羁旅，发愤自励，专精读书。"又："亦留心文藻，颇工诗咏。"

齐世有席毗者[1]，清干之士[2]，官至行台尚书，嗤鄙文学[3]，嘲刘逖云[4]："君辈辞藻，譬若荣华[5]，须臾之玩，非宏才也；岂比吾徒千丈松树，常有风霜，不可凋悴矣[6]！"刘应之曰："既有寒木，又发春华，何如也？"席笑曰："可哉！"

[**注释**]

[1] 席毗：北齐将领。　[2] 清干：清廉干练。　[3] 嗤鄙：看不起。　[4] 刘逖：字子长，北齐曾任中书侍郎、给事黄门侍郎、修国史、仁州刺史等职。因与崔季舒等人劝阻后主去晋阳，被权贵所杀。　[5] 荣华：盛开的花朵。　[6] 凋悴：凋谢。

[**点评**]

北朝武人多胡化，文武矛盾很深。武人席毗认为文士的文章辞藻就像开放的花朵，只能供人片刻赏玩，算不得栋梁之才；只有我们这些武人像千丈松树，常历风霜，却不会凋落枯败。文士刘逖则回答，既要寒木不凋，又要春华吐艳，调和文武之争，综合文武之长。

凡为文章，犹人乘骐骥[1]，虽有逸气，当以衔勒制之[2]，勿使流乱轨躅[3]，放意填坑岸也[4]。文章当以理致为心肾[5]，气调为筋骨[6]，事义为皮肤[7]，华丽为冠冕。今世相承，趋末弃本，率多浮艳[8]。辞与理竞，辞胜而理伏；事与才争，事繁而才损。放逸者流宕而忘归[9]，穿凿者补缀而不足[10]。时俗如此，安能独违？但务去泰去甚耳[11]。必有盛才重誉，改革体裁者，实吾所希[12]。

王利器《集解》引黄叔琳曰："南北朝文章之弊，两言道尽。"

[**注释**]

[1]骐骥：良马。 [2]衔勒：马嚼口和马络头，借指节制、法度。 [3]轨躅（zhú）：车轮碾过的辙迹，引申为法度、规范。 [4]放意：肆意。坑岸：深沟。 [5]理致：指作品中的思想。 [6]气调：气韵，才调。 [7]事义：指作品所运用的典故，即"用事"。 [8]浮艳：浮华艳丽。 [9]流宕（dàng）：流浪放荡，不受约束。 [10]补缀：修修补补。 [11]去泰去甚：意指适中而不过度。 [12]希：希望。

[点评]

颜之推以人的"心肾""筋骨""皮肤""冠冕"来比喻，强调作文章要做到"理致""气调""事义""华丽"相统一。其中最重要的是"理致"，其他几项都是为"理致"服务的，不能舍本逐末，辞胜于理，浮艳有余而理致不足。刘勰《文心雕龙·附会》篇说："夫才量学文，宜正体制，必以情志为神明，事义为骨髓，辞采为肌肤，宫商为声色；然后品藻玄黄，摛振金玉，献可替否，以裁厥中，斯缀思之恒数也。"所论与颜之推大体相近。

古人之文，宏材逸气，体度风格[1]，去今实远；但缉缀疏朴[2]，未为密致耳[3]。今世音律谐靡[4]，章句偶对[5]，讳避精详[6]，贤于往昔多矣。宜以古之制裁为本[7]，今之辞调为末[8]，并须两存，不可偏弃也[9]。

[注释]

[1]体度：体态风度，指体裁。　[2]缉缀：指撰写文章。疏朴：粗疏质朴。　[3]密致：严密细致。　[4]谐靡：和谐靡丽。　[5]章句：指文章的句式。偶对：对偶。　[6]讳避：避讳。　[7]制裁：体裁。　[8]辞调：词句音调。　[9]偏弃：偏废。

[点评]

颜之推所谓"古人之文"，大体上指汉魏之前而言。

魏晋以后，骈体文兴起，作文讲究对仗的工整和声律的铿锵，易于讽诵。因其常用四字句、六字句，故也称"四六文""骈体文"或"骈四俪六"。南朝时，这种文风愈演愈烈，刘勰《文心雕龙》批评说："俪采百字之偶，争价一句之奇。"专尚骈俪，片面讲究辞藻华丽，文格当然趋于卑靡。所以颜之推主张文章的体度风格应当效法古人，而音律辞调则以今人为胜，作文章要二者兼备，不可偏废。

　　吾家世文章，甚为典正[1]，不从流俗，梁孝元在蕃邸时[2]，撰《西府新文》[3]，讫无一篇见录者，亦以不偶于世[4]，无郑、卫之音故也[5]。有诗、赋、铭、诔、书、表、启、疏二十卷，吾兄弟始在草土[6]，并未得编次，便遭火荡尽，竟不传于世。衔酷茹恨[7]，彻于心髓！操行见于《梁史·文士传》及孝元《怀旧志》[8]。

《礼记·乐记》："魏文侯问于子夏曰：'吾端冕而听古乐，则惟恐卧；听郑卫之音，则不知倦。'"《南史·萧惠基传》："宋大明以来，声伎所尚多郑、卫，而雅乐正声，鲜有好者。"

[注释]

[1] 典正：典雅平正。　[2] 蕃邸：诸侯的宅第，这里指湘东王府。　[3]《西府新文》：梁元帝委托萧淑编纂的臣僚之文。《隋书·经籍志》著录《西府新文》十一卷，梁萧淑撰。西府，指江陵。时荆州居西部要冲，故称江陵为西府。　[4] 不偶于世：指不合时宜。　[5] 郑、卫之音：原指春秋战国时郑、卫等国的民间音乐，后泛指淫靡的音乐或靡丽的文风。　[6] 在草土：指居丧。　[7] 衔

酷茹恨：指心怀悲痛。　　[8]《梁史》：南朝陈领军大著作郎许亨撰，五十三卷。《怀旧志》：南朝梁元帝萧绎撰，九卷。见《隋书·经籍志》。

[点评]

　　齐梁文士往往崇尚华丽的辞藻，缺少深微的情志寄托和真情实感的抒发，片面追求形式美。梁简文帝萧纲主张："立身之道与文章异：立身先须谨重，文章且须放荡。"梁元帝萧绎也说："至如文者，维须绮縠纷披，宫徵靡曼，唇吻遒会，情灵摇荡。"于是上行下效，文章情调低下，风格柔靡。唐初陈子昂批评说："汉魏风骨，晋宋莫传"，"齐梁间诗，彩丽竞繁，而兴寄都绝"，"逶迤颓靡，风雅不作"。颜协、颜之推父子虽然周旋于其间，却坚持"典正"的文风，在当时可谓一股清流。

　　沈隐侯曰[1]："文章当从三易：易见事，一也；易识字，二也；易读诵，三也。"邢子才常曰[2]："沈侯文章，用事不使人觉，若胸臆语也[3]。"深以此服之。祖孝徵亦尝谓吾曰[4]："沈诗云：'崖倾护石髓[5]。'此岂似用事邪？"邢子才、魏收俱有重名，时俗准的[6]，以为师匠。邢赏服沈约而轻任昉[7]，魏爱慕任昉而毁沈约，每于谈宴，辞色以之。邺下纷纭，各有朋党。祖孝徵尝谓吾曰："任、沈之是非，乃邢、魏之优劣也。"

［注释］

[1]沈隐侯：沈约（441—513），字休文，出身吴兴沈氏。学问渊博，精通音律，与周颙等创"四声""八病"之说。历仕宋、齐、梁三朝，为南朝文坛领袖。著有《晋书》《宋书》《齐纪》等。 [2]邢子才：即邢邵，北魏、北齐大臣、著名文人。 [3]胸臆：内心。 [4]祖孝徵：即祖珽，东魏、北齐时期大臣、文人。 [5]石髓：石钟乳。 [6]准的：标准。 [7]任昉（460—508）：字彦升，刻苦好学，才华横溢，知名乡里。南朝齐时为竟陵王萧子良的记室参军，司徒右长史。南朝梁时任御史中丞、秘书监、新安太守等。

［点评］

南朝齐、梁之际，沈约为文坛领袖。他不仅学问渊博，文史兼长，而且精通音律，与周颙等创"四声八病"之说，为当时韵文创作开辟了新境界。在诗文创作上，沈约提倡文章"三易"说，纠正当时作文章用典过多、语言晦涩的文风，对于引领正确的文学发展方向起到了积极的作用。沈约不仅在南朝有重名，在北朝也不乏邢邵、祖珽那样的知音。颜之推对"三易"说深为叹服，后人也对此多有称赞。如清人黄叔琳说："古今文章，不出难易两途，终以易者为得，与'辞达而已矣'之旨差近也。"徐时栋也说："吾生平最服此语，以为此自是文章家正法眼藏。故每作文，偶以比事，须用僻典，亦必使之明白畅晓，令读者虽不知本事，亦可会意，至于难

《北齐书·魏收传》："始收与温子升、邢邵稍为后进，邵既被疏出，子升以罪幽死，收遂大被任用，独步一时，议论更相訾毁，各有朋党。收每议陋邢邵文，邵又云：'江南任昉，文体本疏，魏收非直模拟，亦大偷窃。'收闻，乃曰：'伊常于沈约集中作贼，何意道我偷任昉？'任、沈俱有重名，邢、魏各有所好。武平中，黄门郎颜之推以二公意问仆射祖珽，珽答曰：'见邢、魏之臧否，即是任、沈之优劣。'"

字拗句，则一切禁绝之。世之专以怪涩自矜奥博者，真不知其何心也。"

《吴均集》有《破镜赋》[1]。昔者，邑号朝歌[2]，颜渊不舍；里名胜母，曾子敛襟：盖忌夫恶名之伤实也。破镜乃凶逆之兽，事见《汉书》，为文幸避此名也。比世往往见有和人诗者，题云"敬同"。《孝经》云："资于事父以事君而敬同。"不可轻言也。梁世费昶诗云[3]："不知是耶非。"殷沄诗云[4]："飘飖云母舟[5]。"简文曰："旭既不识其父[6]，沄又飘飖其母。"此虽悉古事，不可用也。世人或有文章引《诗》"伐鼓渊渊"者[7]，宋书已有"屡游"之诮。如此流比[8]，幸须避之。北面事亲[9]，别舅摛《渭阳》之咏；堂上养老[10]，送兄赋"桓山"之悲，皆大失也。举此一隅，触途宜慎[11]。

[注释]

[1] 吴均（469—520）：字叔庠。出身贫寒，好学有俊才。沈约见其文，倍加称赏。南朝梁时累官至奉朝请。通史学，私撰《齐春秋》，注范晔《后汉书》等。武帝又令撰《通史》，为文清拔，工于写景，尤以小品书札见长，诗亦清新，为时人仿效，号称"吴

破镜，兽名，即獍。《史记·孝武本纪》："后人复有上书，言'古者天子常以春秋解祠，祠黄帝用一枭破镜'。"裴骃《集解》引孟康曰："枭，鸟名，食母；破镜，兽名，食父。"故不祥。

《文心雕龙·指瑕》："至于比语求蚩，反音取瑕，虽不屑于古，而有择于今焉。"王利器认为"是耶"之"耶"为父，"云母"之"母"为母，即"比语求蚩"之证；下文"伐鼓"，又"反音取瑕"之证，这些都是属于所谓"讳避精详"。

均体"。　　[2]"邑号朝(zhāo)歌"以下四句：据《史记·鲁仲连邹阳列传》："县名胜母，而曾子不入；邑号朝歌，而墨子回车。"司马贞《索隐》："《淮南子》及《盐铁论》并云'里名胜母，曾子不入'，盖以名不顺故也。"朝歌，商朝国都。敛襟，整饬衣襟以示恭敬。　　[3]费昶：原作"费旭"。刘盼遂认为当作"费魁"，王利器认为当作"费昶"。《南史·何思澄传》："昶善为乐府，又作鼓吹曲，武帝重之。"　　[4]殷沄：卢文弨认为"殷沄"疑是"殷芸"，《梁书》有传：殷芸字灌蔬，陈郡长平人。励精勤学，博洽群书，为昭明太子侍读。　　[5]飘飏(yáo yáng)：飘荡。飘，抱经堂本作"飘"，下同。　　[6]"旭既"句：南朝民间称"父"为"耶"，故诗中言"是耶非"为对父不敬。　　[7]"世人"二句：王利器《集解》引李慈铭说："案《金楼子》(杂记上)云：'宋玉戏太宰'屡游'之谈，流连反语，遂有鲍照'伐鼓'、孝绰'布武'、韦粲'浮柱'之作。'此处'宋书'，本亦作'宋玉'。"伐鼓，反语为"腐骨"，正言是佳词，反语则不祥。　　[8]如此流比：诸如此类。　　[9]"北面"二句：据《诗经·秦风·渭阳》序，该诗是秦康公送舅晋文公于渭水北，思念亡母而作。若母亲尚存，别舅歌《渭阳》，则非常不妥。北面，面向北。古礼，臣拜君，卑幼拜尊长，都面向北行礼。摛(chī)：铺陈。　　[10]"堂上养老"二句："桓山之悲"典出《孔子家语·颜回篇》，本来讲的父死而卖子。若父尚健在，而送兄引用"桓山"之事，则大为不妥。　　[11]触途：随处。

[**点评**]

文人吟诗作文，往往好用古语、古事，但如果用得不当，反而贻笑大方。因此必须明白这些古语、古事的本义是什么，原来在什么场合使用，才不至于误用。

曹植《与杨德祖书》:"仆尝好人讥弹其文,有不善者,应时改定。昔丁敬礼常作小文,使仆润饰之。仆自以才不能过若人,辞不为也。敬礼谓仆:'卿何所疑难,文之佳恶,吾自得之,后世谁相知定吾文者邪?'吾尝叹此达言,以为美谈。"

江南文制[1],欲人弹射[2],知有病累[3],随即改之,陈王得之于丁廙也[4]。山东风俗,不通击难[5]。吾初入邺,遂尝以此忤人,至今为悔;汝曹必无轻议也。

[注释]

[1] 文制:指创作文章。　[2] 弹射:指摘、批评。　[3] 病累:指不妥之处。　[4] 陈王:即陈思王曹植。丁廙:字敬礼。博学有才,因与曹植亲善,被文帝曹丕所杀。　[5] 击难:攻击责难。

[点评]

《周易》说:"君子以朋友讲习。"《学记》也说:"独学而无友,则孤陋而寡闻。"朋友有责善之谊,故文章写成之后,请友人提点意见,对提高自己的写作水平是有益的。但南北风尚不同,南朝文人相对来说更大度一点,能够虚心接受批评,而北朝山东风俗则比较保守,不喜欢别人指手画脚,故颜之推以自己亲身经历告诉子孙不要轻议别人的文章。

凡代人为文,皆作彼语,理宜然矣。至于哀伤凶祸之辞,不可辄代。蔡邕为胡金盈作《母灵表颂》曰[1]:"悲母氏之不永[2],然委我而夙丧。"又为胡颢作其父铭曰[3]:"葬我考议郎君。"《袁三公颂》曰："猗欤我祖[4]，出自有妫[5]。"王粲《为潘文则思亲诗》云："躬此劳悴，鞠予小人[6]；庶我显妣[7]，克保遐年[8]。"而并载乎邕、粲之集，此例甚众。古人之所行，今世以为讳。陈思王《武帝诔》[9]，遂深"永蛰"之思；潘岳《悼亡赋》[10]，乃怆"手泽"之遗：是方父于虫，匹妇于考也。蔡邕《杨秉碑》云："统大麓之重[11]。"潘尼《赠卢景宣诗》云[12]："九五思飞龙[13]。"孙楚《王骠骑诔》云："奄忽登遐[14]。"陆机《父诔》云："亿兆宅心[15]，敦叙百揆。"《姊诔》云："倪天之妹[16]。"今为此言，则朝廷之罪人也。王粲《赠杨德祖诗》云[17]："我君饯之，其乐洩洩。"不可妄施人子，况储君乎？

《文心雕龙·指瑕》："古来文才，异世争驱，或逸才以爽迅，或精思以纤密；而虑动难圆，鲜无瑕病。陈思之文，群才之俊也，而《武帝诔》云：'尊灵永蛰。'《明帝颂》云：'圣体浮轻。''浮轻'有似于胡蝶，'永蛰'颇疑于昆虫，施之尊极，岂其当乎！左思《七讽》，说孝而不从，反道若斯，馀不足观矣。潘岳为才，善于哀文；然悲内兄则云'感口泽'，伤弱子则云'心如疑'。礼文在尊极，而施之下流，辞虽足哀，义斯替矣。"所言可与颜氏之说互参。

［注释］

[1]胡金盈：东汉名臣胡广之女。《母灵表颂》：见《蔡中郎集》，名《太傅安乐侯胡公夫人灵表》。　[2]不永：寿命不长久。　[3]胡颢：胡广之孙，名宁，官议郎。　[4]猗欤（yī yú）：感叹词。　[5]有妫（guī）：妫姓是中国上古八大姓之一，与姚姓皆出自五帝之一的虞舜（舜帝生于姚墟而居于妫水）。　[6]鞠（jū）：抚育。　[7]显妣：对亡母的美称。　[8]遐年：意为高龄，长寿。　[9]"陈思王"二句：曹植《武帝诔》说："潜闷一扃，

董逌《广川书跋》卷五:"秦、汉以后,禁忌稍严,文气日益凋丧,然未若后世之纤密周细,求人功罪于此也。昔《左氏》书'子皮即位',叔向言'罕乐得其国';叶公作《顾命》,楚、汉之际为《世本》者用之;潘岳奉其母,称'万寿以献觞';张永谓其父枢'大行届道';孙盛谓其父'登遐';萧惠开对刘成'甚如慈旨';竟陵谓顾宪之曰:'非君无以闻此德音。'鲍照于始兴王,则谓:'不足宣赞圣旨。'晋武诏山涛曰:'若居谅闇,情在难夺。'夫顾命、大行、谅闇、德音,后世人臣不得用之。其以'朕'自况,与称'臣'对客,自汉已绝于此,况后世多忌,而得用耶?"

尊灵永蛰。"动物在冬天潜伏起来,不食不动,称为"蛰"。"永蛰"一般用来形容昆虫,不宜用来指父死。　[10]"潘岳《悼亡赋》"二句:潘岳《皇女诔说》:"披览遗物,徘徊旧居,手泽未改,领腻如初。"手泽,指先辈手摸过留下的痕迹。故代指先辈遗物,用于皇女不妥。　[11]"蔡邕"二句:《尚书·舜典》:"纳于大麓,烈风雷雨弗迷。"用于大臣身上不妥。大麓,指总领天子之事。　[12]潘尼:字正叔,与堂叔潘岳俱以文章知名,并称"两潘"。　[13]九五思飞龙:《周易·乾卦》:"九五,飞龙在天,利见大人。"九五,君位;飞龙,是圣人起而为天子,故不可泛用。　[14]奄忽:忽然。登遐:一般指天子去世,用于普通人不合适。《礼记·曲礼下》:"告丧曰天王登假。"假,读为"遐"。　[15]"亿兆宅心"二句:一般用于天子,不宜用于人臣。敦叙,亲睦和顺。百揆,指各种政务。　[16]倪(qiàn)天之妹:《诗经·大雅·大明》:"大邦有子,倪天之妹。"意即大国有一个女儿,好比天上的仙子。此语不宜用于普通人。倪,如同,好比。妹,一本作"和"。　[17]"我君"二句:据《左传·隐公元年》,郑庄公平定了叔段叛乱后,便把母亲武姜安置在城颍,并且发誓说:"不到黄泉,不再相见!"但过了一年多就后悔了,后在颍考叔的建议下"掘地见母",郑庄公进入地宫,赋诗说:"大隧之中,其乐也融融!"武姜出来赋诗说:"大隧之外,其乐也泄泄!"母子和好如初。颜之推认为"泄泄"不宜用子女身上,何况是太子。泄(yì)泄,和乐的样子。储君,指太子。

[点评]

代人作文,从道理上讲一般要采用别人的口气说话。如果代人作哀祭类文章,尤其需要谨慎,否则容易犯忌讳。汉代蔡邕、王粲替人作的这类文章很多,收在他们的文集之中，在后世看来就不太恰当。另外，使用古语也要谨慎，像曹植以"永蜇"表示对父亲的思念，潘岳以"手泽"指亡妻的遗物，前者是将父亲比作虫子，后者则将亡妻等同于父亲了。至于有些特定语言，专用于君王或特定场合，如果乱用，就非常不妥。

挽歌辞者，或云古者《虞殡》之歌[1]，或云出自田横之客[2]，皆为生者悼往告哀之意。陆平原多为死人自叹之言[3]，诗格既无此例，又乖制作本意。凡诗人之作，刺箴美颂[4]，各有源流，未尝混杂，善恶同篇也。陆机为《齐讴篇》，前叙山川物产风教之盛，后章忽鄙山川之情，殊失厥体[5]。其为《吴趋行》，何不陈子光、夫差乎[6]？《京洛行》，胡不述赧王、灵帝乎[7]？

崔豹《古今注》卷中："《薤露》《蒿里》，并丧歌也，出田横门人。横自杀，门人伤之，为之悲歌。""至孝武时，李延年乃分为二曲：《薤露》送王公贵人，《蒿里》送士大夫、庶人，使挽柩者歌之，世呼为挽歌。"

[注释]

[1]《虞殡》之歌：古时送葬歌曲。　[2]田横：原为齐国贵族，秦末反秦自立，兄弟三人先后占据齐地为王。汉高祖刘邦统一天下后，田横不肯称臣于汉，率五百门客逃往海岛，刘邦派人招抚，田横被迫乘船赴洛，在途中自杀。海岛五百部属闻田横死，亦全部自杀。　[3]陆平原：陆机，因作过平原内史，世称"陆平原"。　[4]刺箴美颂：讥刺用箴体，赞美用颂体。　[5]厥：其。　[6]陈：陈述。子光：即春秋时吴王阖庐，名光。夫差：阖庐之子。　[7]赧王：即周赧王，周朝的亡国之君。灵帝：即汉灵

帝刘宏。在位期间，宦官专政，政治腐败，终致天下大乱。

自古宏才博学，用事误者有矣；百家杂说，或有不同，书傥湮灭[1]，后人不见，故未敢轻议之。今指知决纰缪者[2]，略举一两端以为诫。《诗》云："有鷕雉鸣[3]。"又曰："雉鸣求其牡[4]。"《毛传》亦曰[5]："鷕，雌雉声。"又云："雄之朝雊[6]，尚求其雌。"郑玄注《月令》亦云[7]："雊，雄雉鸣。"潘岳赋曰："雉鷕鷕以朝雊。"是则混杂其雄雌矣。

见《诗经·邶风·匏有苦叶》。

郝懿行《颜氏家训斠记》："郑注《月令》，今本无'雄'字，而云：'雊，雉鸣也。'《说文》亦云：'雊，雄雉鸣。'疑颜氏所见古本有'雄'字，而今本脱之欤？"

[注释]

[1] 湮（yān）灭：消失，毁灭。　[2] 决：确定无疑。纰缪（pī miù）：错误。　[3] 鷕（yǎo）：雌野鸡的叫声。　[4] 牡（mǔ）：雄性，此指雄野鸡。　[5]《毛传》：即《毛诗故训传》，是现存最早的、完整的《诗经》注本，以解释字义为主，其章句训诂大抵取自先秦群籍，保存了许多古义。　[6] 雊（gòu）：雄野鸡的鸣叫声。　[7]《月令》：《礼记》篇名。所记为农历十二个月的时令、行政及相关事物。

见《诗经·小雅·常棣》。

《诗》云："孔怀兄弟[1]。"孔，甚也；怀，思也，言甚可思也。陆机《与长沙顾母书》，述从

祖弟士璜死，乃言："痛心拔脑，有如孔怀。"心
既痛矣，即为甚思，何故言"有如"也？观其此
意，当谓亲兄弟为"孔怀"。《诗》云："父母孔
迩[2]。"而呼二亲为"孔迩"，于义通乎？

见《诗经·周
南·汝坟》。

[**注释**]

[1]孔怀：极其思念。　[2]迩：近。

《异物志》云[1]："拥剑状如蟹，但一螯偏大
尔[2]。"何逊诗云[3]："跃鱼如拥剑。"是不分鱼、
蟹也。

[**注释**]

[1]《异物志》：东汉议郎李孚撰，见《隋书·经籍志》。　[2]螯
（áo）：螃蟹等节肢动物的第一对大脚，形状像钳子。　[3]何逊：
字仲言，东海郯（今山东郯城）人，南朝梁时官至尚书水部郎。
八岁即能赋诗作文。诗与阴铿齐名，合称"阴何"；文与刘孝绰齐
名，世称"何刘"。其诗善于写景，工于炼字，多作不平之鸣。

《汉书》："御史府中列柏树，常有野鸟数千，
栖宿其上，晨去暮来，号朝夕鸟。"而文士往往
误作乌鸢用之[1]。

方以智《通
雅》卷二四："今
称御史为乌台，以
《朱博传》'御史府
中列柏木，常有野
鸟数千'也。于文
定泥《颜氏家训》，
以为'鸟'误作
'乌'。智案：唐宋
来皆用乌府，考
《汉书》原作'乌'
字，或颜氏别见一
本耶？"

［注释］

[1] 乌鸢（yuān）：乌鸦和老鹰。

赵曦明注："案，《庄子·天下篇》目'惠施多方'而下，因述施之言而辨正之。郭象注云：'昔吾未览《庄子》，尝闻论者争夫尺捶、连环之意，而皆云庄生之言。案此篇较评诸子，至于此章，则曰其道舛驳，其言不中，乃知道听途说之伤实也。'则郭注本分明，颜氏讥之，误也。"

《抱朴子》说项曼都诈称得仙[1]，自云："仙人以流霞一杯与我饮之，辄不饥渴。"而简文诗云[2]："霞流抱朴碗。"亦犹郭象以惠施之辨为庄周言也。

［注释］

[1]《抱朴子》：东晋葛洪著，分内篇、外篇。葛洪《自叙》说，《内篇》言神仙方药、鬼怪变化、养生延年、禳灾却祸，属道家；《外篇》言人间得失，世事臧否，属儒家。项曼都：传说得道成仙。　[2] 简文：即南朝梁简文帝萧纲。

见《后汉书·崔骃传》。

《后汉书》："囚司徒崔烈以银铛锁[1]。"银铛，大锁也；世间多误作金银字。武烈太子亦是数千卷学士[2]，尝作诗云："银锁三公脚，刀撞仆射头。"为俗所误。

［注释］

[1] 银铛锁：铁锁链。　[2] 武烈太子：即南朝梁元帝长子萧方等，元帝即位，改谥武烈世子。

文章地理，必须惬当[1]。梁简文《雁门太守行》乃云："鹅军攻日逐[2]，燕骑荡康居[3]，大宛归善马[4]，小月送降书[5]。"萧子晖《陇头水》云[6]："天寒陇水急，散漫俱分泻，北注徂黄龙，东流会白马。"此亦明珠之颣[7]，美玉之瑕，宜慎之。

王利器《集解》："此及《雁门太守行》所侈陈之地理，皆以夸张手法出之，颜氏以为文章瑕颣，未当。"

[**注释**]

[1]惬（qiè）当：恰如其分，合乎情理。　[2]鹅军：古代军阵名。据《左传·昭公二十一年》载，宋公子城与华氏战于赭丘，"郑翩愿为鹳，其御愿为鹅。"杜预注："鹳、鹅，皆阵名。"日逐：匈奴王号，地位低于左贤王。　[3]康居：西域古国名。　[4]大宛：西域古国名，盛产名马。　[5]小月：即小月氏，西域古国名。　[6]萧子晖：字景光，南朝齐高帝萧道成之孙。博览书史，有文才。《隋书·经籍志》著录《梁萧子晖集》九卷。　[7]颣（lèi）：丝上的结，引申为毛病、缺点。

[**点评**]

以上数则，颜之推指出诗人用事不当的事例，说明写诗作文宜认真推敲，不可草率。

王籍《入若耶溪》诗云[1]："蝉噪林逾静，鸟鸣山更幽。"江南以为文外断绝[2]，物无异议[3]。简文吟咏，不能忘之，孝元讽味，以为不王士禛《古夫于亭杂录》卷六："颜之推标举王籍'蝉噪林逾静，鸟鸣山更幽'，以为自《小雅》'萧萧马鸣，悠悠旆旌'得来；此神契语也。学古人勿袭形模，正当寻其文外独绝处。"

可复得，至《怀旧志》载于《籍传》。范阳卢询祖[4]，邺下才俊，乃言："此不成语，何事于能？"魏收亦然其论。《诗》云："萧萧马鸣[5]，悠悠旆旌。"《毛传》曰："言不喧哗也。"吾每叹此解有情致，籍诗生于此耳。

[注释]

[1] 王籍：字文海，琅邪临沂（今山东临沂北）人。有文才，南朝梁天监末任湘东王萧绎咨议参军，迁中散大夫等。诗学谢灵运，因其《入若耶溪》一诗而享誉诗史。《南史·王籍传》称"时人咸谓康乐之有王籍，如仲尼之有丘明，老聃之有庄周"。 [2] 断绝：指无与伦比。《梁书·文学传》作"独断"。 [3] 物：指人。 [4] 卢询祖：范阳涿县（今河北涿州）人。仕北齐为太子舍人。有口辩，好臧否人物，文章华靡。 [5] "萧萧马鸣"二句：见《诗经·小雅·车攻》。萧萧，形容马叫声。悠悠，旌旗飘扬的样子。旆旌（pèi jīng），旌旗。

邢邵《萧仁祖集序》："萧仁祖之文，可谓雕章间出。昔潘、陆齐轨，不袭建安之风；颜、谢同声，遂革太原之气。自汉逮晋，情赏犹自不谐；江北、江南，意制本应相诡。"

兰陵萧悫[1]，梁室上黄侯之子，工于篇什[2]。尝有《秋诗》云："芙蓉露下落，杨柳月中疏。"时人未之赏也。吾爱其萧散[3]，宛然在目。颍川荀仲举、琅邪诸葛汉[4]，亦以为尔。而卢思道之徒[5]，雅所不惬[6]。

［注释］

[1] 萧悫：字仁祖，南朝梁上黄侯萧晔之子。工于诗咏。天保中入北齐，为太子洗马，待诏文林馆。卒于隋。　　[2] 篇什：指诗文。　　[3] 萧散：指自然洒脱。　　[4] 荀仲举：字士高。初仕南朝梁为南沙令。北齐时入文林馆，除符玺郎。后出为义宁太守。工诗咏，词甚悲切，世称其美。诸葛汉：祖籍琅邪（今山东临沂市北），北齐时入文林馆撰书。《隋书》有传。　　[5] 卢思道（535—586）：字子行，范阳涿县（今河北涿州）人。师从邢邵。历仕北齐、北周，入隋为武阳郡太守、散骑侍郎。聪明善辩，通脱不羁。诗作承袭齐梁余风。　　[6] 不惬（qiè）：不喜欢。

何逊诗实为清巧[1]，多形似之言[2]；扬都论者[3]，恨其每病苦辛，饶贫寒气，不及刘孝绰之雍容也[4]。虽然，刘甚忌之，平生诵何诗，常云："'蓬车响北阙'[5]，懵懵不道车[6]。"又撰《诗苑》，止取何两篇，时人讥其不广。刘孝绰当时既有重名，无所与让；唯服谢朓，常以谢诗置几案间，动静辄讽味。简文爱陶渊明文，亦复如此。江南语曰："梁有三何，子朗最多。"三何者，逊及思澄、子朗也[7]。子朗信饶清巧。思澄游庐山，每有佳篇，亦为冠绝[8]。

黄伯思《东观馀论》卷下《跋何水曹集后》云："古人论诗，但爱逊'露滋寒塘草，月映清淮流'，及'夜雨滴空阶，晓灯暗离室'为佳，殊不知逊秀句若此者殊多"，"而颜黄门谓其'每病苦辛，饶贫寒气'，无乃太贬乎？"

《南齐书·谢朓传》："朓善草隶，长五言诗，沈约常云：'二百年来无此诗也。'"

[注释]

[1]清巧：清新奇巧。 [2]形似：生动形象。 [3]扬都：指南朝都城建业（今江苏南京）。 [4]雍容：从容不迫的样子。 [5]蘧车：蘧伯玉的车，比喻人知礼而贤能。蘧伯玉，春秋时卫国贤大夫。事见《列女传·卫灵夫人》。 [6]懂（huà）懂：古怪的样子。 [7]思澄：何思澄，字元静，东海郯人。少勤学，工文辞。起家为南康王侍郎，累迁安成王左常侍，兼太学博士，平南安成王行参军，兼记室。子朗：何子朗，字世明。早有才思，工清言，与族人思澄、逊俱擅文名。历官员外散骑侍郎，出为固山令，卒。 [8]冠绝：出类拔萃。

[点评]

颜之推对王籍、萧悫、何逊、刘孝绰等人的诗作进行了评论。王籍与谢灵运齐名，史称"时人咸谓康乐之有王籍，如仲尼之有丘明，老聃之有庄周"。王籍的名句"蝉噪林逾静，鸟鸣山更幽"，用"蝉噪"和"鸟鸣"来衬托山林的幽静，是典型的"以动显静"的手法，因此广为世人传诵。不过颜之推认为《诗经》"萧萧马鸣，悠悠旆旌"诗句，用马的嘶鸣、旌旗的飘动来烘托"不喧哗"的情境，王籍是从这里获得的启发。至于颜之推评萧悫之诗"萧散"，何逊之诗"轻巧"但多"苦辛""饶贫寒气"，不及刘孝绰"雍容"，虽然代表了他个人的阅读体验，但也在一定程度上揭示了这些诗人诗歌创作风格的主要特点。

名实第十

名之与实，犹形之与影也。德艺周厚[1]，则名必善焉；容色姝丽[2]，则影必美焉。今不修身而求令名于世者[3]，犹貌甚恶而责妍影于镜也[4]。

《逸周书·谥法解》："名与实爽曰谬。"《左传·襄公二十四年》：令名，"德之舆也；恕思以明德，则令名载而行之。"

[注释]
[1]德艺：德行才艺。周厚：周全深厚。　[2]容色：容貌。姝丽：秀丽。　[3]令名：美名。　[4]妍影：丽影。

[点评]
在本篇中，颜之推专门讨论"名"与"实"的关系。一般来说，名随实至，实至名归，名之与实，如影随形。德行周全，才艺深厚，名声必佳。如果不重视修身正己，想要在世上获得好的名声，正如一个人容貌丑陋却想要

在镜子中照出美丽的影子，是不可能的。因此"实"为根本，"名"为"实"的外在反映。

上士忘名，中士立名，下士窃名。忘名者，体道合德，享鬼神之福祐，非所以求名也；立名者，修身慎行，惧荣观之不显[1]，非所以让名也；窃名者，厚貌深奸[2]，干浮华之虚称[3]，非所以得名也。

《庄子·逍遥游》："圣人无名。"《庄子·天运》："老子曰：'名，公器也，不可多取。'"《逸周书·官人解》："规谏而不类，道行而不平，曰窃名者也。"

[注释]

[1]荣观：好名声。　[2]厚貌深奸：貌似忠厚，心怀奸诈。　[3]干：谋求。浮华：外表华丽，却空虚无实。

[点评]

颜之推把对"名"的态度分上、中、下三等。在他看来，最高的境界是"忘名"，自身和道德融为一体，不刻意去求名。其次是立名，通过提高自身的修养，谨慎小心地行事，留下好的名声。《左传》所谓"立德、立言、立功"，都属于"立名"。而最下等的则是"窃名"，欺世盗名，貌似忠厚，心怀奸诈。历史上大奸大恶之人，有许多都是如此，因此对于这类人要格外小心。

人足所履，不过数寸，然而咫尺之途，必颠蹶于崖岸[1]，拱把之梁[2]，每沉溺于川谷者，何哉？为其旁无余地故也。君子之立己^[3]，抑亦如之。至诚之言，人未能信，至洁之行，物或致疑，皆由言行声名，无余地也。吾每为人所毁^[4]，常以此自责。若能开方轨之路^[5]，广造舟之航，则仲由之言信^[6]，重于登坛之盟^[7]，赵熹之降城^[8]，贤于折冲之将矣^[9]。

《左传·哀公十四年》："小邾射以句绎来奔，曰：'使季路要我，吾无盟矣。'使子路，子路辞。季康子使冉有谓之曰：'千乘之国，不信其盟，而信子之言，子何辱焉？'对曰：'鲁有事于小邾，不敢问故，死其城下可也。彼不臣而济其言，是义之也，由弗能。'"

[注释]

[1]颠蹶：跌落。崖岸：山崖、堤岸。　[2]拱把之梁：指很小的桥。　[3]立己：立身。　[4]毁：诋毁。　[5]方轨：两车并行，比喻宽阔。　[6]仲由：孔子弟子子路，字仲由，以信守诺言著称。　[7]登坛之盟：古时会盟、拜将等都要设坛举行隆重仪式。　[8]赵熹：东汉时人，以讲信义著称。据《后汉书·赵熹传》，更始帝刘玄即位，派遣柱天将军李宝招降舞阴大姓李氏。李氏不肯，说："听说宛县赵氏有一位后人叫赵熹，信义著闻，他如能来，我就投降。"于是派赵熹去舞阴，李氏遂降。　[9]折冲：使敌人的战车后撤，指打败敌军。

[点评]

为人处世，要留有余地。如果人没有诚信，即使说出最诚实的话，别人往往也是不相信的；做出最高洁的行为，别人也会产生怀疑。因为说这类言论、做这种行动的人没有留余地。一个人的诚信非常重要，说话真实可信，胜似登坛结盟的誓约，赛过却敌致胜的将军。

"诚于此者形于彼",见《孔子家语·屈节解》。对此语素来有两种解释:一为施诚于此而远者化之,一为内诚而外化。结合上下文,颜氏的理解似为后一种。

白居易《放言五首》(之三):"赠君一法决狐疑,不用钻龟与祝蓍。试玉要烧三日满,辨材须待七年期。周公恐惧流言日,王莽谦恭未篡时。向使当初身便死,一生真伪复谁知?"

吾见世人,清名登而金贝入[1],信誉显而然诺亏[2],不知后之矛戟[3],毁前之干橹也[4]。宓子贱云[5]:"诚于此者形于彼。"人之虚实真伪在乎心,无不见乎迹,但察之未熟耳。一为察之所鉴,巧伪不如拙诚[6],承之以羞大矣[7]。伯石让卿[8],王莽辞政[9],当于尔时,自以巧密;后人书之,留传万代,可为骨寒毛竖也[10]。近有大贵,以孝著声,前后居丧,哀毁逾制[11],亦足以高于人矣。而尝于苫块之中[12],以巴豆涂脸[13],遂使成疮,表哭泣之过。左右童竖[14],不能掩之,益使外人谓其居处饮食,皆为不信。以一伪丧百诚者,乃贪名不已故也。

[注释]

[1]金贝:指金钱。　[2]然诺:许诺,答应。　[3]矛戟:矛和戟,属进攻性兵器。　[4]干橹:干为小盾牌,橹为大盾牌,二者都是防御性武器。　[5]宓子贱:孔子弟子,名不齐,字子贱,曾为单父宰。宓,又作"宓"。　[6]"巧伪"句:巧妙掩饰的虚伪不如笨拙不加掩饰的真实。　[7]"承之以羞"句:《周易·恒卦》有"不恒其德,或承之羞"之语,意即不能经常保有其德行,羞辱就会到来。　[8]"伯石"句:伯石是春秋时郑国大夫,他假意推辞太史对自己的任命。　[9]"王莽"句:指西汉末王莽假意推辞担任大司马一事。　[10]骨寒毛竖:指心惊胆战。　[11]哀毁

逾制：哀痛的举动超出了礼制的要求。　[12]苫（shān）块：古代居丧时以干草为席，土块为枕，称为"苫块"。　[13]巴豆：巴豆树的干燥成熟果实，涂在脸上有腐蚀作用。　[14]童竖：僮仆。

[点评]

　　世上有些人在树立起清白的名声之后，就把金钱财宝弄来装入腰包；在信誉显扬之后，就不再信守诺言。人的虚实真伪虽然原本于内心，但也会从他的形迹中显露出来，一旦别人通过考察来鉴别，那么他蒙受的羞辱就大了。颜之推列举了春秋时代的伯石、汉朝的王莽为例，这些人都自以为事情做得机巧缜密，后人把他们的言行记载下来，留传万代，让人读后为之毛骨悚然。当时有位大官，以孝顺闻名，却在居丧时，用巴豆涂抹脸部，使脸上长出疮疤，以此表示他哭泣得多么厉害。这事被僮仆传扬出来，人们就再也不相信他的所谓孝心了。颜之推提出"巧伪不如拙诚"，因为一个人在一件事情上作了假，即使做一百件诚实的事情，别人也不会相信了，这就是因为贪求名声不知满足而造成的后果。

　　有一士族，读书不过二三百卷，天才钝拙[1]，而家世殷厚[2]，雅自矜持[3]，多以酒犊珍玩[4]，交诸名士，甘其饵者，递共吹嘘[5]。朝廷以为文华[6]，亦尝出境聘[7]。东莱王韩晋明笃好文学[8]，疑彼制作，多非机杼[9]，遂设宴言[10]，面相讨试。

竟日欢谐[11]，辞人满席[12]，属音赋韵[13]，命笔为诗，彼造次即成[14]，了非向韵。众客各自沉吟，遂无觉者。韩退叹曰："果如所量！"韩又尝问曰："玉珽杼上终葵首[15]，当作何形？"乃答云："葵头曲圜[16]，势如葵叶耳[17]。"韩既有学，忍笑为吾说之。

《礼记·玉藻》郑玄注："终葵首者，于杼上又广其首，方如椎头。"《周礼·考工记》郑玄注："齐人谓椎曰终葵。"是古以"终葵"为椎形之证。而张华《博物志》卷二："人食终葵，为狗所啮，疮不差，或致死。"《尔雅翼》卷四："古者葵称露葵，又终葵，一名繁露。"可见"终葵"又为草名。韩氏不知"终葵"为锥形，而解以"葵叶"，故颜之推讥之。

[注释]

[1]钝拙：愚笨。　[2]殷厚：富有。　[3]矜持：指自诩甚高。　[4]酒犊：酒和小牛，泛指馈赠之物。珍玩：财宝。　[5]递：相继。　[6]文华：文采。　[7]聘：指出使他国。　[8]韩晋明：北齐名士，封东莱王，见《北齐书·韩轨传》。　[9]机杼：比喻诗文创作中的构思和布局。机，织布机。杼，织梭。　[10]宴言：宴会叙谈。　[11]竟日：终日，一整天。欢谐：欢乐融洽。　[12]辞人：指能吟诗作文的人。　[13]属音赋韵：指作诗。　[14]造次：仓促。　[15]玉珽（tǐng）：玉笏板上半截的宽度略作削减，最上端呈方锥形。玉珽，玉笏，古时朝臣上朝时所执的手板。杼上，把上端渐渐削减。终葵，一种方头椎，上宽下窄。　[16]曲圜：弯曲。　[17]葵叶：终葵的叶子，此人以"终葵"为草名。

[点评]

良好的名声必须要有真才实学作为支撑，而不能靠收买、吹嘘。颜之推以一位士家子弟为例，那人本来没有读过几本书，也没有多少天分，却凭借殷实的家资，

用酒食、财宝结交名士，凡是得到他好处的人，都争相
吹捧他，甚至骗过了朝廷。但也有明眼人看出来那人并
没有多少才学，只要简单一试，他就露出了马脚，成为
别人的笑柄。

治点子弟文章[1]，以为声价[2]，大弊事也。
一则不可常继，终露其情[3]；二则学者有凭[4]，
益不精励。

[注释]

[1]治点：润色修改。　[2]声价：名声和社会地位。　[3]情：
真相。　[4]凭：依凭。

[点评]

颜之推不反对文章写好之后多征求别人的意见进行
修改，但他不主张代替子弟修改润饰文章，以此来抬高
他们的声名。认为这是特别糟糕的事，一则因为你不可
能一直替他们代劳，终有露出马脚的时候；二则因为初
学者自认为有了依靠，就越发不去努力勤奋钻研了。

邺下有一少年，出为襄国令，颇自勉笃[1]。
公事经怀[2]，每加抚恤，以求声誉。凡遣兵役，
握手送离，或赍梨枣饼饵[3]，人人赠别，云："上
命相烦，情所不忍；道路饥渴，以此见思。"民

《孟子·万章下》："伯夷目不视恶色，耳不听恶声，非其君不事，非其民不使，治则进，乱则退，横政之所出，横民之所止，不忍居也。思与乡人处，如以朝衣朝冠，坐于涂炭也。当纣之时，居北海之滨，以待天下之清也。故闻伯夷之风者，顽夫廉，懦夫有立志。"

《论语·微子》："柳下惠为士师，三黜。人曰：'子未可以去乎？'曰：'直道而事人，焉往而不三黜？枉道而事人，何必去父母之邦？'"

《论语·卫灵公》："直哉史鱼！邦有道，如矢。邦无道，如矢。"

庶称之，不容于口。及迁为泗州别驾，此费日广，不可常周[4]，一有伪情，触途难继[5]，功绩遂损败矣。

[注释]

[1]勉笃：勤勉笃实。　[2]经怀：用心。　[3]赍（jī）：送东西给人。　[4]周：充足。　[5]触途：随处，各处。

[点评]

博取好的名声，还需量力而行，留有余地。颜之推所举的邺下少年，在担任襄国县令时能够勤勉踏实，体恤下属，凡派遣本地男丁去服兵役，他都要亲自前去握手送别，又向服役的人赠送礼品，好言安抚，百姓们因此都很称颂他。但这样做事，难以持久，一旦无法做到，过去的劳绩也就随之被抹杀了。

或问曰："夫神灭形消，遗声余价[1]，亦犹蝉壳蛇皮，兽远鸟迹耳[2]，何预于死者，而圣人以为名教乎？"对曰："劝也[3]，劝其立名，则获其实。"且劝一伯夷，而千万人立清风矣[4]；劝一季札[5]，而千万人立仁风矣；劝一柳下惠[6]，而千万人立贞风矣；劝一史鱼[7]，而千万人立直风矣。故圣人欲其鱼鳞凤翼[8]，杂沓参差[9]，不

绝于世，岂不弘哉？四海悠悠，皆慕名者，盖因
其情而致其善耳。抑又论之，祖考之嘉名美誉，
亦子孙之冕服墙宇也[10]，自古及今，获其庇荫
者亦众矣。夫修善立名者，亦犹筑室树果[11]，
生则获其利，死则遗其泽。世之汲汲者，不达此
意，若其与魂爽俱升[12]，松柏偕茂者，惑矣哉！

[注释]

[1]遗声余价：指遗留下来的名声。　[2]迒（háng）：野兽留
下的足迹。　[3]劝：劝勉。　[4]清风：清廉之风。　[5]季札：
春秋时吴国公子，让国不居，以仁贤著称。　[6]柳下惠：春秋时
鲁国大夫，以恪守礼节著称。　[7]史鱼：春秋时卫国大夫，以正
直敢言著称。　[8]鱼鳞：卢文弨《补注》疑当作"龙鳞"。　[9]杂
沓参差：意指纷杂繁多不齐。　[10]冕服墙宇：衣帽和房屋，借
指祖上遗留下来的东西。　[11]筑室树果：修造房屋，栽种果
树。　[12]魂爽：魂魄精神。

[点评]

在本篇之末，颜之推对于"名"的社会作用进行了
论述，回答了"人为什么要立名"的问题。他认为圣人
之所以"以名为教"，主要是为了激励世人积极向善，形
成良好的社会风气。一个人要树立好的名声，必须在实
际行动上做出可以与之相符的事情。因此，勉励人们向
伯夷学习，就能够树立起清白的社会风气；勉励人们向

季札学习，就能够树立起仁爱的社会风气；勉励人们向柳下惠学习，就能够树立起坚贞的社会风气；勉励人们向史鱼学习，就可以树立起刚直的社会风气。世人一般都是爱慕名声的，应当根据他们的这种情感而加以引导。更进一步说，祖父辈的美好名声和荣誉，就像冠冕服饰和高墙大厦，子孙们从中得到它的庇荫。那些广行善事以树立名声的人，就如同建筑房屋、栽种果树一样，活着时能得到好处，死后也可把恩泽施及子孙。相反，那些只知道追逐实利的人，就不懂得这个道理；他们死后，不可能有什么好的名声；子孙也不可能从他们那里获得福报。因此，通过"修善立名"，不仅有利于社会，而且也有利于家族。

涉务第十一

士君子处世，贵能有益于物耳，不徒高谈虚论，左琴右书，以费人君禄位也。国之用材，大较不过六事：一则朝廷之臣，取其鉴达治体[1]，经纶博雅[2]；二则文史之臣，取其著述宪章[3]，不忘前古；三则军旅之臣，取其断决有谋，强干习事[4]；四则藩屏之臣[5]，取其明练风俗[6]，清白爱民；五则使命之臣[7]，取其识变从宜[8]，不辱君命；六则兴造之臣，取其程功节费[9]，开略有术[10]。此则皆勤学守行者所能辨也。人性有长短，岂责具美于六途哉？但当皆晓指趣[11]，能守一职，便无愧耳。

孔门弟子根据其学业特长分为德行、言语、政事、文学四科。颜氏所说"朝廷之臣"相当于"政事"，"文史之臣"相当于"文学"，"使命之臣"相当于"言语"。

《周易·屯卦》象曰："云雷屯，君子以经纶。"《中庸》："惟天下至诚，为能经纶天下之大经。"

[注释]

[1]鉴达治体：通晓治国之道。 [2]经纶博雅：满腹经纶，学识渊博。 [3]宪章：效法。 [4]强干：精明干练。习事：知晓军事。 [5]藩屏之臣：保卫国家的重臣。 [6]明练：熟悉。 [7]使命：担负出使之命。 [8]识变从宜：随机应变。 [9]程功节费：考核工程节省费用。 [10]开略：开源节流。 [11]指趣：宗旨，意义。

[点评]

颜之推在本篇中针对当时贵族士大夫华而不实的风气，批评贵游子弟"多迂诞浮华，不涉世务"，"治官则不了，营家则不办"，不仅对于国家无补，对于身家也无益。因此鲜明提出"士君子处世，贵能有益于物"，要做一个对社会有用的人。他把人才分为六种类型，认为只要能够成为其中之一，就可以无愧于世了。

吾见世中文学之士，品藻古今 [1]，若指诸掌，及有试用，多无所堪。居承平之世 [2]，不知有丧乱之祸；处庙堂之下 [3]，不知有战陈之急 [4]；保俸禄之资，不知有耕稼之苦；肆吏民之上，不知有劳役之勤，故难以应世经务也 [5]。晋朝南渡，优借士族 [6]；故江南冠带 [7]，有才干者，擢为令仆已下尚书郎中书舍人已上 [8]，典掌机要。其余文义之士，多迂诞浮华 [9]，不涉世务；纤微过失，又惜行捶楚，所以处于清高，盖护其短也。至于台阁令史[10]，主书监帅[11]，诸王签省[12]，并晓习吏用，济办时须[13]，纵有小人之态，皆可鞭杖肃督[14]，故多见委使[15]，盖用其长也。人每不自量，举世怨梁武帝父子爱小人而疏士大夫，此亦眼不能见其睫耳。

　　郎官起自东汉，当时地位不高，常被上司捶楚责罚，士大夫耻为此职。自魏晋以来，郎官地位逐渐提高，多为贵游之弟担任，因此即使有过失，也常常被宽容。

［注释］

　　[1]品藻古今：谈古论今。　[2]承平：太平相承。　[3]庙堂：朝廷。　[4]战陈：这里指战争。　[5]应世经务：应付世事，处理政务。　[6]优借：优待宽容。　[7]冠带：戴冠束带，借指士族。　[8]令仆：尚书令和仆射，为尚书台正副主管，辅佐皇帝处理政务。尚书郎：在皇帝左右起草文书。中书舍人：中书省属官，起草诏令，参与机密。　[9]迂诞：迂阔荒诞。浮华：华而不实。　[10]台阁：指尚书台。令史：兰台尚书属官，居郎之下，掌文书事务。　[11]主书：主管文书的官吏。监帅：监督军务的官员。　[12]签省：典签之类官吏，为诸侯王或地方官掌管机要。　[13]"并晓习吏用"二句：都熟悉官吏工作，处理急需事务。　[14]肃督：整肃监督。　[15]委使：委派任用。

［点评］

　　颜之推批评那些以"文学"著称的人士，往往谈古论今，头头是道，但只会说而不会做，难以"应世经务"。晋朝南渡后，朝廷优待士族，对于那些有才干的人，就让他们担任尚书令、尚书仆射以下，尚书郎、中书舍人以上的高官，掌管国家机要大事。对于那些空谈文章的"迂诞浮华"之士，则给予清显的官职，不让他们接触实际事务。至于处理具体事务的吏职，则委任庶族人士担任。这样的制度安排，可以让士族子弟不会受到责罚，以保全他们的体面，但也造成他们的腐化堕落。

梁世士大夫，皆尚褒衣博带[1]，大冠高履，出则车舆，入则扶侍，郊郭之内[2]，无乘马者。周弘正为宣城王所爱[3]，给一果下马[4]，常服御之，举朝以为放达[5]。至乃尚书郎乘马，则纠劾之。及侯景之乱，肤脆骨柔，不堪行步，体羸气弱，不耐寒暑，坐死仓猝者，往往而然。建康令王复性既儒雅，未尝乘骑，见马嘶喷陆梁[6]，莫不震慑，乃谓人曰："正是虎，何故名为马乎？"其风俗至此。

[注释]

[1]褒衣博带：穿着宽大的衣服，系着宽阔的腰带。　[2]郊郭：城外，郊外。　[3]宣城王：南朝梁哀太子萧大器。　[4]果下马：一种矮小的马。因乘之可行于果树之下，故名。　[5]放达：指言行不受世俗礼法的拘束。　[6]嘶喷：嘘气嘶叫。陆梁：跳跃。

[点评]

　　梁武帝对士族子弟比较宽纵，因此梁朝士大夫以文弱为美，"褒衣博带，大冠高履"为时尚，"出则车舆，入则扶侍"，造成"肤脆骨柔，不堪行步，体羸气弱，不耐寒暑"，有人甚至连马都没有骑过。一旦遇上局势动荡，不要说救国安民，就是让他们保全自身，都难以做到。

　　古人欲知稼穑之艰难，斯盖贵谷务本之道也[1]。夫食为民天，民非食不生矣，三日不粒[2]，父子不能相存。耕种之，莇锄之[3]，刈获之[4]，载积之[5]，打拂之[6]，簸扬之，凡几涉手，而入仓廪，安可轻农事而贵末业哉[7]？江南朝士，因晋中兴[8]，南渡江，卒为羁旅[9]，至今八九世，未有力田[10]，悉资俸禄而食耳。假令有者，皆信僮仆为之，未尝目观起一墢土[11]，耘一株苗；不知几月当下[12]，几月当收，安识世间余务乎[13]？故治官则不了[14]，营家则不办[15]，皆优闲之过也。

《尚书·无逸》："先知稼穑之艰难。"孔安国传："稼穑，农夫之艰难，事先知之。"

《汉书·食货志上》："今背本而趋末食者甚众，是天下之大残也。"颜师古注："本，农业也；末，工商也。言人已弃农而务工商矣。"

[注释]

[1]贵谷务本：重视粮食，致力于农业生产。　[2]不粒：不吃饭。　[3]莇（hāo）：古同"薅"，除草。锄：即"锄"，农具名。　[4]刈（yì）获：收割，收获。　[5]载积：运载，堆放。　[6]打

拂：春打，脱粒。　[7]末业：指商业。　[8]中兴：指国家由衰退而复兴。　[9]羁旅：指流落他乡。　[10]力田：努力从事农业生产。[11]墢（fá）：耕地翻起的土块。　[12]下：播种。　[13]余务：其他事务。　[14]治官：做官。　[15]营家：经营家庭。

[**点评**]

在传统农业社会中，粮食是国家的命脉；重视农业生产，是中国古代的一个优良传统。历代王朝都要"劝民力田"，即鼓励百姓努力耕作。汉文帝曾说："力田，为生之本也。"郦食其也说："王者以民人为天，而民人以食为天。"粮食不仅关系到国家兴亡，也关系到家族门第的兴衰。但南渡士族历经八九代人，只靠俸禄维持生计，或者只借僮仆之手进行生产，自己对耕田种地之事一概不过问。在颜之推看来，作为士族子弟，不能太悠闲清高，要知道稼穑之艰难，对农耕之事也要略知一二，这样无论是对于做官治民还是经营家庭都是有好处的。

省事第十二

铭金人云[1]："无多言，多言多败；无多事，多事多患。"至哉斯戒也！能走者夺其翼，善飞者减其指，有角者无上齿，丰后者无前足[2]，盖天道不使物有兼焉也。古人云："多为少善[3]，不如执一[4]；鼫鼠五能[5]，不成伎术[6]。"近世有两人[7]，朗悟士也[8]，性多营综[9]，略无成名，经不足以待问，史不足以讨论，文章无可传于集录，书迹未堪以留爱玩，卜筮射六得三[10]，医药治十差五，音乐在数十人下，弓矢在千百人中，天文、画绘、棋博，鲜卑语、胡书，煎胡桃油，炼锡为银，如此之类，略得梗概，皆不通熟。惜

刘向《说苑·敬慎》篇载《金文铭》："孔子之周，观于太庙。右陛之前，有金人焉。三缄其口，而铭其背曰"云云，《孔子家语·观周》所载与此大致相同。

《荀子·劝学》说："螣蛇无足而飞，鼫鼠五技而穷。"据说这种鼠"能飞不能上屋，能缘（攀爬）不能穷木，能游不能度谷，能穴（打洞）不能掩身，能走（奔跑）不能先人"。虽有五种能力，但都不能精。

乎，以彼神明[11]，若省其异端[12]，当精妙也。

[注释]

[1] 铭金人：即《金人铭》。《汉书·艺文志》载有《黄帝铭》六篇，今已亡。据学者考证，《金人铭》即为《黄帝铭》六篇之一。　[2] 丰后：后肢发达。　[3] 多为少善：做得多的，很少有做得好的。　[4] 执一：专注于一件事。　[5] 鼯（shí）鼠：鼯鼠一类的动物，亦称"大飞鼠"或"五技鼠"。　[6] 伎术：技术。　[7] 近世有两人：杭世骏《诸史然疑》之"北齐书"条、缪荃孙《云自在龛随笔》卷二"论史"条都认为指祖珽、徐之才两人。　[8] 朗悟：聪敏。　[9] 营综：经营综理。　[10] 卜筮：古代占问吉凶的两种方法，卜用龟甲，筮用蓍草。射：猜度。　[11] 神明：聪明才智。　[12] 异端：指不合正统的学问。

[点评]

省事，可作二解：一为减省事情，不要多事，少管闲事，少惹是非；二为懂事，明白事理，灵活机变，不把自己陷于险境。这两者都是身处乱世中保全身家的方法。颜之推举《金人铭》，告诫不要多言，多言则多受损；不要多事，多事则多祸患。一个人精力有限，学艺应当精专，不能兴趣广泛，各种学问只略知梗概，而不精熟，就难以成名。

上书陈事，起自战国，逮于两汉，风流弥广[1]。原其体度[2]：攻人主之长短，谏诤之徒也；

《说苑·臣术》："有能尽言于君，用则留之，不用则去之，谓之谏。用则可生，不用则死，谓之诤。有能比和同力，率群下相与强矫君，君虽不安，不能不听，遂解国之大患，除国之大害，成于尊君安国，谓之辅。有能亢君之命，反君之事，窃君之重，以安国之危，除主之辱，攻伐足以成国之大利，谓之弼。故谏、诤、辅、弼之人，社稷之臣也。"

讦群臣之得失[3]，讼诉之类也；陈国家之利害，对策之伍也；带私情之与夺[4]，游说之俦也[5]。总此四途[6]，贾诚以求位[7]，鬻言以干禄[8]。或无丝毫之益，而有不省之困[9]，幸而感悟人主，为时所纳，初获不赀之赏[10]，终陷不测之诛，则严助、朱买臣、吾丘寿王、主父偃之类甚众[11]。良史所书，盖取其狂狷一介[12]，论政得失耳，非士君子守法度者所为也。今世所睹，怀瑾瑜而握兰桂者[13]，悉耻为之。守门诣阙[14]，献书言计，率多空薄，高自矜夸，无经略之大体[15]，咸秕糠之微事[16]，十条之中，一不足采，纵合时务，已漏先觉，非谓不知，但患知而不行耳。或被发奸私[17]，面相酬证[18]，事途回穴[19]，翻惧愆尤[20]；人主外护声教[21]，脱加含养[22]，此乃侥幸之徒，不足与比肩也[23]。

《论语·子路》记：狂狷一介，"子曰：'不得中行而与之，必也狂狷乎！狂者进取，狷者有所不为也。'"包咸注："狂者进取于善道，狷者守节无为。"《尚书·秦誓》说："如有一介臣。"《释文》："一介，耿介一心端悫者。"

[注释]

[1] 风流：风气。　[2] 体度：体制。　[3] 讦（jié）：斥责别人的过失。　[4] 与夺：褒贬。　[5] 俦（chóu）：辈，类。　[6] 四途：四种情况。　[7] 贾（gǔ）诚：出卖忠诚。求位：求取官位。　[8] 鬻言：卖弄言说，摇唇鼓舌。干禄：求取俸禄。　[9] 不省：不理

解。　[10]不赀（zī）：不可计量。　[11]严助、朱买臣、吾丘寿王、主父偃：都是汉武帝时的大臣，因建言献策受到重用，但不得善终。　[12]狂狷：好高骛远和拘谨自守。　[13]"怀瑾瑜"二句：比喻拥有美德和才华。瑾、瑜都是美玉，兰、桂都是芳香的花木。　[14]守门诣阙：守在宫门、来到朝堂，指上书言事。　[15]经略：经营筹划。大体：大局。　[16]"秕糠"句：比较细小无关大局的事。秕糠，瘪谷和米糠。　[17]发：揭发。奸私：奸邪私情。　[18]面相酬证：当面对质。　[19]事途回穴：事情变化无常。　[20]翻惧愆尤：反而害怕被治罪。　[21]声教：声威教化。　[22]脱：假如。含养：包容。　[23]比肩：并肩为伍。

[点评]

　　颜之推此处专门阐述了明白事理的重要性，特别是向君主上书陈述意见时，更应当谨慎。他归纳了上书言事的四种情况：有指责君主短长的，有攻讦群臣得失的，有陈述国家利害的，有夹杂私人情感来党同伐异或妄加评判的。这些人的所作所为，都是靠出卖忠诚以谋取职位，靠危言耸听以求得利禄。他们所说的不仅没有什么益处，反而可能带来麻烦甚至杀身之祸，就像严助、朱买臣、吾丘寿王、主父偃等人一样。那些向君主上书献策的，往往空疏浅薄，自我吹嘘，并没有谋划国事的雄才大略，说的尽是些鸡毛蒜皮的小事，十条之中，没有一条有用。因此怀才抱德之士，都耻于做这种事。这些人都是些侥幸谋利之徒，是不值得与之比肩为伍的。

谏诤之徒，以正人君之失尔，必在得言之

地[1]，当尽匡赞之规[2]，不容苟免偷安，垂头塞耳；至于就养有方[3]，思不出位[4]，干非其任，斯则罪人。故《表记》云[5]："事君，远而谏，则谄也[6]；近而不谏，则尸利也[7]。"《论语》曰："未信而谏，人以为谤己也。"

《礼记·檀弓上》："事亲有隐而无犯，左右就养无方，服勤至死，致丧三年。事君有犯而无隐，左右就养有方，服勤至死，方丧三年。事师无犯无隐，左右就养无方，服勤至死，心丧三年。"

[注释]

[1]得言之地：指能够说话的位置。 [2]匡赞：匡正辅佐。 [3]就养：奉养。有方：有道，得法。 [4]思不出位：考虑事情不超过自己的职权范围。 [5]《表记》：《礼记》中的一篇。 [6]谄：谄媚。 [7]尸利：意即尸位素餐而无所作为。

[点评]

在专制君主面前，如何既要尽到自己的职责，又能保全自己，的确需要智慧。《周易》说："君子以思不出其位。"孔子说："不在其位，不谋其政。"曾子也说："君子思不出其位。"颜之推认为，侍奉人君应该有技巧，考虑问题不要超出自己的职位，不要去做自己职权范围之外的事情。处于谏诤之位的人，职责是纠正君主的过失，必须尽匡正辅佐之责，而不容许苟且偷安，低首装聋。当然，谏诤也要讲方法：如果自己与君主的关系本来就疏远却要去进谏，这种行为就如同献媚；与君主的关系本来就密切而不去进谏，那就是尸位素餐了。在没有取得对方信任的情况下就贸然去进谏，别人会认为你在毁谤他，恐怕会招来祸患。所以向君主进谏一定要慎之又慎。

君子当守道崇德，蓄价待时[1]，爵禄不登，信由天命。须求趋竞[2]，不顾羞惭，比较材能，斟量功伐[3]，厉色扬声[4]，东怨西怒；或有劫持宰相瑕疵，而获酬谢，或有喧聒时人视听[5]，求见发遣[6]；以此得官，谓为才力，何异盗食致饱，窃衣取温哉！世见躁竞得官者[7]，便谓"弗索何获"[8]；不知时运之来，不求亦至也。见静退未遇者，便谓"弗为胡成"；不知风云不与[9]，徒求无益也。凡不求而自得，求而不得者，焉可胜算乎！

《论语·尧曰》："不知命，无以为君子也。"孔安国注："命，谓穷达之分。"李康《运命论》："夫治乱，运也；穷达，命也；贵贱，时也。"

[注释]

[1] 蓄价待时：蓄积身价，等待时机。　[2] 须求趋竞：奔走索求。　[3] 斟量功伐：评论功劳大小。　[4] 厉色扬声：面带怒色高声叫喊。　[5] 喧聒：喧闹声刺耳。　[6] 发遣：委派官职。　[7] 躁竞：急于进取而争竞。　[8] 弗索何获：不去索取如何能得到。　[9] 风云不与：指时运未到。

[点评]

颜之推告诫子孙，君子应当坚守正道，崇尚德行，蓄积声望，等待时机。即使官爵俸禄不能上升，也应当听从天命的安排，不要不顾廉耻，自己去奔走索求。如果用不正当的手段得到官职，则与盗取食物来填饱自己的肚子，窃来衣服以求得自己的温暖没有什么两样。

　　齐之季世[1]，多以财货托附外家[2]，喧动女谒[3]。拜守宰者[4]，印组光华[5]，车骑辉赫[6]，荣兼九族[7]，取贵一时。而为执政所患，随而伺察，既以利得，必以利殆，微染风尘[8]，便乖肃正[9]，坑阱殊深[10]，疮痏未复[11]，纵得免死，莫不破家，然后噬脐[12]，亦复何及。吾自南及北，未尝一言与时人论身分也，不能通达[13]，亦无尤焉。

扬雄《太玄赋》："岂恃宠以冒灾兮，将噬脐之不及。"

[注释]

[1]季世：末年。　[2]外家：指外戚权贵。　[3]女谒：通过宫中得宠的女子干求请托。也指女宠。　[4]守宰：指地方长官。　[5]印组：印信和系印信的丝带。光华：光彩夺目。　[6]辉赫：光鲜耀眼。　[7]兼：遍及。九族：泛指亲属。　[8]微染风尘：稍微牵涉世间俗事。　[9]乖：违背。肃正：端正。　[10]坑阱：陷阱，圈套。　[11]疮痏（wěi）：溃疡，创伤。　[12]噬脐（shì qí）：自啮腹脐，指欲而不能，后悔不及。　[13]通达：飞黄腾达。

[点评]

北齐的末世，很多人把钱财托附给外家，通过宫中得宠女性去干求请托，获得官职，出门车高马大，光鲜华丽，似乎光宗耀祖，富贵一时。这种人难免招人忌恨。用钱财去求得的好处，也一定会因此招来祸害。《中庸》引孔子的话说："人皆曰'予知'，驱而纳诸罟擭陷阱之中，而莫之知辟（读避）也。"那些自以为聪明的人，落入陷阱而不自知，纵然免于一死，但无不因此而败家的，到那时再后悔，已经来不及了。

王子晋云[1]："佐饔得尝[2]，佐斗得伤。"此言为善则预[3]，为恶则去，不欲党人非义之事也[4]。凡损于物，皆无与焉。然而穷鸟入怀，仁人所悯；况死士归我，当弃之乎？伍员之托渔舟[5]，季布之入广柳[6]，孔融之藏张俭[7]，孙嵩之匿赵岐[8]，前代之所贵，而吾之所行也，以此得罪，甘心瞑目。至如郭解之代人报仇[9]，灌夫之横怒求地[10]，游侠之徒，非君子之所为也。如有逆乱之行，得罪于君亲者，又不足恤焉。

伍员托渔舟事，见《史记·伍子胥列传》。渔父载伍员渡江后，伍员将价值百金的佩剑赠给他，渔父说："楚国之法，得伍胥者赐粟五万石，爵执珪，岂徒百金邪！"不受。

季布入广柳事，见《史记·季布栾布列传》。

孔融藏张俭事，见《后汉书·郑孔荀列传》。

孙嵩匿赵岐事，见《后汉书·吴延史卢赵列传》。

[注释]

[1]王子晋：本名姬晋，字子乔。是周灵王的太子。好吹笙，作凤凰鸣，游伊洛间。传说死后成仙，即仙人王子乔。见《列仙传》。　[2]"佐饔"二句：帮助别人做菜可吃到美食，帮助别人打架会受到伤害。　[3]预：参与。　[4]党：结伙。　[5]伍员：即伍子胥，春秋时楚国人。父兄被楚平王杀害，他得渔父救助，

逃到吴国，领兵复仇。　[6]季布：本为项羽部将，曾多次围困刘邦。刘邦灭项羽后，曾悬赏千金追捕他，濮阳周氏将他藏在丧车中。广柳：古时运载棺柩的大车。　[7]张俭：字符节，东汉末年名士。因党锢之祸逃亡，得孔融帮助。　[8]赵岐（？—201）：字邠卿。因得罪宦官，出逃到北海，得到孙嵩的帮助，藏于孙家夹壁中达数年之久。　[9]郭解：字翁伯，汉代游侠，后被族灭。事见《史记·游侠列传》。　[10]灌夫（？—前131）：字仲孺，西汉人。任侠使气，被丞相田蚡弹劾，遭灭族。横怒：强横暴怒。

[点评]

　　孔子说："见善如不及，见不善如探汤。"颜之推也主张，看见别人做好事时就应该参与，看见有人做坏事时就应该回避。做人的最低要求，是不能害人。不过，颜之推也提倡见义勇为，像伍子胥被渔父搭救，季布被人藏于广柳车中，孔融掩护张俭，孙嵩藏匿赵岐，这些举动都是前人所崇尚的，也是他所仰慕的，即使因此而获罪，也心甘情愿，死而瞑目。但像郭解那样替人报仇，灌夫为人索要田产，这是游侠之士所做的事，不应该是君子所为。至于做出大逆不道的事，因此而受到惩处，那就不值得同情了。

　　亲友之迫危难也，家财己力，当无所吝；若横生图计[1]，无理请谒[2]，非吾教也。墨翟之徒[3]，世谓热腹[4]，杨朱之侣[5]，世谓冷肠；肠不可冷，腹不可热，当以仁义为节文尔。

　　卢文弨《补注》："仁者爱人，而施之有等；义者正己，而处之得宜。墨氏之兼爱，疑于仁而实害于仁；杨氏之为我，疑于义而实害于义，是以孟子必辞而辟之。"

[注释]

[1] 图计：图谋算计。　[2] 请谒：请托干谒。　[3] 墨翟：战国时墨家学派的创始人，主张兼爱、非攻。　[4] 热腹：热心肠。　[2] 杨朱：战国时魏国人，主张"为我"，重在爱己，与墨家相反。

[点评]

对于亲友的危难，应该尽家里的财产和自己的能力去接济，不要有所吝惜。不过，倘若有人图谋钱财，提出无理要求，那就没有必要去怜悯这种人。墨翟之徒提倡"兼相爱，交相利"，"摩顶放踵"以利人，世人认为他们是热心肠；而杨朱这些人则主张"为我"，拔一毛而利天下这样的事都不会去做，世人认为他们是冷心肠。心肠不能冷漠，但也不能太热。应当遵循仁义，节制自己的言行，以中庸处世。

　　四分历，又称"后汉四分历"，由编欣、李梵等创制，东汉章帝元和二年（公元 85 年）实施。规定一年（回归年）为 365 又 1/4 日，一月（朔望月）为 29 又 499/940 日，19 个太阴年插入 7 个闰月，因岁余为 1/4 日，故称四分历。到熹平四年（175），宗诚上书说，承其祖父宗绀所传历法，以 135 个月 23 食为法，乘除成月，从汉顺帝建康年（144）以上减 41，建康以来减 35，这就是"减分法"。

　　前在修文令曹[1]，有山东学士与关中太史竞历[2]，凡十余人，纷纭累岁，内史牒付议官平之[3]。吾执论曰："大抵诸儒所争，四分并减分两家尔[4]。历象之要[5]，可以晷景测之[6]；今验其分至薄蚀[7]，则四分疏而减分密。疏者则称政令有宽猛，运行致盈缩[8]，非算之失也；密者则云日月有迟速，以术求之，预知其度，无灾祥也[9]。用疏则藏奸而不信，用密则任数而违经[10]。且议官所知，不能精于讼者，以浅裁深，安有肯服？既非格令所司[11]，幸勿当也。"举曹贵贱，咸以为然。有一礼官，耻为此让，苦欲留连[12]，强加考核。机杼既薄[13]，无以测量，还复采访讼人，窥望长短，朝夕聚议，寒暑烦劳，背春涉冬，竟无予夺[14]，怨诮滋生[15]，赧然而退[16]，终为内史所迫：此好名之辱也。

[注释]

[1]"前在"句：指颜之推在北齐待诏文林馆时。修文，即修文殿，北齐时建，故址在今河北临漳县西南古邺南城宫内。 [2]竞历：争论历法。王利器认为此事应指武平七年（576）董峻、郑元伟立议非难天保历之事，见《隋书·律历志中》。 [3]内史：官名。隋代改中书省为内史省，改中书令为内史令。牒付：下达公文。 [4]四分：四分历。减分：减分历。 [5]历象：指推算观测天体的运行。 [6]晷景（guǐ yǐng）：晷表之投影，日影。 [7]分至：指春分、秋分、夏至、冬至。薄蚀：指日食、月食。 [8]盈缩：指岁星运行的位置偏差。 [9]灾祥：祸福。 [10]任数：顺应天数。违经：违背经义。 [11]格令：法令。司：掌管。 [12]留连：纠缠。 [13]机杼既薄：意即学问有限。 [14]予夺：指裁断。 [15]怨诮：埋怨指责。 [16]赧（nǎn）然：羞愧的样子。

[点评]

　　颜之推在北齐待诏文林馆时，曾参与了关于历法的讨论。当时争论的历法主要有"四分历"和"减分历"两家。"四分历"比较疏略，而"减分历"又过于细密。主张"四分历"的一方声称人间的政令有宽猛之别，天体的运行也随之不断变化，历法出现误差，并不是计算的问题；主张"减分历"的一方则认为日月的运行虽然有快慢，如果用正确的方法来推算，还是可以预先知道它们运行的轨迹度数，与灾祥无关。其实古代关于历法的争论，往往与政治纠缠在一起，如果采用比较疏略的"四分历"，就可能隐藏奸邪，被人利用，不真实可信；用太细密的"减分历"，虽然顺应了天数，比较真实，却又违背经义。因此，颜之推主张局外人最好不要去裁决。官署上下都认为颜之推说得有理，但有一个礼官偏不省事，以谦让为耻辱，不肯放手，非要去加以验证。可他又才疏学浅，无法实地进行观测，双方争论了很长时间，也没有个结果，由此引来了抱怨和讥诮，他只好红着脸羞愧地告退，最终受到长官的训斥。这就是好名而不自量所带来的耻辱，后人要引以为戒。

止足第十三

　　《礼》云："欲不可纵^[1]，志不可满。"宇宙可臻其极^[2]，情性不知其穷，唯在少欲知足，为立涯限尔^[3]。先祖靖侯戒子侄曰^[4]："汝家书生门户，世无富贵；自今仕宦不可过二千石^[5]，婚姻勿贪势家^[6]。"吾终身服膺^[7]，以为名言也。

[注释]

[1]"欲不可纵"二句：不可放纵欲望，不可自大自满。语见《礼记·曲礼上》。　[2]臻：达到。　[3]涯限：限度。　[4]先祖靖侯：颜之推九世祖颜含，见《治家篇》。　[5]二千石：汉代郡守俸禄为两千石，即月俸百二十斛，因此称郡守为二千石。　[6]势家：权势之家。　[7]服膺：铭记在心。

《老子》第十九章："见素抱朴，少私寡欲。"又第四十四章："知足不辱，知止不殆。"

《世说新语·贤媛》："王经少贫苦，仕至二千石，母语之曰：'汝本寒家子，仕至二千石，此可以止乎！'"与此相近。

［点评］

止足，就是知止、知足的意思。所谓知止、知足，按照颜之推的说法，就是做官、积财都要有个限度。人的欲望没有止境，不能"不知其穷"，而要"少欲知足"。颜氏先祖靖侯颜含告诫子侄，做官不要超过二千石，不要与权贵联姻。汉魏以来，社会动荡，世道险恶，做高官、享厚禄的人，往往难以保全。二千石相当于郡守，官位不高不低，相对来说比较安全。故颜氏把"仕宦不可过二千石"作为家训。

《周易·谦卦·象传》："天道亏盈而益谦，地道变盈而流谦，鬼神害盈而福谦，人道恶盈而好谦。"

《礼记·大学》："是故君子有大道，必忠信以得之，骄泰以失之。"

天地鬼神之道，皆恶满盈。谦虚冲损[1]，可以免害。人生衣趣以覆寒露[2]，食趣以塞饥乏耳。形骸之内，尚不得奢靡，己身之外，而欲穷骄泰邪[3]？周穆王、秦始皇、汉武帝[4]，富有四海，贵为天子，不知纪极[5]，犹自败累[6]，况士庶乎[7]？常以为二十口家，奴婢盛多，不可出二十人，良田十顷，堂室才蔽风雨，车马仅代杖策[8]，蓄财数万，以拟吉凶急速[9]。不啻此者[10]，以义散之；不至此者，勿非道求之。

［注释］

[1]冲损：淡泊谦让。　[2]趣：通"取"，仅仅。　[3]骄泰：骄恣放纵。　[4]周穆王：又称"穆天子"，姬姓，名满，西周第

五位君主，喜巡游。　[5]纪极：终极。　[6]败累：伤败。　[7]士庶：指普通人。　[8]杖策：拄杖。　[9]吉凶：指喜事和凶事，如婚、丧之类。急速：指紧急情况。　[9]不啻（chì）：不止，超过。

[点评]

颜之推强调"谦虚冲损，可以免害"。在物质生活方面，能够满足日常所需就行了，最忌奢靡。古代那些"富有四海，贵为天子"的人，尚且因为贪求不止而遭到败亡，何况普通人家？因此他告诫子孙，以一家二十口人计，仆人最多不超过二十人，良田只须十顷，房屋能挡风雨，车马可以代步，钱财能够应付急用。如果超出这个数目，就应该仗义疏财；没有达到这个数目，切勿用不正当的手段来求取。

本书《终制篇》可以与此互参。

仕宦称泰[1]，不过处在中品[2]，前望五十人，后顾五十人，足以免耻辱，无倾危也。高此者，便当罢谢，偃仰私庭[3]。吾近为黄门郎[4]，已可收退；当时羁旅[5]，惧罹谤讟[6]，思为此计，仅未暇尔[7]。自丧乱已来[8]，见因托风云[9]，徼幸富贵[10]，且执机权[11]，夜填坑谷，朝欢卓、郑[12]，晦泣颜、原者[13]，非十人、五人也。慎之哉！慎之哉！

司马迁《史记·货殖列传》："蜀卓氏之先，赵人也，用铁冶富。秦破赵，迁卓氏"，"致之临邛，大喜，即铁山鼓铸，运筹策，倾滇蜀之民，富至僮千人。田池射猎之乐，拟于人君。""程郑，山东迁虏也，亦冶铸，贾椎髻之民，富埒卓氏，俱居临邛。"

[**注释**]

[1]泰：安稳。　[2]中品：中等官位。　[3]偃仰：偃息俯仰，指悠闲的生活。　[4]黄门郎：即黄门侍郎。南朝后职掌机密，供皇帝备问，虽然秩仅六百石，却权势显重。　[5]羁旅：漂泊异乡。　[6]罹：遭受。谤讟（dú）：毁谤怨恨。　[7]未暇：没有机会。　[8]丧乱：死亡祸乱，指时局动乱。　[9]因托风云：指借助时势。　[10]徼（jiǎo）幸：同"侥幸"。　[11]机权：枢机大权。　[12]朔：月初。卓、郑：指汉代富豪卓氏、程郑。　[13]晦：月底。颜、原：指孔子弟子颜回、原宪，生活贫穷，不改其志。

[**点评**]

在做官方面，颜之推认为只可做到中品，"前望五十人，后顾五十人"，中等官位最安全。如果官做得太大，各种麻烦乃至祸患就会随之而至。那些借助时势青云直上的人，往往"旦执机权，夜填坑谷"，富贵如过眼烟云，这样的事例太多了。因此他告诫子孙对此一定要慎之又慎，知止知足，格外小心。

诫兵第十四

颜氏之先，本乎邹、鲁，或分入齐，世以儒雅为业，遍在书记[1]。仲尼门徒，升堂者七十有二[2]，颜氏居八人焉。秦、汉、魏、晋，下逮齐、梁，未有用兵以取达者[3]。春秋之世，颜高、颜鸣、颜息、颜羽之徒[4]，皆一斗夫耳。齐有颜涿聚[5]，赵有颜最[6]，汉末有颜良[7]，宋有颜延之[8]，并处将军之任，竟以颠覆[9]。汉郎颜驷[10]，自称好武，更无事迹。颜忠以党楚王受诛[11]，颜俊以据武威见杀[12]，得姓已来，无清操者[13]，唯此二人，皆罹祸败。

《急就篇》卷一"颜文章"颜师古注："颜氏本出颛顼之后。""周武王封其苗裔于邾，为鲁附庸，在鲁国邹县。其后邾武公名夷父，字曰颜，故《春秋公羊传》谓之颜公，其后遂称颜氏。齐、鲁之间，皆为盛族。孔子弟子达者七十二人，颜氏有八人焉。四科之首，回也标为德行。《韩子》称儒分为八，而颜氏处其一焉。汉有颜驷、颜异、颜安乐，以《春秋》名家。"据《史记·仲尼弟子列传》，孔子的颜氏弟子有：颜回（字子渊）、颜无繇（字路）、颜幸（字子柳）、颜高（字子骄）、颜祖（字襄）、颜之仆（字叔）、颜哙（字子声）、颜何（字冉）。《孔子家语·七十二弟子解》脱去"颜何"一人，"颜冉"作"颜称"，"颜高"作"颜刻"，"颜祖"作"颜相"。

[**注释**]

[1] 书记：指文献记载。　[2] 升堂：登上厅堂。比喻学问技艺已入门。　[3] 取达：获取高位。　[4] 颜高、颜鸣、颜息、颜羽：都是春秋时鲁国武士，事见《左传》。　[5] 颜涿聚：本为梁父之大盗，后学于孔子，为名人。见《吕氏春秋·孟夏纪·尊师篇》。　[6] 颜冣：战国时人，事见《史记·赵世家》。　[7] 颜良：汉末袁绍部属，后被关羽斩杀。事见《三国志·袁绍传》。　[8] 宋有颜延之：颜延之在南朝宋文帝元嘉年间做过步兵校尉，事见《宋书·颜延之传》。　[9] 颠覆：倾覆，失败。　[10] 颜驷：西汉人，事见《汉武故事》。　[11] 颜忠：东汉人，参与楚王刘英谋反，被杀。事见《后汉书·光武十王列传》。　[12] 颜俊：东汉末占据武威，被杀。事见《三国志·魏书·刘司马梁张温贾传》。　[13] 清操：清白的操守。

[**点评**]

在本篇中，颜之推告诫子孙不要靠崇尚军事来取得官职，获得富贵。他追述了家族的历史，说明颜姓家族世代以儒雅为业，有少数几人涉及军事则多无成就，甚至不得善终。在孔子弟子七十二人之中，颜氏即有八位，而颜回位列孔门弟子之首。战国、秦汉以来，颜氏名人辈出，没有人因为军事而著名。

　　顷世乱离[1]，衣冠之士[2]，虽无身手，或聚徒众，违弃素业[3]，徼幸战功[4]。吾既羸薄[5]，仰惟前代，故寘心于此[6]，子孙志之。孔子力翘门关[7]，不以力闻，此圣证也[8]。吾见今世士大夫，才有气干[9]，便倚赖之[10]，不能被甲执兵[11]，以卫社稷；但微行险服[12]，逞弄拳腕，大则陷危亡，小则贻耻辱[13]，遂无免者[14]。

《吕氏春秋·慎大览》："孔子之劲，举国门之关，而不肯以力闻。"《列子·说符》："孔子之劲，能拓国门之关，而不肯以力闻。"

[注释]

[1]乱离：遭乱世而流离。　[2]衣冠之士：指士大夫。　[3]违弃：放弃。素业：指一贯从事的儒雅之业。　[4]徼（jiǎo）幸：侥幸。　[5]羸薄：身体瘦弱单薄。　[6]真心：用心。真，同"置"。　[7]翘：举起。门关：即城门。　[8]圣证：圣人留下的榜样。　[9]气干：力气。　[10]倚赖：依赖。　[11]被（pī）甲执兵：穿上铠甲，手持兵器。　[12]微行：行踪神秘。险服：奇异的服装。　[13]贻：留下。　[14]免：免祸。

[点评]

魏晋以来，社会动荡，战乱频繁。有些士大夫放弃儒业，去求取战功。颜之推并不认同这种行为。他用前人好兵致祸的事例为戒，希望子子孙孙都要把心思放在读书治学上。又以孔子为例，力气可举起城门，却不以武功著称，这是圣人为后世树立的榜样。而那些到处逞弄拳术的人，大则身陷危亡，小则自讨耻辱，没有一个人得以幸免，这是历史的教训。

国之兴亡，兵之胜败，博学所至，幸讨论之。

入帷幄之中，参庙堂之上，不能为主尽规以谋社稷[1]，君子所耻也。然而每见文士，颇读兵书[2]，微有经略[3]。若居承平之世[4]，睥睨宫阃[5]，幸灾乐祸，首为逆乱，诖误善良[6]；如在兵革之时[7]，构扇反覆[8]，纵横说诱，不识存亡，强相扶戴[9]：此皆陷身灭族之本也。诚之哉！诚之哉！习五兵[10]，便乘骑[11]，正可称武夫尔。今世士大夫，但不读书，即称武夫儿，乃饭囊酒瓮也[12]。

《周礼·夏官·司兵》："掌五兵。"郑玄注："郑司农曰：'戈，殳，戟，酋矛，夷矛。'此车之五兵。步卒之五兵，则无夷矛，而有弓矢。"

《论衡·别通》："腹为饭坑，肠为酒囊。"《抱朴子·弹祢篇》说，祢衡游许下，"自公卿国士以下，衡初不称其官，皆名之云阿某，或以姓呼为某儿，呼孔融为大儿，呼杨修为小儿，苟或犹强可与语，过此以往，皆木梗泥偶，似人而无人气，皆酒瓮饭囊耳"。

[注释]

[1]尽规：尽力谋划。　[2]颇：稍稍。　[3]经略：谋略。　[4]承平：持续太平。　[5]睥睨（pì nì）：窥视。宫阃（kǔn）：帝王后宫，这里指皇位。　[6]诖（guà）误：贻误，连累。善良：好人。　[7]兵革之时：战时。　[8]构扇：挑拨、扇动。反覆：反叛。　[9]扶戴：扶立、拥戴。　[10]五兵：五种兵器，泛指各种兵器。　[11]便：擅长。　[12]饭囊酒瓮：即酒囊饭袋，借指只会吃饭饮酒，而无用处的人。

[点评]

颜之推认为，如果自己有广博的学识，也可以讨论国家的兴亡、战争的胜败。如果进入了决策机关，就得参与国政，若不能为君主分忧，为国家谋划，就该引以为耻。但有些文士，读了一点兵书，略知一点兵法，就伺机挑拨煽动，纵横游说，犯上作乱，看不清存亡的趋向，连累善良之人。这些行为都是招致丧身灭族的祸根，子孙一定要引以为戒。

养生第十五

神仙之事，未可全诬[1]；但性命在天，或难钟值[2]。人生居世，触途牵絷[3]：幼少之日，既有供养之勤，成立之年，便增妻孥之累[4]，衣食资须[5]，公私驱役[6]；而望遁迹山林[7]，超然尘滓[8]，千万不遇一尔。加以金玉之费，炉器所须[9]，益非贫士所办。学如牛毛，成如麟角[10]。华山之下，白骨如莽，何有可遂之理[11]？考之内教[12]，纵使得仙，终当有死，不能出世，不愿汝曹专精于此。

[**注释**]

[1] 诬：虚妄。　[2] 钟值：正好遇上。　[3] 牵絷（zhí）：牵

绊。 [4]妻孥：妻子儿女。 [5]资须：维持生计的必需品。 [6]驱役：役使。 [7]遁迹：隐居。 [8]尘滓：尘世污浊。 [9]炉器：指道士的炼丹炉等器具。 [10]麟角：借指稀见之物。 [11]遂：顺心如愿。 [12]内教：指佛教。

[点评]

　　魏晋南北朝时期道教兴盛，出现了陆修静、陶弘景、寇谦之等著名道教人士。道教注重养生，追求长生不老，得道成仙。本篇论述养生的问题，阐发了颜之推对生命、养生的见解。他对神仙之事虽然没有完全否定，但从儒家视角出发，认为人生在世，有许多事务要办，很难遁迹山林，超脱尘世。加之炼丹这样的事情，花费巨大，不是一般贫士所能办到的。从佛教观点说，即使能成仙，最终还是得死，不能摆脱尘世的羁绊，所以他不希望子孙致力于此事。

　　若其爱养神明，调护气息，慎节起卧，均适寒暄[1]，禁忌食饮，将饵药物[2]，遂其所禀，不为夭折者，吾无间然[3]。诸药饵法，不废世务也。庾肩吾常服槐实[4]，年七十余，目看细字，须发犹黑。邺中朝士，有单服杏仁、枸杞、黄精、术[5]、车前，得益者甚多，不能一一说尔。吾尝患齿，摇动欲落，饮食热冷，皆苦疼痛。见《抱

《抱朴子·极言篇》："养生之方：唾不及远，行不疾步。耳不极听，目不久视。坐不至久，卧不及疲。先寒而衣，先热而解。不欲极饥而食，食不过饱；不欲极渴而饮，饮不过多。不欲甚劳甚逸。冬不欲极温，夏不欲穷凉；大寒，大热，大风，大雾，皆不欲冒之。五味入口，不欲偏多。卧起有四时之早晚，兴居有至和之常制。忍怒以全阴气，抑喜以养阳气。然后先服草木以救亏缺，后服金丹以定无穷。"可与颜之推说互参。

朴子》牢齿之法[6]，早朝叩齿三百下为良；行之数日，即便平愈，今恒持之。此辈小术，无损于事，亦可修也。凡欲饵药，陶隐居《太清方》中总录甚备[7]，但须精审，不可轻脱[8]。近有王爱州在邺学服松脂，不得节度，肠塞而死。为药所误者甚多。

《周易参同契》："不得其理，难以妄言。竭殚家产，妻子饥贫。自古及今，好者亿人。讫不谐遇，希有能成。广求名药，与道乖殊。"

[注释]

[1] 寒暄：寒暖。　[2] 饵：服用。　[3] 吾无间然：我没有反对意见。　[4] 槐实：槐树的果实。《名医别录》说："槐实味酸咸，久服，明目益气，头不白，延年。"　[5] 术（zhú）：又写作"朮"，多年生草本植物，根状茎可入药。有白术、苍术之分。　[6] 牢齿之法：据《抱朴子·应难篇》："或问坚齿之道，抱朴子曰：'能养以华池，浸以醴液，清晨建齿三百过者，永不动摇。'"　[7] 陶隐居：即南朝梁道士陶弘景，隐居茅山华阳洞，深受梁武帝器重，称"山中宰相"。著有《太清方》等。　[8] 轻脱：轻率。

[点评]

颜之推不希望子孙去学神仙之术，但不反对养生。认为通过"爱养神明，调护气息"，注意起居有节，适应天气变化，重视饮食禁忌，再辅以适当的药物，能尽自己的天年，不至于中途夭折，这样就很好了。如庾肩吾常服槐实，年七十余还耳聪目明；邺都有人服食杏仁、枸杞、黄精、车前等，有益于健康；葛洪的叩齿法，也行之有效。这些方法对于身体很有好处，可以提倡。不过他也告诫，服药要慎重，陶弘景《太清方》中所录药方，应当仔细审查，不可轻易去试。像王爱州服食松脂不当，导致肠梗阻而死，这类事例很多，要引以为戒。

夫养生者先须虑祸[1]，全身保性，有此生然后养之，勿徒养其无生也。单豹养于内而丧外[2]，张毅养于外而丧内，前贤所戒也。嵇康著《养生》之论[3]，而以傲物受刑。石崇冀服饵之徵[4]，而以贪溺取祸，往世之所迷也。

《庄子·达生》："善养生者，如牧羊然，视其后者而鞭之。……鲁有单豹者，岩居而水饮，不与民共利，行年七十而犹有婴儿之色；不幸遇饿虎，饿虎杀而食之。有张毅者，高门县薄，无不走也，行年四十而有内热之病以死。豹养其内而虎食其外，毅养其外而病攻其内，此二子者，皆不鞭其后者也。"

[**注释**]

[1]虑祸：考虑避免祸患。　[2]"单豹"以下二句：见《庄子·达生》。　[3]"嵇康"以下二句：嵇康为"竹林七贤"之一。官至中散大夫，世称"嵇中散"。司马氏掌权后，拒绝出仕，恃才傲物，被大将军司马昭处死。他注重养生，撰有《养生论》。　[4]"石崇"以下二句：石崇（249—300）字季伦，西晋人。累迁鹰扬将军、南中郎将、南蛮校尉、荆州刺史等职，靠劫掠往来客商致富。后被司马伦党羽孙秀诛杀，夷灭三族。徵，一作"延年"。贪溺，贪财好色。

[**点评**]

没有生命，如何养生？因此颜之推认为首先必须考虑避免祸患，先要保住身家性命，才谈得上养生。"养于内而丧外""养于外而丧内",都是没有意义的。单豹善于保养身心,却因外部的因素丧失生命;张毅善于防备外部的灾祸,却因体内发病而死亡,这都是前代贤人所引以为戒的。嵇康写了《养生论》,但由于傲慢无礼而遭刑戮;石崇希望服药有效延年,却因贪财好色而取杀身之祸,这些都是只知养生而不懂保全性命的例子。

夫生不可不惜,不可苟惜。涉险畏之途[1],干祸难之事[2],贪欲以伤生,谗慝而致死[3],此君子之所惜哉:行诚孝而见贼,履仁义而得罪,丧身以全家,泯躯而济国[4],君子不咎也。自乱离已来,吾见名臣贤士,临难求生,终为不救,徒取窘辱[5],令人愤懑[6]。侯景之乱,王公将相,多被戮辱,妃主姬妾,略无全者。唯吴郡太守张嵊[7],建义不捷[8],为贼所害,辞色不挠;及鄱阳王世子谢夫人[9],登屋诟怒,见射而毙。夫人,谢遵女也。何贤智操行若此之难?婢妾引决若此之易[10]?悲夫!

颜之推《观我生赋》:"眺百家之或在,覆五宗而剪焉;独昭君之哀奏,唯翁主之悲弦。"自注:"公主子女,见辱见雠。"

事见《梁书·张嵊传》。

[注释]

[1]险畏之途:指险恶的道路。　[2]干:牵涉。　[3]谗慝(chán tè):邪恶奸佞。　[4]泯躯:捐躯。济国:利国。　[5]窘辱:窘迫,受侮辱。　[6]愤懑:愤恨。　[7]张嵊(488—549):字

四山，南朝梁时官至太府卿、吴兴太守。抵抗侯景之乱，城破被杀。 　[8] 建义：举大义。 　[9] 鄱阳王：萧恢（476—526），字弘达，南朝梁武帝萧衍异母弟，封鄱阳郡王。 　[10] 引决：自杀。

[点评]

　　颜之推反复告诫子孙要在乱世中保全生命、养护身心，要使家族生生不息，传之久远。不过，他骨子里面还是一个儒者，因此主张"生不可不惜，不可苟惜"。不走正道，招致灾难，或因贪欲伤身，因恶言恶语而致死，这些是应该避免的。至于说恪守忠孝而被杀，奉行仁义而获罪，牺牲自己而保全家，舍弃生命而救国，这些是不应当受责怪的。儒家提倡"舍生取义"，"临财毋苟得，临难毋苟免"，像袁绍那种"见小利而忘命，临大节而惜身"的无耻之徒，为人不齿。颜之推看不起那些"临难求生""徒取窘辱"的士大夫，提倡见义勇为，讲究气节。他的家教，对颜氏后人影响很大。像唐代颜真卿、颜杲卿忠节不屈，大义凛然，杀身成仁，彪炳千秋，都是践行颜氏家教的典范。

归心第十六

《涅槃经》说："善恶之报，如影随形。三世因果，循环不失。此生空过，后悔无追。"根据佛教理论，世间所有的事物或现象，在过去、现在、未来时间的迁流中，为一因果链条。过去者为因，现在者为果；现在者为因，未来者为果，称为"三世因果"。有情的生命流转，以过去的业力为因，招感现在之果；又以现在的业力为因，招感未来之果。如此因果相续，生死无穷，这就是迷界有情生死流转的因果。

三世之事[1]，信而有征[2]，家世归心[3]，勿轻慢也[4]。其间妙旨[5]，具诸经论[6]，不复于此少能赞述[7]；但惧汝曹犹未牢固[8]，略重劝诱尔[9]。

[**注释**]

[1]三世：佛教以前世、今世、来世为三世。 [2]信而有征：可信而有证据。 [3]家世：家族世代。归心：心悦诚服地皈依。 [4]轻慢：轻视侮慢。 [5]妙旨：精妙的思想。 [6]经论：佛教典籍有经、律、论，这里泛指佛教典籍。 [7]赞述：赞颂阐述。 [8]牢固：指坚信。 [9]劝诱：劝导。

[点评]

归心，意即皈依佛教。魏晋以来，社会动荡不安，战争频繁，人民深受痛苦。在此背景下，佛教得到了很大的发展，不仅对普通百姓有很大的吸引力，许多帝王、士大夫也把佛教作为精神上的寄托。南北朝佛教兴盛，寺院、尼僧数量众多。据唐法琳《辩正论·十代奉佛篇》，刘宋有寺院 1913 所，僧尼 36000 人。南齐有寺院 2015 所，僧尼 32500 人。梁代有寺院 2846 所，僧尼 82700 人。后梁有寺院 108 所，僧尼 3200 人。陈代有寺院 1232 所，僧尼 32000 人。宋文帝、宋孝武帝、梁武帝、陈武帝都信佛。梁武帝还三次舍身同泰寺为僧。齐武帝之子竟陵王萧子良、梁武帝子萧统、萧纲、萧绎也都好佛。名士谢灵运、沈约、萧子云都是佛门弟子。刘勰投靠名僧僧祐，学习儒家和佛家理论，后来剃度为僧，法号慧地。可见佛教在当时的巨大影响。颜之推在提倡儒家伦理的同时，也相信"三世"因果，认为儒、佛两教可以互补，要求子孙既要践行儒家伦理，以儒学为业，又要信仰佛教。

原夫四尘五荫[1]，剖析形有[2]；六舟三驾[3]，运载群生：万行归空，千门入善，辩才智惠[4]，岂徒《七经》、百氏之博哉[5]？明非尧、舜、周、孔所及也。内外两教[6]，本为一体，渐积为异[7]，深浅不同。内典初门[8]，设五种禁[9]；外典仁、义、礼、智、信，皆与之符。仁者，不

《楞严经》卷一："我今观此，浮根四尘，只在我面；如是识心，实居身内。"《心经》："照见五蕴皆空。"注："五蕴者，色与受、想、行、识也。"

《魏书·释老志》说："其始修心则依佛、法、僧，谓之三归，若君子之三畏也。又有五戒，去杀、盗、淫、妄言、饮酒，大意与仁、义、礼、智、信同，名为异耳。"

杀之禁也；义者，不盗之禁也；礼者，不邪之禁也；智者，不酒之禁也；信者，不妄之禁也。至如畋狩军旅[10]，燕享刑罚[11]，因民之性，不可卒除[12]，就为之节，使不淫滥尔[13]。归周、孔而背释宗[14]，何其迷也！

[注释]

[1]原：推究。四尘：佛教称色、香、味、触为“四尘”。五荫：即色、受、想、行、识五蕴。除了色蕴是物质现象之外，其余四蕴都属于精神现象。　[2]形有：有形的事物。　[3]六舟：即六度，六种到彼岸的方法，即布施、持戒、忍辱、精进、禅定、智慧（般若）。三驾：佛教以羊车喻声闻乘，鹿车喻缘觉乘，牛车喻菩萨乘，称为三驾。　[4]智惠：智慧。　[5]《七经》：七部儒家经典。一般指《诗》《书》《礼》《易》《春秋》《论语》《孝经》。百氏：指诸子百家。　[6]内外两教：佛教徒称佛教为内教，儒学为外教。晋释道安有《二教论》。　[7]渐积：逐渐演变。　[8]内典：佛教徒称佛经为内典，儒书为外典。初门：入门。　[9]五种禁：指佛教不杀生、不偷盗、不邪淫、不妄语、不饮酒五戒。为佛门四众弟子的基本戒。　[10]畋（tián）狩：狩猎。　[11]燕享：又作“燕飨”，指以酒食祭神或款待客人。　[12]卒除：立即废除。卒，通“猝”。　[13]淫滥：放纵。　[14]周、孔：周公、孔子，指儒家。释宗：指佛教。

[点评]

颜之推一方面认为佛教理论特别精致，像“四尘五蕴""六舟三驾"之说，让众生通过种种戒行皈依于空门，通过种种法门渐至于善，佛教的境界比儒家更高一筹，连尧、舜、周公、孔子都无法相比。另一方面，颜之推也主张"内外两教，本为一体"，儒家、佛家是相通的，但有"深浅不同"，佛教深而儒家浅。如佛教的入门"五戒"与儒家的仁、义、礼、智、信"五常"并无冲突，世人不明其理，"归周、孔而背释宗"，是迷失了方向。他的这番理论，在历史上也引起不少争议。一些人对他"阐扬佛乘，佞佛谄佛"多有非议。如宋儒胡寅《崇正辩》就批评说："之推者，先师之后也，既不能远嗣圣门之学，又诋毁尧、舜、周、孔，著之于书，训示后裔；使当圣君贤相之朝，必蒙反道败德之诛矣。今其说尚存，与释氏吹波助澜，不可以不辩。"其实颜之推提倡佛教，并无贬低儒家之意。

俗之谤者，大抵有五：其一，以世界外事及神化无方为迂诞也[1]；其二，以吉凶祸福或未报应为欺诳也[2]；其三，以僧尼行业多不精纯为奸慝也[3]；其四，以糜费金宝、减耗课役为损国也[4]；其五，以纵有因缘如报善恶[5]，安能辛苦今日之甲，利益后世之乙乎？为异人也。今并释之于下云。

《阿含经》所说十二因缘，即：无明、行、识、名色、六入、触、受、爱、取、有、生、老死。

《朱子语类》卷一二六："或有言修后世者。先生曰：'今世不修，却修后世，何也！'"

[注释]

[1]迂诞：迂阔荒诞。 [2]欺诳：欺骗迷惑。 [3]奸慝（tè）：奸恶的心术或行为。 [4]糜费：浪费。减耗：损耗。课役：赋税及徭役。 [5]因缘：佛教指产生结果的直接原因和辅助促成结果的条件或力量。

[点评]

颜之推归纳世俗批评佛教的五种情况：第一，认为佛教所说的现实世界以外的那些神奇诡异无法验证的事情是荒唐悖理的；第二，认为人的吉凶祸福未必就是相应的报应，佛教因果报应之说只是一种欺诈手段；第三，认为和尚、尼姑这些人有许多不清白，佛院寺庙藏奸纳垢；第四，认为佛教耗费金钱，和尚、尼姑们不纳税，不服役，消耗了国家财富；第五，认为即使有因果报应之事，也是善有善报，恶有恶报，怎么能够让今天的某甲含辛茹苦，以便让后世的某乙得到好处呢？这五个方面，有的基于经验，有的基于政治、经济、伦理，常常是人们攻击佛教的口实，颜之推对此一一作了回应。

《列子·天瑞篇》："杞国有人忧天崩坠，身亡所寄，废寝食者。又有忧彼之所忧者，因往晓之曰：'天，积气耳，亡处亡气，奈何忧崩坠乎？'其人曰：'天果积气，日月星宿不当坠邪？'晓之者曰：'日月星宿亦积气中之有光耀者，只使坠，亦不能有所中伤。'其人曰：'奈地坏何？'晓者曰：'地，积块耳，充塞四虚，亡处亡块，奈何忧其坏？'"

释一曰：夫遥大之物[1]，宁可度量？今人所知，莫若天地。天为积气[2]，地为积块[3]，日为阳精[4]，月为阴精，星为万物之精，儒家所安也。星有坠落，乃为石矣；精若是石，不得有光，性又质重[5]，何所系属[6]？一星之径，大者百里，

一宿首尾[7]，相去数万；百里之物，数万相连，
阔狭从斜[8]，常不盈缩[9]。又星与日月，形色
同尔，但以大小为其等差；然而日月又当石也？
石既牢密[10]，乌兔焉容[11]？石在气中，岂能独
运？日月星辰，若皆是气，气体轻浮，当与天合，
往来环转，不得错违[12]，其间迟疾[13]，理宜一
等；何故日月、五星、二十八宿[14]，各有度数，
移动不均？宁当气坠，忽变为石？地既滓浊[15]，
法应沉厚，凿土得泉，乃浮水上；积水之下，复
有何物？江河百谷，从何处生？东流到海，何
为不溢？归塘尾闾[16]，渫何所到[17]？沃焦之
石[18]，何气所然？潮汐去还，谁所节度[19]？
天汉悬指[20]，那不散落[21]？水性就下，何故
上腾？天地初开，便有星宿；九州未划，列国未
分，翦疆区野[22]，若为躔次[23]？封建已来[24]，
谁所制割[25]？国有增减，星无进退，灾祥祸福，
就中不差。乾象之大[26]，列星之夥[27]，何为分
野[28]，止系中国？昴为旄头[29]，匈奴之次；西
胡、东越[30]，彫题、交阯[31]，独弃之乎？以此
而求，迄无了者，岂得以人事寻常，抑必宇宙外

《晋书·天文志》："天在地外，水在天外，水浮天而载地者也。"

《史记·孟子荀卿列传》："驺衍著书十余万言，以为儒者所谓'中国'者，于天下乃八十一分居其一分耳。中国名曰赤县神州。赤县神州内自有九州，禹之序九州是也，不得为州数。中国外，如赤县神州者九，乃所谓九州也。"

据东方朔《海内十洲记》、晋张华《博物志》说，西海之中有凤麟洲，仙家以凤喙及麟角合煎作胶，能"续弓弩已断之弦，连刀剑断折之金"。

也[32]？凡人之信，唯耳与目；耳目之外，咸致疑焉。儒家说天，自有数义：或浑或盖[33]，乍宣乍安。斗极所周[34]，管维所属[35]，若所亲见，不容不同；若所测量，宁足依据？何故信凡人之臆说，迷大圣之妙旨，而欲必无恒沙世界、微尘数劫也[36]？而邹衍亦有九州之谈[37]。山中人不信有鱼大如木，海上人不信有木大如鱼；汉武不信弦胶[38]，魏文不信火布[39]；胡人见锦，不信有虫食树吐丝所成；昔在江南，不信有千人毡帐，及来河北，不信有二万斛船[40]：皆实验也。世有祝师及诸幻术[41]，犹能履火蹈刃，种瓜移井，倏忽之间，十变五化。人力所为，尚能如此；何况神通感应，不可思量，千里宝幢[42]，百由旬座[43]，化成净土，踊出妙塔乎[44]？

［注释］

[1] 遥大：遥远广大。　[2] 积气：云气所聚结。　[3] 积块：土石所堆积。　[4]"日为阳精"以下三句：许慎《说文解字》说："日，实也，太阳之精"；"月，阙也，太阴之精"；"星，万物之精，上为列星"。　[5] 质重：形体和重量。　[6] 系属：悬挂。　[7] 宿：星宿，一宿通常包含一颗或者多颗恒星。　[8] 阔狭从斜：宽窄纵横。　[9] 盈缩：伸缩变化。　[10] 牢密：坚固结

实。　[11] 乌兔：古代神话传说日中有乌，月中有兔。　[12] 错违：错乱。　[13] 迟疾：速度快慢。　[14] 五星：指金、木、水、火、土五星。二十八宿：华夏先民根据日月星辰的运行轨迹和位置，把黄道附近的星象划分为二十八组，俗称"二十八宿"，以此作为观测天象的参照物。　[15] 滓浊：污浊。　[16] 归塘：又称"归墟"，传说为海中无底之谷，为众水汇聚之处。出自《列子·汤问》。尾闾：古代传说中海水所归之处，语见《庄子·秋水》。　[17] 渫（xiè）：泄漏。　[18] 沃焦：又作"沃燋"，古代传说东海南部的大石山。　[19] 节度：控制调度。　[20] 天汉：银河。悬指：定向悬挂。　[21] 那：为何。　[22] 翦疆：划定疆域。区野：分野。　[23] 若：谁。躔（chán）次：指日月星辰在运行轨道上的位次。　[24] 封建：即"封土建国"，古代天子将领土分封给宗室或功臣使其建立邦国的制度。　[25] 制割：主宰分割。　[26] 乾象：天象。　[27] 夥（huǒ）：众多。　[28] 分野：我国古代的天文学说，把天象中十二星辰的位置与人间社会的地理划分结合在一起。这种理论，就天文学来说，被称为分星；就地理来说，则被称为分野。　[29] 昴（mǎo）：星宿名，二十八宿之一，又称旄头、髦头，西方白虎七宿的第四宿。《史记·天官书》说："昴曰髦头，胡星也。"　[30] 西胡：古时西域各族的泛称。东越：秦汉时期南方古族名。　[31] 彫题：在额上刺花纹，古代南方民族的一种习俗。这里泛指东南少数民族。彫，同"雕"。题，额头。交阯：古代地名，位于今越南北部。　[32] 抑必：臆断。　[33] "或浑或盖"二句：浑指浑天说，盖指盖天说，宣指宣夜说，安指安天说，四者都是我国古代天文学理论，详见《晋书·天文志》。早期的盖天说认为"天圆如张盖，地方如棋局"，浑天说则想象地球就像一个鸡蛋黄。按照盖天、浑天的理论，日月星辰都有一个依靠，或附着在天盖上，随天盖一起运动；或附缀在鸡蛋壳式的天球上，跟着天球东升西落。而宣夜说认为天体漂浮于气体之中，有人担忧飘浮在"气"中的日月星辰会不会掉下来，于是虞喜提出"安天论"，认为宇宙是无限的，日月星辰的运行是有一定规律的，不必忧虑。　[34] 斗极：北斗星与北极星。　[35] 管维：即斗枢，古人指天宇所据以运转的枢纽。　[36] 恒沙：即恒河沙，佛教用语，形容数量极多无法计算。微尘：佛教用语，指极细微的物质。数劫：多次劫难。　[37] 邹衍：战国末齐国人，阴阳家代表人物。因他"尽言天事"，当时人们称他"谈天衍"，又称邹子。提出"五行说""五德终始说"和"大九州说"。　[38] 弦胶：即续弦胶。传说胶的连接之处，让大力士用力拉扯，其他处断裂，粘合之处却丝毫无损。　[39] 魏文：即魏文帝曹丕。火布：即火浣布，用石棉纤维纺织而成的布。由于其具有不燃性，用火烧能去除污垢。　[40] 斛（hú）：古代计量单位，以十斗为一斛。　[41] 祝师：巫师。　[42] 宝幢：又称法幢，刻佛号或经咒的石柱。　[43] 由旬：古印度长度单位，佛学常用语，梵语 yojana 之音译，一由旬相当于一只公牛走一天的距离。座：指莲花宝座。　[44] 妙塔：指宝塔。

[点评]

对于人们所批评的佛教所说感性经验以外的世界，以及那些神奇诡异无法验证的事物、荒唐悖理的问题，颜之推回应称，对那些极远极大的事物，由于人类知识的局限，现在还无法测量出来。人们所知道的最大的东西，就是天地。儒者常说，天是云气堆积而成，地是土块堆积而成，太阳是阳刚之气的精华，月亮是阴柔之气的精华，星星是宇宙万物的精华，颜之推认为这些说法只是猜测，也是靠不住的。宇宙间的许多事物，至今无人能弄明白，很多假说都是自相矛盾的。这些问题按人世间的寻常道理解释不了，必须到宇宙之外寻求答案。而平凡人只相信亲耳所听、亲眼所见，对于没有听说、没有见过的事物往往提出怀疑，其实这是"信凡人之臆说，迷大圣之妙旨"，不知佛法的广大。

释二曰：夫信谤之征，有如影响[1]；耳闻目见，其事已多，或乃精诚不深，业缘未感[2]，时傥差阑[3]，终当获报耳。善恶之行，祸福所归。九流百氏[4]，皆同此论，岂独释典为虚妄乎？项橐、颜回之短折[5]，伯夷、原宪之冻馁[6]，盗跖、庄蹻之福寿[7]，齐景、桓魋之富强[8]，若引之先业[9]，冀以后生，更为通耳。如以行善而偶钟祸报[10]，为恶而傥值福征，便生怨尤，即为欺诡；则亦尧、舜之云虚，周、孔之不实也，又欲安所依信而立身乎？

《尚书·汤诰》："天道福善祸淫。"《周易·坤卦·文言》："积善之家，必有余庆；积不善之家，必有余殃。"《汉书·董仲舒传》："积善在身，犹长日加益，而人不知也。"

《战国策·秦策五》："甘罗曰：'夫项橐生七岁而为孔子师，今臣生十二岁于兹矣！君其试臣，奚以遽言叱也？'"

[注释]

[1]影响：形体的影子、声音的回响。 [2]业缘：佛教语，认为苦乐都是因业力而起，故称为"业缘"。 [3]差阑：略迟，较晚。 [4]九流：先秦的九个学术流派，指儒、道、阴阳、法、名、墨、纵横、杂、农九家，这里泛指各个学术流派。百氏：指诸子百家。 [5]项橐（tuó）：春秋时神童。颜回：孔子弟子，列孔门

七十二贤之首，后世尊称为复圣颜子。短折：早死。《尚书·洪范》："六极：一曰凶短折。"郑玄注："未齓（chèn，小孩换牙）曰凶，未冠（行冠礼，指成年）曰短，未婚曰折。"　[6]原宪：孔子弟子。个性狷介，一生安贫乐道，不肯与世俗合流。冻馁（něi）：寒冷与饥饿。　[7]盗跖：春秋时大盗，传说他"从卒九千人，横行天下，侵暴诸侯，穴室枢户，驱人牛马，取人妇女，贪得忘亲，不顾父母兄弟，不祭先祖"。事见《庄子·盗跖》。庄蹻（qiāo）：战国时期楚国将军，率领楚军夺取巴郡和黔中郡以西的地区，占领滇地。后来秦国攻打楚国，庄蹻无法返回，遂在滇地称王，建立滇国。见《史记·西南夷列传》。　[8]齐景：齐景公，春秋时期齐国君主，在位58年，是齐国历史上统治时间最长的国君之一。桓魋（tuí）：春秋时宋国司马。对孔子很不友好，据《史记·孔子世家》载：孔子过宋，与弟子习礼于大树下，桓魋砍树威胁，孔子不得不离去。　[9]先业：佛教语，指前世之业。　[10]钟：遭逢。

［点评］

佛教认为今生种什么因，来生结什么果，善有善报，恶有恶报。施必有报，感必有应，故现在之所得，无论祸福，皆为报应。如行放生、布施、梵行等善业，就由于种善因而招感善报；反之，行杀生、偷盗、邪淫等恶业，就由于种恶因而招感恶报。世人看到吉凶祸福一时未有报应，就批评佛教为欺诳。颜之推认为，报应就像影之随形、响之应声一样可以明白无误地加以验证。有时报应之所以即时没有发生，或许是当事者的精诚还不够深厚，"业"与"果"还没有发生感应的缘故。报应有早有迟，终究是会发生的。中国的诸子百家，都持有与此相同的观点，不能只认为佛经所说的为虚妄。如果因为有人行善而偶然遭祸，作恶却意外得福，你便产生怨尤之心，认为佛教所说的因果报应是欺诈蒙骗，那就好比是说尧、舜之事是虚假的，周公、孔子也不可靠，那么又能相信什么，凭什么去立身处世呢？

释三曰：开辟已来[1]，不善人多，而善人少，何由悉责其精洁乎[2]？见有名僧高行，弃而不说；若睹凡僧流俗，便生非毁。且学者之不勤，岂教者之为过？俗僧之学经律[3]，何异士人之学《诗》《礼》？以《诗》《礼》之教，格朝廷之人[4]，略无全行者；以经律之禁，格出家之辈，而独责无犯哉？且阙行之臣[5]，犹求禄位；毁禁之侣，何惭供养乎？其于戒行[6]，自当有犯。一披法服[7]，已堕僧数，岁中所计，斋讲诵诗，比诸白衣[8]，犹不啻山海也[9]。

卢文弨《补注》说："僧衣缁，故谓世人为白衣。山海以喻比流辈为高深也。颜氏此言，又显为犯戒者解脱矣。"

[注释]

[1]开辟已来：开天辟地以来。　[2]精洁：精致洁净。　[3]经律：佛经和戒律。　[4]格：衡量。　[5]阙行：道德上有缺点。　[6]戒行：指恪守戒律的操行。　[7]法服：指僧服。　[8]白衣：指世俗之人。　[9]不啻（chì）：不止，不仅仅。

［点评］

至于有人指责僧尼不清白，佛院寺庙藏奸纳垢，颜之推解释说，自从开天辟地以来，不善的人多，而善人少，怎么能够要求每一位僧尼都清白高尚呢？有些人对名僧的高尚德行视而不见，却只看到那些平庸僧人的粗俗行为，就竭力加以诋毁。僧人学习佛经、戒律，与世人学习《诗》《礼》没有什么不同。假如用《诗》《礼》中的教义来衡量朝廷中的官员，恐怕没有几个人是完全够格的；同样，用佛经、戒律中的禁条来衡量这些出家僧人，怎么能够只苛求他们不犯过错呢？他认为，僧人吃斋念佛、讲经修行，比起世俗之人来说，其道德水平总体上来讲更高一些。他的这个说法，也招致一些后人的批评。

《佛地论》："佛者，觉也，觉一切种智，复能开觉有情。"

释四曰：内教多途，出家自是其一法耳。若能诚孝在心，仁惠为本，须达、流水[1]，不必剃落须发；岂令罄井田而起塔庙，穷编户以为僧尼也[2]？皆由为政不能节之，遂使非法之寺，妨民稼穑，无业之僧，空国赋算，非大觉之本旨也[3]。抑又论之：求道者，身计也；惜费者，国谋也。身计国谋，不可两遂。诚臣徇主而弃亲[4]，孝子安家而忘国，各有行也。儒有不屈王侯，高尚其事[5]，隐有让王辞相[6]，避世山林；安可计其赋役，以为罪人？若能偕化黔首^[7]，悉入道场^[8]，如妙乐之世^[9]，禳佉之国^[10]，则有自然稻米，无尽宝藏，安求田蚕之利乎？

胡寅《崇正辩》："今僧徒所在以千万计，游手空谈，不耕不织，而庸夫愚子，十人居九，皆得免于赋役，诚为有国之大蠹，岂可与逸民高士同科而待哉？"

[注释]

[1]须达：即须达多，梵语 sudatta 的音译，意译为"善与""善给""善授"等。本为古印度拘萨罗国舍卫城富商，后皈依佛陀。与祇陀太子共同施佛精舍。流水：传说古印度有一个精通医术的长者叫流水，他有两个儿子，一个叫水空，一个叫水藏。流水经常带着两个儿子游历于城乡间，治病救人，深受人民爱戴。　[2]编户：编入户口的平民。　[3]大觉：指佛教。　[4]诚臣：忠臣。为避隋讳"忠"而改。徇主：献身君主。　[5]高尚：高洁的节操。《周易·蛊卦》："不事王侯，高尚其事。"　[6]让王辞相：据《庄子·让王》篇，尧把天下让给许由，许由不接受。庄子辞相，见《庄子·秋水》篇。　[7]偕化：全都感化。黔首：指平民百姓。　[8]道场：指佛寺。　[9]妙乐之世：指极乐世界。　[10]禳佉（ráng qū）：也写作"儴佉"，印度古代神话中国王名，即转轮王。

[点评]

关于佛教徒耗费钱财、影响国家财政收入的问题，颜之推认为佛教修持方法有许多种，出家为僧只是其中之一。如果一个人能够把忠孝放在心上，以仁惠作为立身之本，也就不必非得剃发为僧；又哪里用得着把田地拿去盖宝塔、寺庙，让所有人都去作僧尼呢？只是因为执政者对佛事不够节制，才使得那些非法寺庙妨碍了百姓的耕作，不事生计的僧人耗空了国家的税收，这本来就是违背佛教本旨的。颜之推还承认，"身计国谋，不可两遂"，个人与国家是有冲突的，"诚臣徇主而弃亲，孝子安家而忘国"，忠臣与孝子不能两全。儒家中有不为王公贵族所屈、耿介独立、清高自许的人，隐士中也有让王辞相、到山林中远避尘世的人，怎么能把他们当成逃避赋税的罪人呢？颜之推甚至认为，如果百姓都能皈依佛教，受其感化，就会有"自然稻米，无尽宝藏"。当然他的本意应该是说佛教有益于世道人心，引导百姓向善。

释五曰：形体虽死，精神犹存。人生在世，望于后身似不相属；及其殁后，则与前身似犹老少朝夕耳。世有魂神，示现梦想，或降童妾，或感妻孥^[1]，求索饮食，征须福祐^[2]，亦为不少矣。今人贫贱疾苦，莫不怨尤前世不修功业；以此而论，安可不为之作地乎^[3]？夫有子孙，自是天地间一苍生耳，何预身事？而乃爱护，遗其基址^[4]，况于己之神爽^[5]，顿欲弃之哉？凡夫蒙蔽，不见未来，故言彼生与今非一体耳；若有天眼，鉴其念念随灭^[6]，生生不断^[7]，岂可不怖畏邪？又君子处世，贵能克己复礼，济时益物。治家者欲一家之庆，治国者欲一国之良，仆妾臣民，

胡寅《崇正辩》："转化之说，佛氏所以恐动下愚，使之归其教也。破其说者，散于后章，因事而言，不一而足；同志之士，宜共思其非，以趋于正，勿为所惑也。世传死人附语，大抵多是妇人及愚夫，其所凭者，又皆蠢然臧获之流耳，未闻有得道正人死而附语，亦未闻刚明之士为鬼所凭，此理灼然易见也。至于求索饮食，征须福祐，此何等鬼耶？之推爱护神爽，为之作地，亦可笑矣，亦可哀矣，亦不知死生之故甚矣，亦不知鬼神之情状极矣，亦为先师不肖之子孙，忝辱厥祖，无以加矣。"

与身竟何亲也，而为勤苦修德乎？亦是尧、舜、周、孔虚失愉乐耳[8]。一人修道，济度几许苍生？免脱几身罪累[9]？幸熟思之[10]！汝曹若观俗计[11]，树立门户，不弃妻子，未能出家；但当兼修戒行，留心诵读，以为来世津梁[12]。人生难得，无虚过也。

[注释]

[1]妻孥（nú）：妻子和子女的统称。　[2]征须：求取。福祐：赐福保佑。　[3]作地：留下余地。　[4]遗：留。基址：根基。　[5]神爽：神魂。　[6]念念随灭：心念随生随灭。　[7]生生不断：生死轮回不间断。　[8]愉乐：快乐。　[9]罪累：罪恶负累。　[10]熟思：深思。　[11]俗计：世俗生计。　[12]来世：佛教指来生。津梁：桥梁。

[点评]

先秦时期，中国思想家已经讨论形神关系问题。如《荀子·天论》说："形具而神生。"东汉桓谭《新论》提出："精神居形体，犹火之然（燃）烛矣。"王充《论衡》进而提出："天下无独燃之火，世间安得有无体独知之精？"桓、王以烛火比喻形神关系，认为二者互相依存，不可分离。佛教传入中国后，"神灭""神不灭"之争激烈。东晋慧远就以"火可以传薪"为由来宣扬"形尽神不灭"。宗炳又著《明佛论》（一称《神不灭论》），提出

"精神不灭，人可成佛"之说。何承天撰《达性论》批判宗炳之说，认为生死乃自然现象，形灭则神散，精神不可能从一个个体移至另一个个体，故主张"神灭"，由此遂展开了长期的论争。到了齐、梁时代，神灭、神不灭的争论达到了高峰，范缜著《神灭论》，主张："神即形也，形即神也，是以形存则神存，形谢则神灭也。"提出"形质神用"的身心学说，发展了荀子的形神观。他还以刃与利来比喻形与神的关系，认为富贵与贫贱出于偶然，并不是什么因果报应。范氏极力主张"形神一体"，令当时朝野哗然。许多信奉佛教之士如梁武帝、萧琛、曹思文、沈约等人，都著书撰文批驳其说。颜之推主张"形体虽死，精神犹存"，持"神不灭"的观点，相信因果轮回、福德报应。在他看来，君子生活在这个世界上，贵在能够克制私欲，谨守礼仪，匡时救世，有益他人。管理家庭，就希望家庭能够幸福；治理国家，就希望国家能够昌盛。一个人修身求道，可以救济无数苍生，免掉许多人的罪累。因此他告诫子孙：既然建立了家庭，不能抛弃妻子儿女出家为僧，也应当修养品性，恪守戒律，留心于佛经的诵读，把这些作为通往来世幸福的桥梁。

儒家君子，尚离庖厨[1]，见其生不忍其死，闻其声不食其肉。高柴、折像[2]，未知内教，皆能不杀，此乃仁者自然用心。含生之徒[3]，莫不爱命；去杀之事，必勉行之。好杀之人，临死报验[4]，子孙殃祸，其数甚多，不能悉录耳，且示数条于末。

梁世有人，常以鸡卵白和沐[5]，云使发光，每沐辄二三十枚。临死，发中但闻啾啾数千鸡雏声[6]。

江陵刘氏，以卖鳝羹为业。后生一儿头是鳝，自颈以下，方为人耳。

王克为永嘉郡守，有人饷羊[7]，集宾欲宴。而羊绳解，来投一客，先跪两拜，便入衣中。此客竟不言之，固无救请[8]。须臾，宰羊为羹，先行至客。一脔入口[9]，便下皮内，周行遍体[10]，痛楚号叫，方复说之。遂作羊鸣而死。

梁孝元在江州时，有人为望蔡县令[11]，经刘敬躬乱[12]，县廨被焚，寄寺而住。民将牛酒作礼，县令以牛系刹柱[13]，屏除形像[14]，铺设床坐[15]，于堂上接宾。未杀之顷，牛解，径来至阶而拜，县令大笑，命左右宰之。饮啖醉饱，便卧檐下。稍醒而觉体痒，爬搔隐疹[16]，因尔成癞[17]，十许年死。

杨思达为西阳郡守[18]，值侯景乱，时复旱

《续家训》："之推正言杀生报应之事甚多，意在戒杀。至于言：'为子娶妇，责妇家生资，蛇虺毒口，诬骂妇家，如此之人，鬼夺其算。'此言不俟三世，立即有报，恶之之甚也，因亦戒贪。又引高柴、折像事，所谓高柴者，启蛰不杀，方长不折，孔子曰：'启蛰不杀，则顺人道也；方长不折，则仁恕也。成汤恭以恕，是以日跻。'盖汤去网三面故也。折像者，父国有赀财二亿，家僮八百。像幼有仁心，不杀昆虫，不折萌芽，感多藏厚亡之义，乃散资产，周施亲疏。"

俭[19]，饥民盗田中麦。思达遣一部曲守视[20]，所得盗者，辄截手腕，凡戮十余人。部曲后生一男，自然无手。

齐有一奉朝请[21]，家甚豪侈[22]，非手杀牛，啖之不美。年三十许，病笃，大见牛来，举体如被刀刺[23]，叫呼而终。

江陵高伟，随吾入齐，凡数年，向幽州淀中捕鱼[24]。后病，每见群鱼啮之而死[25]。

［注释］

[1] 庖厨：厨房，也指厨师。　[2] 高柴（前 521—前？）：字子羔，又称子皋、子高、季高、季皋、季子皋，孔子弟子。《孔子家语·弟子行》称高柴"启蛰不杀，方长不折"。折像：字伯式，东汉时人。幼有仁心，不杀昆虫，不折萌芽。家富多财，散于亲友，提出"不仁而富，谓之不幸"的命题。《后汉书》有传。　[3] 含生之徒：指一切有生命者。　[4] 报验：报应灵验。　[5] 鸡卵白：鸡蛋清。　[6] 啾（jiū）啾：鸟叫声。　[7] 饷：赠送。　[8] 救请：求情救助。　[9] 脔（luán）：小块肉。　[10] 周行遍体：在全身循环运行。　[11] 望蔡：地名。东汉灵帝中平年间，汝南郡上蔡县民迁徙到建城县，分地设置上蔡县；西晋太康元年（280），因上蔡人怀念故土，改上蔡县为望蔡县，属豫章郡，治今江西上高县。　[12] 刘敬躬：南朝梁道教信徒，大同八年（542）十二月在安成郡（今江西安福县）率众起事，称帝，年号永汉。攻克安成、庐陵、豫章等郡，次年三月被豫章内史张绾、江州司马王僧辩击

败擒获,斩于建康。　[13]刹柱:佛教语,指寺前的幡竿。　[14]屏除形像:撤除佛像。　[15]床坐:坐具。　[16]隐疹:皮肤上出现的小疙瘩。　[17]因尔:因此。癞:恶疮。　[18]西阳郡:地名。西晋惠帝元康初分弋阳郡置西阳国,治所西阳县(今河南光山县西)。永嘉(307—313)以后,随县移治今湖北黄冈东。东晋改为西阳郡,隋开皇初废。　[19]旱俭:因旱歉收。　[20]部曲:部属,部下。守视:看守。　[21]奉朝请:古时诸侯春季朝见天子称为朝,秋季朝见称为请。奉朝请即有参加朝会的资格,南朝常用以安置闲散官员。　[22]豪侈:豪华奢侈。　[23]举体:全身。　[24]幽州:古地名。北魏、东魏、北齐、隋、唐、后梁、后唐皆置幽州,治蓟县,辖境相当于今北京、天津一带。淀:浅的湖泊。　[25]啮(niè):啃食。

[**点评**]

　　佛教戒律之一是"不杀生",其实儒家也有类似的主张。孟子说:"君子之于禽兽也,见其生,不忍见其死;闻其声,不忍食其肉。是以君子远庖厨也。"颜之推认为"不杀生"是儒家、佛家共同的主张。像高柴、折像这两个人,他们并不了解佛教的教义,却都不愿意杀生,这说明人天生具备仁慈之心。颜之推要求子孙一定要努力做到"不杀生";好杀生的人,临死会受到报应,子孙也跟着遭殃。这类事情很多,颜之推以自己的所见所闻,记录了若干因杀生而遭报应的实例,希望子孙引以为戒。

　　世有痴人,不识仁义,不知富贵并由天命。为子娶妇,恨其生资不足[1],倚作舅姑之尊[2],

蛇虺其性^[3]，毒口加诬，不识忌讳，骂辱妇之父母，却成教妇不孝己身，不顾他恨。但怜己之子女，不爱己之儿妇。如此之人，阴纪其过^[4]，鬼夺其算。慎不可与为邻，何况交结乎？避之哉！

[注释]

[1]生资：赖以生活的资财，这里指嫁妆。　[2]倚：倚仗。舅姑：丈夫的父母，俗称公婆。　[3]蛇虺（huǐ）：毒蛇。　[4]"阴纪其过"二句：阴司记录他的罪过，鬼神减掉他的寿命。纪、算指年寿，十二年为一纪，百日为一算。

[点评]

颜之推重视儒学，以儒业为本，同时还是一位虔诚的佛教徒，受佛学的影响很深。他劝子孙归心于佛教，主要目的还是劝人为善。他批评世间有一种愚痴人，不懂得仁义道德，也不知道富贵皆由天命，为儿子娶媳妇，恨媳妇的嫁妆太少，仗着自己当公公婆婆的尊贵身份，怀着毒蛇一样的心性，对媳妇恶意辱骂，一点不懂得忌讳，甚至谩骂侮辱媳妇的父母，其实这反而是教媳妇不孝。他们只知道疼爱自己的子女，却不知道爱护自己的儿媳。像这样的人，阴曹会把它的罪过记载下来，鬼神也会减掉他的寿命。颜之推告诫子孙要远离这种人，千万不可与他们为伍。由此可见颜之推的悲悯情怀。颜之推对佛教的态度，在历史上引起争议不小，有赞扬者，

《抱朴子·对俗篇》说："行恶事：大者司命夺纪，小过夺算，随所轻重，故所夺有多少也。凡人之受命得寿，自有本数，数本多者，则纪算难尽而迟死；若所禀本少，而所犯者多，则纪算速尽而早死。"又《微旨篇》说："天地有司过之神，随人所犯轻重，以夺其算，算减则人贫耗疾病，屡逢忧患，算尽则人死。"《太上感应篇》说："太上曰：'祸福无门，唯人自召，善恶之报，如影随形。'是以天地有司过之神，依人所犯轻重，以夺人算……算尽则死。又有三台北斗神君在人头上，录人罪恶，夺其纪算。"

也有反对者。如释道宣《广弘明集序》说:"颜之推之《归心》,词彩卓然,迥张物表。"释祥迈《辨伪录》说:"颜之推之述篇,云开日朗。"而宋儒胡寅在《崇正辩》中极力加以批驳。清人郝懿行《颜氏家训斠记》说:"案《归心》一篇,意在佞佛,便尔掊击周、孔,非儒者之言也。"其实通观颜之推之论,他并没有贬低儒家的意思。

书证第十七

刘芳撰有《周官仪礼音》《周官音》《尚书音》《公羊音》《谷梁音》《国语音》《后汉书音》各一卷，《辨类》三卷，《徐州人地录》二十卷，《急就篇续注音义证》三卷，《毛诗笺音义证》十卷，《礼记义证》十卷，《周官》《仪礼义证》各五卷。见《魏书》本传。

《诗》云："参差荇菜[1]。"《尔雅》云："荇，接余也。"字或为"莕"。先儒解释，皆云水草，圆叶细茎，随水浅深。今是水悉有之，黄花似莼[2]，江南俗亦呼为猪莼，或呼为荇菜。刘芳具有注释[3]。而河北俗人多不识之，博士皆以"参差"者是苋菜[4]，呼"人苋"为"人荇"，亦可笑之甚。

[注释]

[1] 参差（cēn cī）荇（xìng）菜：出自《诗经·周南·关雎》。参差，长短不齐的样子。荇菜，一种多年水生草本植物，嫩时可食，也可入药。　[2] 莼：水葵。　[3] 具有注释：有详细的注

释。　[4] 苋（xiàn）菜：一年生草本植物，幼苗及嫩叶可食用。

［点评］

在本篇中，颜之推对经史文献中的一些问题进行了考辨，类似读书笔记，涉及到校勘、文字、音韵、训诂等方面的知识。他运用事实论证、版本互校、碑文铭刻互证、古注旁证、推理等多种考证方法，纠正了许多前人的错误认识。全篇可分为四十七个小节，每节讨论一个问题，涉及到经、史、子、集古籍十六种。有人认为，此篇与《音辞》"义琐文繁，有资小学，无关大体"。实际上，他通过列举这些问题，告诫子孙读书治学要精益求精，不可人云亦云，草率从事，以免贻人口实，惹人耻笑。

颜之推在本条中记述了南方和北方人对植物名称的误读、误认。荇菜与苋菜长相相似，"荇"与"苋"二字读音也相近，人们误将荇菜和苋菜混为一谈，认成是同一种植物了。可见读书尤须谨慎，不能马虎。

《诗》云："谁谓荼苦 [1] ？"《尔雅》《毛诗传》并以"荼，苦菜也"。又《礼》云："苦菜秀 [2] 。"案，《易统通卦验玄图》曰 [3] ："苦菜生于寒秋，更冬历春，得夏乃成。"今中原苦菜则如此也。一名游冬，叶似苦苣而细，摘断有白汁，花黄似菊。江南别有苦菜，叶似酸浆 [4] ，其花或紫或白，

《诗经·邶风·谷风》："谁谓荼苦？其甘如荠。"

《礼记·月令》："孟夏之月王瓜生，苦菜秀。"

子大如珠，熟时或赤或黑，此菜可以释劳[5]。案，郭璞注《尔雅》[6]，此乃蘵[7]，黄蓫也[8]。今河北谓之龙葵。梁世讲《礼》者，以此当苦菜；既无宿根，至春子方生耳，亦大误也。又高诱注《吕氏春秋》曰[9]："荣而不实曰英[10]。"苦菜当言英，益知非龙葵也。

[注释]

[1]荼（tú）：一种苦菜。　[2]秀：指植物开花。　[3]《易统通卦验玄图》：古代纬书。　[4]酸浆：草名。　[5]释劳：消除疲劳。　[6]郭璞（276—324）：字景纯，河东郡闻喜县（今山西闻喜县）人。博学多识，好古文、奇字，精天文、历算、卜筮，长于赋文，尤以"游仙诗"名重当世。注释《周易》《山海经》《葬经》《穆天子传》《方言》《楚辞》《尔雅》等。　[7]蘵（zhī）：草名，叶似酸浆，花小而白，中心黄。　[8]黄蓫（chú）：即蘵。　[9]高诱：东汉涿郡涿县（今河北涿州）人。受学于同县卢植，著有《孟子章句》《战国策注》《淮南子注》《吕氏春秋注》等。　[10]荣：开花。实：结果。

[点评]

颜之推运用古文献和事实验证相结合的方法，证明江南所谓"苦菜"实为龙葵，与《诗经》中的"荼"、《月令》中的"苦菜"不是一回事。

《诗》云："有杕之杜^[1]。"江南本并木傍施大，传曰："杕，独貌也。"徐仙民音"徒计反"^[2]。《说文》曰："杕，树貌也。"在木部。《韵集》音"次第"之"第"，而河北本皆为"夷狄"之"狄"，读亦如字^[3]，此大误也。

"有杕之杜"在《诗经》中有三处：《唐风·杕杜》《有杕之杜》，以及《小雅·鹿鸣·杕杜》。

[注释]

[1] 杕（dì）：形容树木孤立。杜：即杜梨，又叫棠梨。　[2] 徐仙民：即徐邈。　[3] 读亦如字：指按字的本音读。

[点评]

在南北朝时《诗经》有江南和河北两种传本，文字上有些差异。杕，《广韵》音"特计反"，去声，霁韵，定母；狄，《广韵》音"徒历反"，入声，锡韵，定母。二字在读音上比较接近，容易产生混淆。

《诗》云："駉駉牡马^[1]。"江南书皆作"牝牡"之"牡"^[2]，河北本悉为"放牧"之"牧"。邺下博士见难云："《駉颂》既美僖公牧于坰野之事^[3]，何限騲骘乎^[4]？"余答曰："案《毛传》云：'駉駉，良马腹干肥张也^[5]。'其下又云：'诸侯六闲四种^[6]：有良马，戎马，田马，驽马。'若

《周礼·夏官·校人》："天子十有二闲，马六种；邦国六闲，马四种；家四闲，马二种。"

《礼记·王制》："诸侯之于天子也，比年一小聘，三年一大聘，五年一朝。"

《左传·宣公十二年》："赵旃以其良马二，济其兄与叔父，以他马反，遇敌不能去，弃车而走林。"

作'放牧'之意，通于牝牡，则不容限在良马独得'駉駉'之称。良马，天子以驾玉辂[7]，诸侯以充朝聘郊祀[8]，必无騲也。《周礼·圉人职》：'良马，匹一人。驽马，丽一人[9]。'圉人所养[10]，亦非騲也；颂人举其强骏者言之，于义为得也。《易》曰：'良马逐逐[11]。'《左传》云：'以其良马二。'亦精骏之称，非通语也。今以《诗传》良马，通于牧騲，恐失毛生之意[12]，且不见刘芳《义证》乎？"

[注释]

[1]"駉（jiōng）駉牡马：见《诗经·鲁颂·駉》。《毛诗序》说："《駉》，颂僖公也。僖公能遵伯禽之法，俭以足用，宽以爱民，务农重谷，牧于坰野，鲁人尊之，于是季孙行父请命于周，而史克作是颂。"駉駉，马肥壮的样子。　[2]牝牡（pìn mǔ）：雌性和雄性。　[3]僖公：即鲁僖公。坰（jiōng）野：郊外。　[4]騲騭（cǎo zhì）：母马与公马。　[5]干：躯干。　[6]六闲：六个马厩。四种：四种马。　[7]玉辂（lù）：用玉装饰的车，多为天子乘用。　[8]朝聘：古代诸侯定期朝见天子的礼仪。郊祀：古代于郊外祭祀天地。在南郊祭天，在北郊祭地。郊为大祀，祀为群祀。　[9]丽：指两匹马。　[10]圉（yǔ）人：掌管养马放牧等事务的官员。　[11]良马逐逐：语出《周易·大畜》："九三，良马逐。"逐逐，快速奔跑的样子。　[12]毛生：指汉代为《诗经》作《故训传》的毛公。

［点评］

此处辨析"牡""牧"二字。牡，《广韵》音"莫厚切"，上声，厚韵，明母；牧，《广韵》音"莫六切"，入声，屋韵，明母。二字在字形、字音上比较接近，容易混淆。"牡"本义为雄性动物，"牧"为放牧、饲养。颜之推认为江南本《诗经》作"牡"表示公马强骏，较河北本作"牧"更为贴切。

《月令》云："荔挺出[1]。"郑玄注云："荔挺，马薤也[2]。"《说文》云："荔，似蒲而小，根可为刷。"《广雅》云："马薤，荔也。"《通俗文》亦云马蔺。《易统通卦验玄图》云："荔挺不出，则国多火灾。"蔡邕《月令章句》云："荔似挺。"高诱注《吕氏春秋》云："荔草挺出也。"然则《月令注》荔挺为草名，误矣。河北平泽率生之。江东颇有此物，人或种于阶庭，但呼为旱蒲，故不识马薤。讲《礼》者乃以为马苋[3]；马苋堪食，亦名豚耳，俗名马齿。江陵尝有一僧，面形上广下狭；刘缓幼子民誉[4]，年始数岁，俊晤善体物[5]，见此僧云："面似马苋。"其伯父绍因呼为荔挺法师。绍亲讲《礼》名儒，尚误如此。

郝懿行《颜氏家训斠记》卷六："谓之马薤者，此草叶似薤而长厚，有似于蒲，故江东名为旱蒲，三月开紫碧华，五月结实作角子，根可为刷。今时织布帛者，以火熨其根，去皮，束作糊刷，名曰炊帚是矣。俗人呼为马兰（蘭），非也，盖马蔺之讹尔。《周书·时训篇》云：'荔挺不生，卿士专权。'合之《通卦验》，则知康成之读，未可谓非也。"

[注释]

[1]荔挺：草本植物，形似蒲而小，根可制刷。　[2]马薤（xiè）：草本植物名。　[3]马苋：即马齿苋，草本植物，叶可食用。　[4]刘缓：字含度，平原高唐（今山东高唐县）人。为湘东王萧绎幕僚，时江陵盛集文学之士，而以刘缓居首。后随湘东王至江州，卒。　[5]俊晤：聪明卓异。体物：描述事物。

[点评]

对于《月令》"荔挺出"的理解，颜之推认为郑玄的注解"荔挺，马薤也"是错误的。"荔挺"即"荔草挺出"之意，"挺"作动词，有生长、长出的意思，"荔"是草，"荔挺"不是草，与马苋相像的是荔，而不是荔挺。

臧琳《经义杂记》以为经文一字，传、笺重文，如《邶·谷风》"有洸有溃"，传曰"洸洸，武也；溃溃，怒也"，笺曰"君子洸洸然，溃溃然，无温润之色"。

《诗》云："将其来施施[1]。"《毛传》云："施施，难进之意。"《郑笺》云："施施，舒行貌也。"《韩诗》亦重为"施施"。河北《毛诗》皆云"施施"。江南旧本，悉单为"施"，俗遂是之，恐为少误。

[注释]

[1]将其来施施：出自《诗经·王风·丘中有麻》。施施，慢吞吞的样子。

[点评]

本条涉及《诗经》校勘问题。颜之推根据古注及不同版本，判断《诗经》正文应当作"施施"，河北本正确，江南本有误。

《诗》云："有渰萋萋[1]，兴云祁祁。"《毛传》云："渰，阴云貌。萋萋，云行貌。祁祁，徐貌也。"《笺》云："古者，阴阳和，风雨时，其来祁祁然，不暴疾也[2]。"案：渰已是阴云，何劳复云"兴云祁祁"耶？"云"当为"雨"，俗写误耳。班固《灵台诗》云："三光宣精[3]，五行布序[4]，习习祥风，祁祁甘雨。"此其证也。

出自《诗经·小雅·大田》。

[注释]

[1]"有渰（yǎn）萋萋"二句：天空阴云密布，云朵徐徐飘动。渰，阴云生起。萋萋，飘动的样子。祁祁，舒缓的样子。　[2]暴疾：过于猛烈。　[3]三光：指日、月、星。　[4]五行：指水、火、木、金、土五种元素及其运行状态。布序：排列顺序。

[点评]

本条颜之推用"理校法"考辨《诗经》中"有渰萋萋，兴云祁祁"，认为"云"当为"雨"，为传写之误，可备一说。清人段玉裁、卢文弨、臧琳和顾炎武等人对此有不同的意见，可参见王利器《集解》。

出自《礼记·曲礼上》。

颜之推对"犹豫"的解释为后人所承袭，直到清代黄生《义府》、王念孙《读书杂志》《广雅疏证》、段玉裁《说文解字注》、王鸣盛《蛾术编》、郝懿行《尔雅义疏》等始将"犹豫"与同族联绵词进行音义比较，方得确诂。黄生《义府》说："'犹豫'，犹'容与'也。'容与'者，闲适之貌，'犹豫'者，迟疑之情。字本无义，以声取之尔。"

《礼》云："定犹豫[1]，决嫌疑。"《离骚》曰："心犹豫而狐疑。"先儒未有释者。案《尸子》曰[2]："五尺犬为犹。"《说文》云："陇西谓犬子为犹。"吾以为人将犬行[3]，犬好豫在人前，待人不得，又来迎候，如此往还，至于终日，斯乃豫之所以为未定也，故称"犹豫"。或以《尔雅》曰："犹如麂，善登木。"犹，兽名也，既闻人声，乃豫缘木，如此上下，故称"犹豫"。狐之为兽，又多猜疑，故听河冰无流水声，然后敢渡。今俗云："狐疑[4]，虎卜[5]。"则其义也。

[注释]

[1]"定犹豫"二句：判断疑惑不解的问题，确定亲疏的标准。　[2]《尸子》：战国时尸佼著，《汉书·艺文志》著录《尸子》二十篇。　[3]将：带。　[4]狐疑：狐狸多疑。　[5]虎卜：卜筮的一种。传说虎能以爪画地，根据奇偶来预测食物，后来人们据此发明一种占卜术，称虎卜。

《左传》曰："齐侯痎[1]，遂痁[2]。"《说文》云："痎，二日一发之疟。痁，有热疟也。"案，齐侯之病，本是间日一发，渐加重乎故，为诸侯忧也。

今北方犹呼"痎疟"，音"皆"。而世间传本多以"痎"为"痎"，杜征南亦无解释[3]，徐仙民音"介"，俗儒就为通云："病痎，令人恶寒，变而成疟。"此臆说也。疥癣小疾，何足可论，宁有患疥转作疟乎？

陆德明《经典释文》卷一九："齐侯'痎'，旧音'戒'，梁元帝音'该'，依字则当作'痎'。《说文》云：'两日一发之疟也。''痎'又音'皆'。后学之徒佥以'痎'字为误。案传例，因事曰遂，若'痎'已是疟疾，何为复言'遂痁'乎？"

[注释]

[1]齐侯：指齐景公。痎（jiē）：两日一发作的疟疾。　[2]痁（shān）：有发热症状的疟疾。　[3]杜征南：杜预（222—285），字元凯，京兆杜陵（今陕西西安）人。初仕曹魏，为权臣司马昭的幕僚。西晋时官至镇南大将军，拜司隶校尉。死后获赠征南大将军。耽思经籍，博学多通，尤好《左传》，著有《春秋左氏经传集解》等。

[点评]

"疥"为疥疮，"痎"为两天发作一次的疟疾，"痁"为多日一发作的疟疾。颜之推认为齐侯之病，本来是隔天发作一次，逐渐加重，因此他认为《左传》"齐侯疥"应作"齐侯痎"。对此，陆德明有不同意见。清人臧琳有考辩。王利器《集解》也说："今人病疥，亦多寒热交发，俗呼为疮寒，转变成疟，势所固有。"

所引见《尚书·大禹谟》《周礼·地官·大司徒》。

《尚书》曰："惟影响[1]。"《周礼》云："土圭测影[2]，影朝影夕。"《孟子》曰："图影失形[3]。"

"图影失形"不见于今本《孟子》，可能是《孟子》佚文。

见《庄子·齐物论》。

《庄子》云："罔两问影[4]。"如此等字，皆当为"光景"之"景"。凡阴景者[5]，因光而生，故即谓为景。《淮南子》呼为"景柱"，《广雅》云："晷柱挂景[6]。"并是也。至晋世葛洪《字苑》，傍始加"彡"，音"于景反"。而世间辄改治《尚书》《周礼》《庄》《孟》从葛洪字[7]，甚为失矣。

[注释]

[1] 影响：如影随形，似响应声。　[2] 土圭（guī）：古代用以测日影的器具。　[3] 图影失形：画出的影子失去了原形。　[4] 罔两：影子边缘的淡薄阴影。　[5] 阴景：即阴影。景，通"影"。　[6] 晷柱挂景：今本《广雅·释天》作："晷，柱景也。"疑"挂"为"柱"字误衍。晷柱，即晷表，日晷上测量日影的标竿。　[7]《庄》《孟》：即《庄子》《孟子》。

[点评]

"景"从日，京声，本义为日光，引申为"阴影"和"景色"二义。后人将表示"阴影"的"景"字加"彡"，音"于景反"。世人于是将古书中表示"影子"的"景"字改成"影"，颜之推认为这是非常不妥的。

太公《六韬》[1]，有天陈、地陈、人陈、云鸟之陈[2]。《论语》曰："卫灵公问陈于孔子。"《左传》："为鱼丽之陈[3]。"俗本多作"阜"傍"车乘"之"车"。案诸陈队，并作"陈、郑"之"陈"。夫"行陈"之义，取于"陈列"耳，此六书为假借也[4]，《苍》《雅》及近世字书[5]，皆无别字；唯王羲之《小学章》，独"阜"傍作"车"，纵复俗行[6]，不宜追改《六韬》《论语》《左传》也。

［注释］

[1]《六韬》：古代兵书。分为《文韬》《武韬》《龙韬》《虎韬》《豹韬》《犬韬》。旧题吕望（即姜太公）著，故称《太公六韬》。　[2]陈：古同"阵"，指军队阵形。　[3]鱼丽之陈：古代的一种阵形，将步卒队形环绕战车进行疏散配置。这种编队如鱼群排列，故名鱼丽之阵。　[4]六书：古代归纳汉字造字方法的六种类型，即象形、指事、会意、形声、转注、假借。[5]《苍》《雅》：即《苍颉篇》和《尔雅》，古代字书。　[6]纵复俗行：即使这种写法在世间流行。

［点评］

古时"陈"字既有"陈列"义，又有"战阵"义。古书中表示战阵、行阵、阵势都用"陈"字。后人造"阵"字分"战阵"义，并追改古书，颜之推认为这样做是不恰当的。

《诗》云："黄鸟于飞，集于灌木。"《传》云：

《左传·桓公五年》载：郑国以"曼伯为右拒，祭仲足为左拒，原繁、高渠弥以中军，奉公为鱼丽之阵。"

许慎《说文叙》："假借者，本无其字，依声托事，令、长是也。"意思是说，语言中的某一个词，本来没有替它造字，就假借一个同音字来表示这个词的意义。

《隋书·经籍志》著录晋下邳内史王义撰《小学篇》一卷，此处"王羲之"当为"王义"之误。

引诗见《诗经·周南·葛覃》。

"灌木，丛木也。"此乃《尔雅》之文，故李巡注曰："木丛生曰灌。"《尔雅》末章又云："木族生为灌[1]。"族亦丛聚也。所以江南《诗》古本皆为丛聚之丛，而古丛字似"冣"字[2]，近世儒生因改为"冣"，解云："木之冣高长者。"案，众家《尔雅》及解《诗》无言此者，唯周续之《毛诗注》[3]，音为"徂会反"，刘昌宗《诗注》[4]，音为"在公反"，又"徂会反"：皆为穿凿，失《尔雅》训也。

郝懿行《尔雅义疏》卷下之二："按'冣'不成字，盖'冣'字之讹。冣、最形近而音义别，与叢、聚二字声俱相转，古或假借通用，故《诗》旧本'叢'或作'冣'，或作'最'，此皆通借，非为改字。又云'叢，周续之音徂会反，刘昌宗音在公反，又徂会反'，二音亦俱可通。颜之推以为穿凿，非矣。《尔雅释文》'灌'本作'貫'，'叢'或作'藂'，皆别体字。"

［注释］

[1]族生：丛生。　[2]冣："最"的古字。　[3]周续之（377—423）：字道祖，雁门广武人。从学于范甯，通五经、五纬，名冠同门。又事沙门慧远，与刘骥之、陶潜并称"寻阳三隐"。　[4]刘昌宗：生平不详。《经典释文》载之于李轨、徐邈之间，当是晋人。除《诗注》外，还著有《周礼音》《仪礼音》《礼记音》《尚书音》《左传音》。

［点评］

此处辩"叢""冣"二字形近致讹，说明读书、做学问要仔细，不要凭主观妄改。

"也"是语已及助句之辞[1]，文籍备有之矣[2]。河北经传，悉略此字，其间字有不可得无者，至如"伯也执殳"[3]，"于旅也语"[4]，"回也屡空"[5]，"风，风也，教也"[6]，及《诗传》云："不戢[7]，戢也；不傩，傩也。""不多，多也。"如斯之类，偬削此文，颇成废阙。《诗》言："青青子衿[8]。"传曰："青衿，青领也，学子之服。"按：古者，斜领下连于衿，故谓领为衿。孙炎、郭璞注《尔雅》，曹大家注《列女传》[9]，并云："衿，交领也。"邺下《诗》本，既无"也"字，群儒因谬说云："青衿、青领，是衣两处之名，皆以青为饰。"用释"青青"二字，其失大矣！又有俗学，闻经传中时须"也"字，辄以意加之，每不得所，益成可笑。

日本岛田翰《古文旧书考》卷一《春秋经传集解三十卷》："盖先儒注体，每于句绝处，乃用语辞，以明意义之深浅轻重，汉魏传疏，莫不皆然；而浅人不察焉，乃擅删落、加之。及刻书渐行，务略语辞，以省其工，并不可无者而皆删之，于是荡然无复古意矣。颜之推北齐人，而言：'河北经传，悉略语辞。'然则经传之灾，其来亦已久矣。"

[**注释**]

[1]已：末尾，结束。　[2]文籍：文献，典籍。　[3]伯也执殳（shū）：语见《诗经·卫风·伯兮》。殳，一种兵器，长一丈二，无刃，有棱，主要是撞击用。　[4]于旅也语：语见《仪礼·乡射礼》。旅，次序。　[5]回也屡空：语见《论语·先进》。回，孔子弟子颜回。屡空，常常处于贫困状态。　[6]风，风也，教也：见《毛诗序》。　[7]"不戢（jí）"四句：见《诗经·小雅·桑扈》毛传。戢，收敛。傩，行动有节度。　[8]青青子衿（jīn）：语见《诗经·郑

风·子衿》。衿，古代衣服的交领。　[9] 曹大家（gū）：即汉代班昭。班彪之女，班固、班超之妹。嫁曹世叔，早寡，屡受召入宫，为皇后及诸贵人教师，号曰"大家"。家，通"姑"。

［点评］

颜之推重视对词句的语法分析。他举例说明古文中的"也"字不可随意删去，也不可随便增加，否则会产生对经义理解上的错误。古代文献多无标点，"也""矣""焉"等语助词对于理解文献和断句至关重要。如《毛诗故训传》："青衿，青领也，学子之服。"若无"也"字，青衿、青领就成了并列结构，导致邺下群儒对此理解错误。

《隋书·经籍志》："《周易》十卷，蜀才注。"《经典释文序录》："蜀才注十卷。《七录》云不详何人，《七志》云是王弼后人。案《蜀李书》云姓范名长生，一名贤，隐居青城山，自号蜀才，李雄以为丞相。"

《易》有蜀才注[1]，江南学士遂不知是何人。王俭《四部目录》[2]，不言姓名，题云："王弼后人。"谢炅、夏侯该[3]，并读数千卷书，皆疑是谯周[4]；而《李蜀书》（一名《汉之书》）云[5]："姓范名长生，自称蜀才。"南方以晋家渡江后[6]，北间传记，皆名为伪书，不贵省读[7]，故不见也。

［注释］

[1] 蜀才：东晋成汉时人范长生，自称蜀才，隐居青城山，李雄任他为丞相。注《周易》。　[2] 王俭（452—489）：字仲宝，琅邪临沂人。南朝齐武帝永明年间领丹阳尹、国子祭酒。官至中

书监。于宅中开学士馆，以四部书充其家藏。精研《三礼》，有《元徽四部书目》《古今丧服集记》，并依《七略》作《七志》。　[3] 夏侯该：南朝梁人，著有《四声韵略》等。该，一作"咏"。　[4] 谯周（201—270）：字允南，巴西充国（今四川西充县）人。精研六经，颇晓天文，为三国时蜀地大儒。　[5]《李蜀书》：东晋人常璩撰，记录成汉李氏政权的历史。　[6] 晋家渡江：指西晋灭亡后，司马睿在江南建立东晋。　[7] 省读：阅读。

《礼·王制》云："赢股肱[1]。"郑注云："谓撽衣出其臂胫[2]。"今书皆作"擐甲"之"擐"[3]。国子博士萧该云[4]："擐当作撽，音宣，擐是穿著之名，非出臂之义。"案《字林》，萧读是，徐爰音"患"[5]，非也。

[注释]

[1] 赢：同"裸"，裸露。股肱（gōng）：大腿和胳膊。　[2] 撽（xuān）衣：捋起袖子。撽，同"揎"。　[3] 擐（huàn）甲：穿上甲胄。　[4] 国子博士：学官名。晋武帝咸宁四年（278）立国子学，始设国子博士一员，限取履行清淳、通明经义者担任。萧该（约535—约610）：南朝梁鄱阳王萧恢之孙。通《诗》《书》《春秋》《礼记》大义，尤精《汉书》。隋开皇初任国子博士。　[5] 徐爰（394—475）：本名瑗，字长玉，南琅琊开阳（今属江苏）人。南朝宋时官至尚书左丞、黄门侍郎，领著作郎，编著国史。著有文集百余卷以及《礼记音》《家仪》《释问》《释疑略》等。

[点评]

此处辨"捋""擐""揎"三字之别。颜之推认为"擐"是穿着之义，不能用作"擐衣"。正确的应该用"揎"字，意为捋起袖子露出手臂。

《汉书》："田肎贺上[1]。"江南本皆作"宵"字。沛国刘显[2]，博览经籍，偏精班《汉》[3]，梁代谓之"《汉》圣"。显子臻[4]，不坠家业[5]。读班史，呼为"田肎"。梁元帝尝问之，答曰："此无义可求，但臣家旧本，以雌黄改'宵'为'肎'。"元帝无以难之。吾至江北，见本为"肎"。

[注释]

[1]"田肎"句：见《汉书·高帝纪》。肎，"肯"的古文。　[2]刘显：字嗣芳，沛国相人，以精研《汉书》著称。《梁书》有传。　[3]班《汉》：即班固《汉书》。　[4]显子臻：刘显第三子刘臻，《隋书·文学传》有传。　[5]不坠家业：指继承家传的事业。

[点评]

"肎"是"肯"的古字，意思是指附在骨头上的肉。"肎"和"宵"字形相近，在传抄过程中容易致讹。刘臻和颜之推都是利用当时存在的其他版本来进行辅助判断，很好地解决了到底是作"田肎"还是"田宵"的问题。

《汉书·王莽赞》云："紫色蛙声，余分闰位。"盖谓非玄黄之色，不中律吕之音也。近有学士，名问甚高[1]，遂云："王莽非直鸢髆虎视[2]，而复紫色蛙声。"亦为误矣。

[注释]

[1]名问：名气。　[2]非直：不只，不仅仅。鸢（yuān）：老鹰。髆（bó）：肩膀。

[点评]

"紫色蛙声"比喻王莽以假乱真，得位不正，不是写实。紫色，不正之色。蛙声，不正之声也。闰位者，不正之位。学士将"紫色蛙声"当成写实，当然是错误的。

简策字[1]，"竹"下施"束"[2]，末代隶书似"杞宋"之"宋"[3]，亦有"竹"下遂为"夹"者；犹如"刺"字之傍应为"束"，今亦作"夹"。徐仙民《春秋》《礼音》，遂以"笑"为正字[4]，以"策"为音，殊为颠倒。《史记》又作"悉"字误而为"述"，作"妬"字误而为"姤"[5]，裴、徐、邹皆以"悉"字音"述"[6]，以"妬"字音"姤"。既尔，则亦可以"亥"为"豕"字音，以"帝"

《汉书·王莽传》："莽为人侈口蹙颐，露眼赤精，大声而嘶"，"反膺高视，瞰临左右"，"莽所谓鸱目虎吻，豺狼之声者矣。"

段玉裁《说文解字注》卷二篇下："《左传》：'备物典笑。'《释文》：'笑本又作册，亦作策，或作箫。'按笑者，策之俗也。册者，正字也。策者，假借字也。箫者，册之古文也。左氏述《春秋传》以古文，然则箫其是欤？"

《孔子家语·弟子解》："子夏反卫，见读史志者，云：'晋师伐秦，三豕渡河。'子夏曰：'非也，己亥耳。'读史志者问诸晋史，果曰己亥。"

为"虎"字音乎？

［注释］

[1]简策：编连成册的竹简。　[2]束（cì）：古"刺"字。　[3]末代：后世。杞宋：春秋时的两个国名。　[4]正字：指标准字。　[5]妒（dù）：同"妒"，忌妒。姤（gòu）：相遇。　[6]裴、徐、邹：指南朝宋人裴骃（有《史记集解》）、徐广（有《史记音义》）、南朝梁人邹诞生（有《史记音》）。

［点评］

"策"字或写作"筴"，或写作"筞"，"刺"字或写作"剌"，都是在传写过程中形成的异体字，不能将异体字当成正字。而以"悉"作"述"，以"妒"作"姤"，则属于明显的错误。《抱朴子·遐览篇》引用谚语说："书三写，鱼成鲁，帝成虎。"书籍传抄过程尤其要仔细。

张揖云："虙[1]，今伏羲氏也。"孟康《汉书》古文注亦云[2]："虙，今伏。"而皇甫谧云："伏羲，或谓之宓羲。"按诸经史纬候[3]，遂无"宓羲"之号。虙字从虎，宓字从宀，下俱为"必"，末世传写，遂误以"虙"为"宓"，而《帝王世纪》因误更立名耳。何以验之？孔子弟子虙子贱为单父宰[4]，即虙羲之后，俗字亦为"宓"，或复加

"山"。今兖州永昌郡城，旧单父地也，东门有《子贱碑》，汉世所立，乃曰："济南伏生[5]，即子贱之后。"是"虙"之与"伏"，古来通字，误以为"宓"，较可知矣[6]。

[**注释**]

[1] 虙：读作 fú。　[2] 孟康：字公休，三国时人。精通地理、天文、小学，著有《汉书音义》《老子注》等。　[3] 纬候：指谶纬、占候之类图书。　[4] 虙子贱：即宓（fú）子贱，名不齐，字子贱，孔门七十二贤之一。　[5] 伏生：即伏胜，字子贱。曾为秦博士，汉初以《尚书》教授于齐鲁之间，汉文帝派晁错前去问学。西汉今文《尚书》学传自伏生。　[6] 较：清楚，明白。

[**点评**]

"虙"和"宓"在字形上相似，容易混淆，于是古时有人把"虙"写成"宓"了。后世又把"虙"写成"伏"。颜之推运用碑刻资料，证明"虙"与"伏"古来通用，"虙羲"可写成"伏羲"。

《太史公记》曰[1]："宁为鸡口[2]，无为牛后。"此是删《战国策》耳[3]。案，延笃《战国策音义》曰[4]："尸，鸡中之主。从，牛子。"然则，"口"当为"尸"，"后"当为"从"，俗写误也。

[注释]

[1]《太史公记》：即司马迁《史记》。　[2]"宁为鸡口"二句：语见《苏秦列传》。　[3]《战国策》：又称《国策》，西汉刘向编订。原作者不明，一般认为不是一人之作，资料大部分出于战国时代，包括策士的著作和史料记载。　[4]延笃：字叔坚，东汉南阳犨县（治所在今河南鲁山县东南）人。从学于马融，博通经传及百家之言。历官侍中、左冯翊、京兆尹。《后汉书》有传。

[点评]

关于《史记》"宁为鸡口，无为牛后"，张守节《正义》注释说："鸡口虽小，犹进食，牛后虽大，乃出粪也。"而司马贞《索隐》引《战国策》则作："宁为鸡尸，不为牛从。"并引延笃注："尸，鸡中主也；从，谓牛子也。言宁为鸡中之主，不为牛子之从后也。"可见司马贞也认为当作"鸡尸""牛从"。口与尸、后（後）与从（從）二字形近易误。《尔雅翼》说："尸，主也，一群之主，所以将众者。""从，从物者也，随群而往，制不在我者也。"王念孙《读书杂志》也认为当作"鸡尸""牛从"。

见《史记·刺客列传》。

朱起凤《辞通》、符定一《联绵词典》都将"伎痒"收入其中，认为"伎痒"是一个联绵词。

应劭《风俗通》云[1]："《太史公记》：'高渐离变名易姓[2]，为人庸保[3]，匿作于宋子[4]，久之作苦，闻其家堂上有客击筑[5]，伎痒[6]，不能无出言。'"案：伎痒者，怀其伎而腹痒也。是以潘岳《射雉赋》亦云："徒心烦而伎痒。"今《史

记》并作"徘徊"，或作"彷徨不能无出言"，是
为俗传写误耳。

［注释］

[1]应劭（约153—196）：字仲远，一作仲瑗，汝南郡南顿
县（今河南项城）人。东汉末年著名学者，曾官泰山太守。著有
《风俗通》《汉官仪》等书。　[2]高渐离：战国末燕国人，荆轲
的好友，擅长击筑。　[3]庸保：受雇于人充当杂工。庸、佣古字
通。　[4]宋子：地名，今河北巨鹿县。　[5]筑：古代一种乐器，
形状似琴而大头，有弦，用竹击之，故名曰筑。　[6]伎痒：意思
是人有所擅长，遇机会就想表现出来，如痒难忍。

［点评］

颜之推指出，《史记》将"伎痒"写作"徘徊"或"彷
徨"是传写中的错误。

太史公论英布曰[1]："祸之兴自爱姬，生于
妒媚，以至灭国。"又《汉书·外戚传》亦云："成
结宠妾妒媚之诛。"此二"媚"并当作"媚"[2]，
媚亦妒也，义见《礼记》《三苍》。且《五宗世家》
亦云[3]："常山宪王后妒媚[4]。"王充《论衡》云：
"妒夫媚妇生，则忿怒斗讼。"益知"媚"是"妒"
之别名。原英布之诛为意贲赫耳[5]，不得言媚。

事见《史记·
黥布列传》。

《说文》："媚，
夫妒妇也。"《史
记·黥布传》司马
贞《索隐》："一云
男妒曰媚。"

语见《论衡·
论死》。

［注释］

[1] 英布（？—前195）：又作"黥布"，秦末汉初名将。汉建立，封为淮南王。后因反汉，被杀。 [2] 媢（mào）：嫉妒。 [3]《五宗世家》：《史记》篇名。"五宗"指孝景帝五位妃子所生的十三个儿子，同母者为宗亲。 [4] 常山宪王：即汉景弟少子刘舜。立为常山王，死后谥宪。 [5] 原：推究。意：意指。贲赫：本为淮南王英布下属，官中大夫，因揭发英布谋反，封为将军。

［点评］

"妒"又写作"妬"，许慎《说文解字》解释为"妇妬夫也"，指妇女相忌妒。"媢"，《说文解字》解释为"夫妒妇也"。"媢"与"媚"形近易混。颜之推所举三例用"媢"字，只有《黥布列传》中是"媢"的本义，其余二例中"媢"的意思和"妒"没有区别。

乔松年《萝藦亭札记》卷四曰："此拓本予见之，谛审'歉疑'之'歉'，盖是'嫌'字，其'女'旁在右耳。"王利器《集解》："案，乔说是。予藏秦铜权，其铭文正是'兼'旁右安'女'字。梅尧臣作'嫌'，不误。"

《史记·始皇本纪》："二十八年[1]，丞相隗林、丞相王绾等，议于海上[2]。"诸本皆作山林之"林"。开皇二年五月[3]，长安民掘得秦时铁称权[4]，旁有铜涂镌铭二所[5]。其一所曰："廿六年，皇帝尽并兼天下诸侯[6]，黔首大安[7]，立号为皇帝，乃诏丞相状、绾，法度量则不壹、歉疑者[8]，皆明壹之。"凡四十字。其一所曰："元年，制诏丞相斯、去疾，法度量，尽始皇帝为之，皆□刻辞焉。今袭号而刻辞不称始皇帝，其于久远也，如后嗣为之者[9]，不称成功盛德，刻此诏□左，使毋疑。"凡五十八字，一字磨灭，见有五十七字，了了分明[10]，其书兼为古隶[11]。余被敕写读之[12]，与内史令李德林对[13]，见此称权，今在官库；其"丞相状"字，乃为状貌之"状"，爿旁作犬；则知俗作"隗林"，非也，当为"隗状"耳。

刘向《别录佚文》："雠校，一人读书，校其上下，得谬误，为校；一人持本，一人读书，若怨家相对，为雠。"

[注释]

[1]二十八年：秦始皇二十八年（前219）。　[2]海上：指海边。　[3]开皇：隋文帝杨坚的年号，历时20年（581—600）。　[4]称（chèng）权：称锤。　[5]铜涂锩铭：镀铜的铭刻文。二所：两处。　[6]并兼：兼并。　[7]黔首：黎民百姓。　[8]度量：计量物体长短、容积的工具。不壹：指标准不统一。歉疑：嫌疑。　[9]后嗣：后世子孙。　[10]了了：清楚，明白。　[11]书：书法。古隶：古文和隶书。　[12]被敕（chì）：被皇帝委派。写读（dòu）：抄写、点读。　[13]李德林（532—592）：字公辅，博陵安平（今河北安平县）人。历仕北齐、北周。入隋后官至内史令，封安平公，奉诏续修《齐史》，未成而卒。其子李百药续成《北齐书》。对：校对。

[点评]

"状"与"林"字形相似，颜之推和李德林看到的秦时铁称权上"状"字清晰可辨。另外，留存至今的秦代商鞅方升和峄山刻石上的铭文中都可以看到"状"字字形，这些都证明《史记》"隗林"当为"隗状"之误。这是利用文物来考辩古书的一个例证。

引文见《汉书·司马相如传》。《史记·司马相如列传》作"中外提福"，裴骃《集解》引徐广说："'提'作'禔'，音支。"

《汉书》云："中外禔福[1]。"字当从"示"。禔，安也，音"匙匕"之"匙"，义见《苍》《雅》《方言》[2]。河北学士皆云如此。而江南书本[3]，多误从"手"，属文者对耦[4]，并为提挈之意[5]，恐为误也。

[注释]

[1] 禔（tí）福：平安幸福。　[2]《苍》：《苍颉篇》，秦丞相李斯撰。《雅》：《尔雅》，成书于战国或两汉之间。《方言》：汉扬雄撰。　[3] 书本：指写本，为六朝、唐人习用之词。　[4] 对耦：对偶。　[5] 提挈（qiè）：用手提携。

[点评]

"禔福"是平安幸福的意思。"禔"误为"提"，是形近而误。

或问："《汉书注》：'为元后父名禁[1]，改禁中为省中。'何故以'省'代'禁'？"答曰："案《周礼·宫正》：'掌王宫之戒令糺禁[2]。'郑注云：

'紃，犹割也，察也。'李登云：'省，察也。'张揖云：'省，今省詧也^[3]。'然则'小井''所领'二反，并得训'察'。其处既常有禁卫省察，故以'省'代'禁'。詧，古'察'字也。"

[注释]

[1]元后：指汉元帝皇后，其父名叫翁禁。　[2]紃（jiū）禁：纠察禁卫。紃，古同"纠"。　[3]詧（chá）：古同"察"。

[点评]

古时避讳，多选择一个在意义上有联系而在读音上差别很大的字来替代。禁，《广韵》读"居荫切"，去声，沁韵，见母；省，《广韵》读"所景切"，上声，梗韵，生母。两个字的声、韵、调完全不同，符合避讳的原则。"禁"和"省"都有"察"义，故以"省"代"禁"。

《汉明帝纪》^[1]："为四姓小侯立学。"按：桓帝加元服^[2]，又赐四姓及梁、邓小侯帛，是知皆外戚也。明帝时^[3]，外戚有樊氏、郭氏、阴氏、马氏为四姓。谓之小侯者，或以年小获封，故须立学耳。或以侍祠、猥朝^[4]，侯非列侯，故曰小侯，《礼》云："庶方小侯^[5]。"则其义也。

汉代，王子封为侯者称诸侯，群臣异姓以功封者称彻侯。住在长安的，都要奉朝请。其中有赐特进的，位在三公下，称朝侯。位在九卿之下，只侍祠而无朝位，称侍祠侯。至于那些既非朝侯、又非侍祠侯的公主子孙等小侯，或在京师，随时朝见，称猥朝侯。见《通典·职官十三》。

[注释]

[1]"《汉明帝纪》"二句：据赵曦明说，"汉"上当有"后"字，卢文弨说此事在永平九年（66）。四姓小侯，指汉明帝时四大外戚樊、郭、阴、马，其子弟皆封为侯，称为小侯。   [2]桓帝：汉桓帝刘志（132—168），东汉第十一位皇帝（146—168年在位）。加元服：指举行冠礼。   [3]明帝：汉明帝刘庄（28—75），光武帝刘秀第四子，东汉第二位皇帝（57—75年在位）。   [4]侍祠、猥朝：汉代两种地位较低的侯爵。侍祠侯位次在九卿之下，只有陪从祭祀的资格。猥朝侯则封在偏远小国，若有公主子孙在京，则可随时接受皇帝召见。   [5]庶方小侯：语出《礼记·曲礼下》，指边远地区的方国小侯。

[点评]

古时小国称为"小侯"，如《国语·鲁语下》说："今我小侯也，处大国之间。"《史记》说："大国不过十余城，小侯不过数十里。"此外，"小侯"也指四夷之君，如《礼记》"庶方小侯"，孔颖达疏："小侯，谓四夷之君，非为牧者也。"颜之推所指的"四姓小侯"，指功臣子弟或外戚子弟中封侯者，一因年小获封，二因土地不大，故称"小侯"。

《后汉书》云："鹳雀衔三鳝鱼[1]。"多假借为"鳣鲔"之"鳣"[2]；俗之学士，因谓之为鳣鱼。案，魏武《四时食制》[3]："鳣鱼大如五斗奁[4]，长一丈。"郭璞注《尔雅》："鳣长二三丈。"

安有鹳雀能胜一者，况三乎？鳣又纯灰色，无文章也。鲔鱼长者不过三尺，大者不过三指，黄地黑文；故都讲云[5]："蛇鲔，卿大夫服之象也。"《续汉书》及《搜神记》亦说此事[6]，皆作"鲔"字。孙卿云[7]："鱼鳖鳅鳣[8]。"及《韩非》《说苑》皆曰[9]："鳣似蛇，蚕似蠋。"并作"鳣"字。假"鳣"为"鲔"，其来久矣。

事见《后汉书·杨震列传》："有冠雀衔三鳣鱼，飞集讲堂前，都讲取鱼进曰：'蛇鳣者，卿大夫服之象也；数三者，法三台也。先生自此升矣。'"

今本《搜神记》无此文，《后汉书·杨震列传》李贤注："案《续汉》及《谢承书》。"而《太平御览》卷九三七引谢承《后汉书》正有此文。参见王利器《集解》。

[注释]

[1]鲔（shàn）：鳝鱼。 [2]鳣鲔（zhān wěi）：鲟鳇鱼。 [3]魏武：即魏武帝曹操。 [4]奁（lián）：古代女子存放梳妆用品的箱盒。 [5]都讲：古代学舍中协助博士讲经的儒生。 [6]《续汉书》：晋秘书监司马彪撰，八十三卷。《搜神记》：晋干宝撰，三十卷。 [7]孙卿：即荀子。 [8]鱼鳖鳅鳣：语见《荀子·富国》。鳅，同"鳅"。 [9]"及《韩非》"三句：见《韩非子·内储说上》及《说苑·谈丛》。《韩非》，即《韩非子》，战国末韩非撰，为法家思想的集大成之作。《说苑》，又名《新苑》，西汉学者刘向编。以记述诸子言行为主，主要体现了儒家思想及伦理观念。蠋（zhú），蝴蝶、蛾等昆虫的幼虫。

[点评]

鳣、鲔、鳝三字是相通的，都指黄鳝。徐珂《清稗类钞》："鳝一作鲔，俗称黄鳝，可食，似鳗细长，体赤褐，腹黄，头部小有鳃孔二，内有鳃，腹中有鲕，或谓之气囊。"鳝鱼长者不过三尺，大者不过三指。而"鳣鲔"指鲟鳇鱼，长二三丈，在体形特征上和鳝鱼相差很大。颜之推指出世人称鲟鳇鱼为"鳣鱼"是不确的。

《后汉书》："酷吏樊晔为天水郡守[1]，凉州为之歌曰：'宁见乳虎穴，不入冀府寺[2]。'"而江南书本"穴"皆误作"六"。学士因循，迷而不寤[3]。夫虎豹穴居，事之较者[4]；所以班超云[5]："不探虎穴，安得虎子？"宁当论其六七耶？

事见《后汉书·酷吏列传》。

今本《后汉书·班超传》作"不入虎穴，不得虎子"。

[**注释**]

[1]酷吏：执法严酷的官吏。樊晔：字仲华，南阳郡新野人。东汉建武年间历官侍御史、河东都尉、扬州牧、天水太守。为政严猛，喜好申不害、韩非之法，官吏百姓都怕他。　[2]冀府寺：指天水太守的衙门。　[3]寤：通"悟"。　[4]较：明显。　[5]班超（32—102）：字仲升，扶风平陵（今陕西咸阳）人。东汉史学家班彪的幼子，班固之弟。为人有大志，不甘于为官府抄写文书，投笔从戎，随窦固出击北匈奴，又奉命出使西域。官至西域都护，封定远侯，世称"班定远"。

[**点评**]

"穴"与"六"字形非常相似，但二字在意思上相差很大。颜之推采用理校法，判断江南本作"六"是错误的。

《后汉书·杨由传》云[1]："风吹削肺[2]。"此是削札牍之柿耳[3]。古者，书误则削之，故《左传》云"削而投之"是也。或即谓札为削，王褒《童约》曰[4]："书削代牍。"苏竟书云[5]："昔以摩研编削之才[6]。"皆其证也。《诗》云："伐木浒浒[7]。"毛传云："浒浒，柿貌也。"史家假借为"肝肺"字，俗本因是悉作"脯腊"之"脯"，或为"反哺"之"哺"。学士因解云："削哺，是屏障之名[8]。"既无证据，亦为妄矣！此是风角占候耳[9]。《风角书》曰[10]："庶人风者[11]，拂地扬尘转削[12]。"若是屏障，何由可转也？

今本《后汉书·方术列传》作"削哺"，李贤注："哺当作柿，音孚废反。"

事见《左传·襄公二十七年》。

见《诗经·小雅·伐木》。

[注释]

[1]杨由：字哀侯，蜀郡成都人，东汉时术士。见《后汉书·方术列传》。　[2]削肺：削下的木屑。肺，通"柿（fèi）"，小木屑。　[3]札牍：古时书写用的小木片。　[4]《童约》：即《僮约》。　[5]苏竟：字伯况，右扶风平陵（今陕西咸阳）人。平帝时以晓《易》为博士。后为讲书祭酒。擅长图谶和纬书，通百家学说。王莽新朝时与刘歆等校勘书籍，后拜代郡中部都尉。　[6]摩研：研究。编削：编撰。　[7]浒浒：削下木片的样子。　[8]屏障：屏风。　[9]风角：古代一种占卜之法，以五音占四方之风而定吉凶。占候：根据天象变化来附会人事，预言吉凶。　[10]《风角书》：古代占候书。《隋书·经籍志》著录有《风

《庄子·逍遥游》："三餐而反，腹犹果然。"《经典释文》："果，徐如字，又苦火反。众家皆云饱貌。"是"果"有"颗"音，郝懿行认为不须改字。

《汉书·贾山传》："使其后世，曾不得蓬颗蔽冢而托葬焉。"颜师古注："颗，谓土块。"郝懿行《斠记》曰："是呼块为颗，北人通语也。'颗'与'块'一声之转。"

刘盼遂《校笺》引吴承仕曰："蒜符之符，殆为误字，既云'学士读为包裹之裹'，则其音必与裹近，符字从付，绝非其类，以是明之。"

角要占》十二卷等。　[11]庶人风：占候家指卑恶的风。　[12]转削：吹动木屑。

[点评]

此条辨"削肺"二字。古时书写于竹简木牍上，写错了就刮削去掉，故称为"笔削"。"柿"指削下的竹木屑，"肺"与"柿"通，俗本将"肺"写成"脯"，又写成"哺"，学士将"削哺"解释为"屏障"是错误的。

《三辅决录》云："前队大夫范仲公[1]，盐豉蒜果共一箭[2]。""果"当作魏颗之"颗"[3]。北土通呼物一由[4]，改为一颗，蒜颗是俗间常语耳。故陈思王《鹞雀赋》曰："头如果蒜，目似擘椒[5]。"又《道经》云[6]："合口诵经声璪璪[7]，眼中泪出珠子碌[8]。"其字虽异，其音与义颇同。江南但呼为蒜符，不知谓为"颗"。学士相承，读为"裹结"之"裹"，言盐与蒜共一苞裹[9]，内箭中耳[10]。《正史削繁》音义又音"蒜颗"为"苦戈反"[11]，皆失也。

[注释]

[1]前队（suì）大夫：官名。王莽改南阳郡为前队郡，置队大夫一人，职如太守。　[2]"盐豉"句：意指范仲公清廉节俭。

箭（tǒng），音义同“筒”。　[3] 魏颗：春秋时晋国大夫。　[4] 凷
（kuài）：古同“块”。　[5] 目似擘（bò）椒：形容雀目圆而小，如
裂开的椒子。擘，裂开。　[6]《道经》：此处指《老子化胡经》，
东晋道士王浮撰。　[7] 璅（suǒ）璅：形容声音细碎。璅，古同
“琐”。　[8] 磘：“颗”的异体字。　[9] 苞裹：包裹。　[10] 内：
读“纳”，放入。　[11]《正史削繁》：南朝梁阮孝绪撰，九十四卷，
已佚。见《隋书·经籍志》著录。

[点评]

　　“蒜果”即蒜头，“盐豉”即豆豉。“盐豉蒜果共一箭”，
意思是将盐豉、蒜果装在同一个筒状物中。《说文解字》：
“颗，小头也。从页，果声。”段玉裁注：“引伸为凡小物
一枚之称。珠子曰颗，米粒曰颗是也。”凷、果、颗三字
意义差不多，都是泛指颗粒状物。将“蒜果”之“果”
理解为裹结、包裹之义是不对的。

　　有人访吾曰：“《魏志》蒋济上书云‘弊刕之
民’[1]，是何字也？”余应之曰：“意为‘刕’即
是‘敧倦’之‘敧’耳[2]。张揖、吕忱并云[3]：
‘支傍作刀剑之刀，亦是剞字[4]。’不知蒋氏自造
支傍作筋力之力，或借剞字，终当音九伪反。”

[注释]

　　[1]《魏志》：即《三国志·魏书》。蒋济（？—249）：字子通，

楚国平阿（今安徽怀远县）人，三国曹魏名臣。著有《万机论》八卷。弊劼（guì）：困疲，精疲力尽。　[2]觙（guǐ）倦：疲惫，困倦。　[3]吕忱：字伯雍，西晋任城（今山东济宁东南）人。撰有《字林》，增补《说文解字》所未备。　[4]刉（jī）：雕刻用的刀具。

[点评]

从字形上看，"支傍作刀剑之刀"和"支傍作筋力之力"二字字形非常相似，颜之推认为可能是蒋济自造，而不是借用"刉"字。

《晋中兴书》[1]："太山羊曼[2]，常颓纵任侠[3]，饮酒诞节[4]，兖州号为'䵍伯'[5]。"此字皆无音训。梁孝元帝常谓吾曰："由来不识。唯张简宪见教[6]，呼为'噎羹'之'噎'[7]。自尔便遵承之[8]，亦不知所出。"简宪是湘州刺史张缵谥也，江南号为硕学。案，法盛世代殊近[9]，当是耆老相传[10]；俗间又有"䵍䵍"语，盖无所不施、无所不容之意也。顾野王《玉篇》误为黑傍沓[11]。顾虽博物，犹出简宪、孝元之下，而二人皆云"重"边。吾所见数本，并无作"黑"者。"重沓"是多饶积厚之意[12]，从"黑"更无义旨[13]。

王观国《学林》卷四对此有考辨："黶从黑，䵍从重，二字虽同音榻，而义各不同。《玉篇》《广韵》皆曰黶，羊曼为黶伯也。䵍，积厚也。盖羊曼为黶伯，从黑。而《颜氏家训》乃用从重之䵍，是以颜氏推其义不行也。颜氏所引乃盛弘之《晋书》，用从重之䵍，已为误；今世所行《晋书》乃唐太宗所修，于《羊曼传》用从黑之黶，为不误矣。"认为"黶者乃美称，是八俊之中居一俊也"。若如《颜氏家训》所称"多饶积厚"，则非美称，"非美称则岂容在八俊之列耶？"其说可参考。

［注释］

[1]《晋中兴书》：南朝宋何法盛所撰纪传体史书。　[2]羊曼（274—328）：字祖延，泰山南城（今山东新泰）人。东晋初避乱江东，官至丹阳尹，苏峻叛乱，城破遇害。　[3]颓纵：消沉而放纵。任侠：爱打抱不平。　[4]诞节：不拘小节。　[5]韬（tà）伯：放达之人，当时专指羊曼。　[6]张简宪：张缵（499—549），字伯绪，范阳方城（今河北固安县）人。南朝梁时官至尚书仆射，出任湘州刺史，加位宁蛮校尉。为岳阳王萧詧所害，谥号简宪。　[7]嗒羹（tà gēng）：饮羹时不加咀嚼而连菜吞下，古时视为一种失礼行为。　[8]遵承：遵守。　[9]殊近：很近。　[10]耆（qí）老：泛指老人。　[11]顾野王（519—581）：字希冯，吴郡吴（今江苏苏州）人。仕南朝梁、陈两朝，为黄门侍郎、太学博士。所撰《玉篇》是一部按汉字形体分部编排的字书。　[12]积厚：堆积很多。　[13]义旨：意义。

［点评］

黯、韬、嗒三字在《广韵》中的读音相同。黯、韬二字在字形上差异不大，容易混淆。颜之推根据故老相传以及各种不同版本，判断应当作"韬"。

古《乐府》歌词[1]，先述三子，次及三妇，妇是对舅姑之称。其末章云："丈人且安坐[2]，调弦未遽央[3]。"古者，子妇供事舅姑[4]，旦夕在侧，与儿女无异，故有此言。"丈人"亦长老之目，今世俗犹呼其祖考为"先亡丈人"。又疑

所引为古乐府诗《相逢行》。关于"丈人"的用法，《史记·刺客列传》司马贞《索隐》引韦昭云："古者名男子为丈夫，尊妇妪为丈人，故《汉书·宣元六王传》所云'丈人'，谓淮阳宪王外王母，即张博母也。故古诗曰'三日断五匹，丈人故言迟'是也。"惠栋《松崖笔记》卷二："古诗《为焦仲卿妻作》曰：'三日断五匹，丈人故嫌迟。'此仲卿妻兰芝谓其姑也。"可见韦昭、惠栋都认为"丈人"是对亲戚长辈的通称，可以用来指女性。

"丈"当作"大"，北间风俗，妇呼舅为"大人公"。"丈"之与"大"，易为误耳。近代文士，颇作《三妇诗》，乃为匹嫡并耦己之群妻之意[5]，又加郑、卫之辞[6]，大雅君子，何其谬乎？

[注释]

[1]乐府：汉武帝时设立的一个官署，职责是采集民间歌谣或文人的诗来配乐，以备朝廷祭祀或宴会时演奏之用。搜集整理的诗歌，后世称为"乐府诗"，或简称"乐府"。 [2]丈人：古时对老年男子的尊称。又一说为对亲戚长辈的通称。也可以用来指女性。 [3]遽（jù）央：完毕。 [4]子妇：儿媳。舅姑：公婆。 [5]匹嫡并耦：指与嫡妻地位相等。耦，古同"偶"。 [6]郑、卫之辞：指不雅之诗句。

[点评]

颜之推在《风操篇》中也说："自古未见丈人之称施于妇人也。"因此怀疑"丈人"当为"大人"之误。郝懿行《斠记》说："案，先亡丈人，非宜称于祖考，颜君疑'丈'当为'大'，是也。"

此为百里奚妻《琴歌三首》之一，见《乐府诗集》卷六〇。《解题》引《风俗通》："百里奚为秦相，堂上乐作，所赁浣妇，自言知音。呼之，搏髀援琴抚弦而歌者三。问之，乃其故妻，还为夫妇也。"

古《乐府》歌百里奚词曰[1]："百里奚，五羊皮。忆别时，烹伏雌[2]，吹扊扅[3]；今日富贵忘我为！""吹"当作"炊煮"之"炊"。案，蔡邕《月令章句》曰："键，关牡也，所以止扉，或谓之剡移。"然则当时贫困，并以门牡木作薪炊耳。《声类》作㢍^[4]，又或作㞐。

[注释]

[1]百里奚：本为春秋时虞国大夫，晋献公借道伐虢国，顺路灭了虞国，百里奚沦为奴。秦穆公用五张黑羊皮从市井之中将他换回，用他主持国政，人称"五羖大夫"。他辅佐秦穆公，内修国政，外图霸业，开地千里，称霸西戎，促进了秦国的崛起。　[2]伏雌：正在孵蛋的母鸡。　[3]㢍㢍（yǎn yí）：门闩。后文"键""关牡""剡移""门牡""㞐（diàn）"都指门闩。　[4]《声类》：三国魏左校令李登所撰字书，收字11520个，书已不存。

[点评]

"吹"与"炊"是同音假借。"㢍㢍"又写作"剡移"，表示门栓。

《通俗文》，世间题云"河南服虔字子慎造"。虔既是汉人，其《叙》乃引苏林、张揖^[1]；苏、张皆是魏人。且郑玄以前，全不解反语^[2]，《通俗》反音，甚会近俗^[3]。阮孝绪又云"李虔所造"^[4]。河北此书，家藏一本，遂无作李虔者。《晋中经簿》及《七志》^[5]，并无其目，竟不得知谁制。然其文义允惬^[6]，实是高才。殷仲堪《常用字训》

郝懿行《颜氏家训斠记》："案《汉书注》有服虔及应劭，并有反音，不一而足，疑未能明也。"胡奇光《中国小学史》认为："古代字书为后人窜改增补乃是常见之事，服与郑玄同时，他正是我国反切创始人之一。古代目录学家本来就轻视俗文字，如晋葛洪的《要用字苑》亦不见于六朝人的著录。颜的怀疑理由不太充足。大约《通俗文》出于服虔之手，又经后人补订。"

亦引服虔《俗说》[7]，今复无此书，未知即是《通俗文》，为当有异[8]？近代或更有服虔乎？不能明也。

梁玉绳《史记志疑》卷三五："《史通·杂述篇》言'夏禹敷土，实著《山经》'，宋尤袤以为'恢诞不经'，定为先秦之书，朱子以为'缘解《楚辞·天问》而作'（见《通考》），吾丘衍《闲居录》谓'凡政字皆避去，知秦时方士所著'，杨慎《升庵集·山海经后序》以为'出于太史终古、孔甲之流'，疑莫能定，文多冗复，似非一时一手所为。"

[注释]

[1]苏林：字孝友，陈留外黄（今河南民权县西北）人，建安中为五官将文学。黄初中迁博士，官至散骑常侍。博学多通，称为儒宗。 [2]反语：即反切注音法。 [3]会：符合。 [4]阮孝绪（479—536）：字士宗，陈留尉氏（河南尉氏县）人。南朝齐梁时期处士，撰有《七录》。 [5]《晋中经簿》：又称《中经新簿》，西晋荀勖撰。此书以郑默《中经》为依据，是一部综合性的国家藏书目录。《七志》：南朝齐王俭所撰的一部目录书。 [6]允惬：公允适当。 [7]殷仲堪（？—399）：陈郡长平（今河南西华县）人，东晋末年重臣。孝武帝时任荆州刺史。后被桓玄袭杀。《常用字训》：《隋书·经籍志》著录一卷，殷仲堪撰，已亡。 [8]为：或许，也许。

[点评]

颜之推认为服虔不懂反切，反切注音出现于郑玄之后，而世间所传《通俗文》一书中却出现了反切，且该书序言中提到了服虔以后的人名，故推测该书作者不是服虔。本条考证使用了内证和旁证。

或问："《山海经》[1]，夏禹及益所记，而有长沙、零陵、桂阳、诸暨，如此郡县不少，以为何也？"答曰："史之阙文^[2]，为日久矣；加复秦人灭学，董卓焚书，典籍错乱，非止于此。譬犹《本草》神农所述^[3]，而有豫章、朱崖、赵国、常山、奉高、真定、临淄、冯翊等郡县名，出诸药物；《尔雅》周公所作，而云'张仲孝友'；仲尼修《春秋》，而《经》书孔丘卒；《世本》左丘明所书^[4]，而有燕王喜、汉高祖；《汲冢琐语》^[5]，乃载《秦望碑》^[6]；《苍颉篇》李斯所造，而云'汉兼天下，海内并厕，豨黥韩覆，畔讨灭残'^[7]；《列仙传》刘向所造^[8]，而《赞》云'七十四人出佛经'；《列女传》亦向所造^[9]，其子歆又作《颂》，终于赵悼后^[10]，而传有更始韩夫人、明德马后及梁夫人嫕^[11]：皆由后人所羼^[12]，非本文也。"

[注释]

[1]《山海经》：古书名。相传为大禹或伯益作，一般认为成书于战国至汉初。书中包含着关于上古地理、历史、神话、天文、动物、植物、医学、宗教等方面的内容，是一部上古社会生活的百科全书。　[2]阙文：缺失的内容。　[3]《本草》：即《神农本草经》，相传为神农氏撰。　[4]《世本》：相传为先秦史官修撰，记载从黄帝到春秋时期的帝王、诸侯、卿大夫世系和氏姓、都邑、制作、谥法等。　[5]《汲冢琐语》：西晋太康二年（281），汲郡

俞正燮《癸巳类稿》卷一四《僧徒伪造刘向文考》："梁僧佑《弘明论》引汉元之时，刘向序《列仙》云：'七十四人，出在佛经。'一若刘向实有此文也者。《颜氏家训·书证篇》引刘向《列仙传赞》云'七十四人出佛经，此由后人所羼，非本文也'。颜氏通矣。"

人不准盗发魏襄王墓（或言安釐王冢），得竹简书数十车，有《琐语》十一篇，记诸国卜梦、妖怪、相书，称《汲冢琐语》。　[6]《秦望碑》：秦始皇东游会稽时所立碑。据《史记·秦始皇本纪》，始皇帝三十七年（前210），上会稽，祭大禹，望于南海，而立石刻颂秦德。　[7] 海内并厕：意指海内一统。豨（xī）黥韩覆：陈豨受黥刑，韩信覆灭。二人都是西汉开国功臣。畔讨灭残：讨伐叛党，消灭残部。　[8]《列仙传》：相传汉代刘向撰，记载自三皇五帝时至汉代的神仙人物。　[9]《列女传》：相传汉代刘向撰，记载古代妇女事迹。　[10] 赵悼后：战国时赵国悼襄王赵偃的王后。　[11] 更始韩夫人：汉更始帝刘玄的宠姬。明德马后：东汉光武帝刘秀的皇后。梁夫人嫕（yì）：汉和帝的姨妹梁嫕。　[12] 屭（chàn）：掺杂。

［点评］

颜之推指出《山海经》中出现了早于创作时代的地名，并列举另外七种古籍中也出现了早于创作时代的人物、地名和事件等内容，认为这些都是后人对古籍增删屭改造成的结果。

或问曰："《东宫旧事》何以呼鸱尾为祠尾[1]？"答曰："张敞者，吴人，不甚稽古[2]，随宜记注[3]，逐乡俗讹谬，造作书字耳。吴人呼'祠祀'为'鸱祀'，故以'祠'代'鸱'字；呼'绀'为'禁'[4]，故以糸傍作禁代'绀'字；呼'盏'为'竹简反'，故以木傍作展代'盏'字；

呼'镬'字为'霍'字[5]，故以金傍作霍代'镬'字；又金傍作患为'镮'字[6]，木傍作鬼为'魁'字，火傍作庶为'炙'字，既下作毛为'鬐'字；金花则金傍作'华'，窗扇则木傍作'扇'：诸如此类，专辄不少[7]。"

[注释]

[1]《东宫旧事》：晋人张敞撰，记录晋太子礼仪、风俗之类。鸱尾：古代屋顶正脊两端使用的兼具构造性与装饰性的建筑构件，外形似鸱鸟的尾巴而得名。　[2]稽古：考察古代的事迹。　[3]随宜：顺便。记注：记录。　[4]绀（gàn）：青红色。　[5]镬（huò）：大锅。　[6]镮（huán）：铜钱。　[7]专辄：专断。

[点评]

鸱，《广韵》处脂切，平声，脂韵，昌母。祠，《广韵》似兹切，平声，之韵，邪母。鸱、祠二字都是平声，读音相似，容易混淆。汉字是由意符、音符和记号组成的。人们为了方便，根据音义制造了一些俗体字。和正体字比较起来，俗体字的特点是改变笔画或更换偏旁。很多俗体字比正体字笔画少，应用方便，所以得以流传。

又问："《东宫旧事》'六色罽縀'[1]，是何等物？当作何音？"答曰："按《说文》云：'菨[2]，牛藻也，读若威。'《音隐》[3]：'坞瑰反。'

即陆机所谓'聚藻，叶如蓬'者也。又郭璞注《三苍》亦云：'蕴，藻之类也，细叶蓬茸生。'然今水中有此物，一节长数寸，细茸如丝，圆绕可爱，长者二三十节，犹呼为菌。又寸断五色丝，横著线股间绳之，以象菌草，用以饰物，即名为菌；于时当绀六色罽[4]，作此菌以饰绲带[5]，张敞因造'糸'旁'畏'耳，宜作緷。"

[**注释**]

[1]罽（jì）：毛毡。緷（wēi）：同"隈"，弯曲。　[2]菌（jūn）：一种可食用的水藻。　[3]《音隐》：即《说文音隐》，见《隋书·经籍志》。　[4]绀（gàn）：缚。　[5]绲（gǔn）带：以色丝织成的束带。

[**点评**]

张敞造"緷"代替"菌"字，因为"菌"读若"威"，比较生僻，音义都不易掌握，而"畏"与"菌"读音相近，左边加糸旁表意作为形旁，就产生了一个新的形声字"緷"。

柏人城东北有一孤山[1]，古书无载者。唯阚骃《十三州志》以为舜"纳于大麓"[2]，即谓此山，其上今犹有尧祠焉；世俗或呼为宣务山，或呼为虚无山，莫知所出。赵郡士族有李穆叔、季

见《尚书·尧典》："纳于大麓，烈风雷雨弗迷。"

节兄弟、李普济^[3]，亦为学问，并不能定乡邑此山。余尝为赵州佐，共太原王邵读柏人城西门内碑^[4]。碑是汉桓帝时柏人县民为县令徐整所立，铭曰："山有巏嵍^[5]，王乔所仙^[6]。"方知此巏嵍山也。"巏"字遂无所出。"嵍"字依诸字书，即"旄丘"之"旄"也；旄字，《字林》一音"亡付反"，今依附俗名，当音"权务"耳。入邺，为魏收说之，收大嘉叹。值其为《赵州庄严寺碑铭》，因云："权务之精。"即用此也。

[**注释**]
[1] 柏人城：古地名，在今河北唐山西。　[2] 阚骃：字玄阴，敦煌（今甘肃敦煌）人。博通经传，初仕北凉，后入北魏。著有《十三州志》。　[3] 李穆叔：即李公绪，字穆叔，赵郡柏人（今河北隆尧县）人。博通经籍，门荫入仕，后隐居于赞皇山中。撰有《典言》《质疑》《丧服章句》《古今略记》等。季节：李公绪弟李概。李普济：赵郡平棘（治所在今河北赵县城南）人，东魏时官济北太守。　[4] 王劭：并州晋阳（今山西太原）人，仕北齐累至中书舍人。入隋为著作郎近二十年，专门负责撰修《齐书》。　[5] 巏嵍（quán máo）：山名，在今河北隆尧县西。　[6] 王乔：即王子乔。

[**点评**]
巏嵍山、巏务山、宣务山、虚无山、权务山都是指

尧山。世俗呼作宣务山，是将"嵍"读成"务"了。"罐嵍"字形与"權務"相似，"權務"较常用，故容易被世俗使用。

或问："一夜何故五更？更何所训？"答曰："汉、魏以来，谓为甲夜、乙夜、丙夜、丁夜、戊夜，又云鼓，一鼓、二鼓、三鼓、四鼓、五鼓，亦云一更、二更、三更、四更、五更，皆以五为节。《西都赋》亦云[1]：'卫以严更之署[2]。'所以尔者，假令正月建寅[3]，斗柄夕则指寅，晓则指午矣；自寅至午，凡历五辰[4]。冬夏之月，虽复长短参差，然辰间辽阔，盈不过六[5]，缩不至四，进退常在五者之间[6]。更，历也，经也，故曰五更尔。"

《淮南子·天文训》："天一元始，正月建寅。"

夏正建寅，殷正建丑，周正建子，合称"三正"。

[注释]

[1]《西都赋》：又名《西京赋》，东汉班固撰。　[2]严更：警示夜行的更鼓。　[3]正月建寅：古代以北斗星斗柄的运转计算月分，斗柄指向十二辰中的寅即为夏历正月。　[4]五辰：五个时辰。　[5]"盈不过六"二句：长的不超过六个时辰，短的不少于四个时辰。　[6]进退：出入。

《尔雅》云："朻[1]，山檕也。"郭璞注云："今尤似蓟[2]而生山中。"案：尤叶其体似蓟，近世文士，遂读"蓟"为"筋肉"之"筋"，以耦"地骨"用之[3]，恐失其义。

[注释]

[1]尤（zhú）：多年生草本植物，根状茎可入药。有白术、苍术等。尤又写作"术"。　[2]蓟（jì）：多年生草本植物，茎和叶有刺和白色软毛，初夏开紫红色花，全草可入药。　[3]耦：古同"偶"，匹配。地骨：枸杞。

[点评]

《尔雅·释草》"尤"邢昺疏："生平地者即名蓟，生山中者一名尤。"可见"尤"与"蓟"有所不同。自汉以来，隶书从"鱼"与从"角"之字往往不分，"蓟"字俗作"蓟"，"筋"字俗作"勋"，"蓟"与"勋"形近，所以南北朝文士将"蓟"误作"筋"。

或问："俗名傀儡子为'郭秃'[1]，有故实乎[2]？"答曰："《风俗通》云：'诸郭皆讳秃。'当是前代人有姓郭而病秃者，滑稽戏调[3]，故后人为其象，呼为郭秃，犹'文康'象庾亮耳[4]。"

《乐府诗集》卷八七《邯郸郭公歌》解题引《乐府广题》说："北齐后主高纬，雅好傀儡，谓之郭公。时人戏为郭公歌云云。"

"郭秃"与"傀儡"为叠韵联绵词，不应当分解。同族的联绵词还有"骨突""骨朵"等等。

[注释]

[1]傀儡子：木偶戏。　[2]故实：出处，典故。　[3]戏调：

开玩笑。 [4]文康：乐舞名。本为东晋名臣庾亮家乐舞。庾亮去世后谥文康，其家乐伎为了追思庾亮，将这种乐舞称为"文康乐"。

　　或问曰："何故名治狱参军为'长流'乎[1]？"答曰："《帝王世纪》云：'帝少昊崩[2]，其神降于长流之山，于祀主秋。'案《周礼·秋官》，司寇主刑罚、长流之职[3]，汉、魏捕贼掾耳[4]。晋、宋以来，始为参军[5]，上属司寇，故取秋帝所居为嘉名焉。"

朱亦栋《群书札记》卷十《长流》："案，'长流'二字，切音为'秋'，即秋官之谓也；颜氏所引，毋乃迂曲与？考《山海经》，长留之山，其神白帝，少昊居之。《世纪》本此。"此为一说。

[注释]

[1]治狱参军：又称长流参军，负责防备盗贼。 [2]少昊：又作少皞，上古传说五帝之一，名挚，又名玄嚣，号青阳、金天氏。黄帝长子。 [3]司寇：古代主管刑狱的官名。 [4]掾（yuàn）：官府中的佐助官吏。 [5]参军：参谋军事，晋以后军府和王国始设为官职。

　　客有难主人曰："今之经典，子皆谓非，《说文》所言，子皆云是，然则许慎胜孔子乎？"主人拊掌大笑[1]，应之曰："今之经典，皆孔子手迹耶？"客曰："今之《说文》，皆许慎手迹乎？"答曰："许慎检以六文[2]，贯以部分[3]，使不得误，误则觉之。孔子存其义而不论其文也。先儒尚得改文从意，何况书写流传耶？必如《左传》'止戈为武'，'反正为乏'，'皿虫为蛊'，'亥有二首六身'之类，后人自不得辄改也[4]，安敢以《说文》校其是非哉？且余亦不专以《说文》为是也，其有援引经传，与今乖者，未之敢从。又相如《封禅书》曰：'导一茎六穗于庖[5]，牺双觡共抵之兽[6]。'此'导'训'择'，光武诏云'非徒有豫养导择之劳'是也[7]。而《说文》云：'藄是禾名[8]。'引《封禅书》为证；无妨自当有禾名藄，非相如所用也。'禾一茎六穗于庖'，岂成文乎？纵使相如天才鄙拙[9]，强为此语；则下句当云'麟双觡共抵之兽'，不得云'牺'也。吾尝笑许纯儒[10]，不达文章之体[11]，如此之流，不足凭信。大抵服其为书，隐括有条例[12]，剖析穷根源，郑玄注书，往往引以为证；若不信其说，则冥冥不知一点一画[13]，有何意焉。"

［注释］

[1] 拊（fǔ）掌：拍掌。　　[2] 检：整理。　　[3] 部分：按部首分类。　　[4] 辄改：随意改动。　　[5] "导一茎"句：选取一茎六穗

"止戈为武"，见《左传·宣公十二年》；"反正为乏"，见《左传·宣公十五年》；"皿虫为蛊"，见《左传·昭公元年》；"亥有二首六身"，见《左传·襄公三十年》。

据段玉裁说，《说文解字》本来作："藄，藄米也。"而各本删"藄"字，改"米"为"禾"。吕忱《字林》、《颜氏家训》时已如此。"藄，择也，择米曰藄米。汉人语如此，雅俗共知者。""凡作导者，讹字也，藄米是常语"，"浅人概谓复字而删之，又改米为禾，吕忱、徐广、颜之推、司马贞皆执误本。"见《说文解字注》七篇上《禾部》。

的嘉禾于庖厨以供祭祀。导,选取。　[6]"牺双骼(gé)"句:用两角合一的异兽作祭品。牺,牺牲,指祭品。骼,兽角。　[7]豫养:预先教养。导择:选择。　[8]稻(dào):择米。　[9]鄙拙:浅俗拙劣。　[10]纯儒:纯粹的儒者。　[11]达:通晓。　[12]隐括:又作"隐栝",矫正邪曲的器具。引申为标准、规范。　[13]冥冥:愚昧懵懂。

[点评]

　　颜之推指出经典在传抄过程中经过改动,会产生错误,所以要进行辨析。他重视许慎《说文解字》,认为许慎根据"六书"来分析字形、解释字义,体例明确;将文字按照部首分类,通过分析字的形体结构来探求本义,使文字的形、音、义都一目了然,不容易出错,因此考察字义要引《说文》为证。不过颜之推并不完全以《说文》为是,认为《说文》中也会有错误。

　　世间小学者,不通古今,必依小篆是正书记[1];凡《尔雅》《三苍》《说文》,岂能悉得苍颉本指哉[2]?亦是随代损益,互有同异。西晋已往字书,何可全非?但令体例成就,不为专辄耳。考校是非,特须消息[3]。至如"仲尼居"三字之中,两字非体,《三苍》"尼"旁益"丘",《说文》"尸"下施"几":如此之类,何由可从?古无二字,又多假借,以"中"为"仲",以"说"为"悦",

"仲尼居",见《孝经·开宗明义章》

以"召"为"邵"，以"閒"为"闲"：如此之徒，亦不劳改。自有讹谬，过成鄙俗，"亂"旁为"舌"，"揖"下无"耳"，"鼋""鼍"从"龟"，"奮""奪"从"萑"，"席"中加"带"，"惡"上安"西"，"鼓"外设"皮"，"鑿"头生"毁"，"離"则配"禹"，"壑"乃施"豁"，"巫"混"經"旁，"皋"分"澤"半，"獵"化为"獦"，"寵"变成"竉"，"業"左益"片"，"靈"底著"器"，"率"字自有"律"音，强改为别，"单"字自有"善"音，辄析成异。如此之类，不可不治。吾昔初看《说文》，蚩薄世字[4]，从正则惧人不识，随俗则意嫌其非，略是不得下笔也。所见渐广，更知通变，救前之执[5]，将欲半焉。若文章著述，犹择微相影响者行之[6]，官曹文书，世间尺牍，幸不违俗也。

[注释]

[1] 小篆：又称秦篆。秦始皇统一六国后，推行"书同文，车同轨"，由丞相李斯负责，在秦国原来使用的大篆（籀文）基础上进行简化，创制的统一文字。是正：订正。书记：这里指书籍。　[2] 苍颉：又作"仓颉"，传说为黄帝时的史官，汉字的创造者。　[3] 消息：斟酌，衡量。　[4] 蚩薄：嗤笑鄙薄。蚩，通"嗤"。世字：世俗文字。　[5] 执：执着。　[6] 微相影响：稍稍相近。

陆德明《经典释文叙录·条例》："五经字体，乖替者多，至如鼋鼍从龟，乱辞从舌，席下为带，恶上安西，析傍著片，离边作禹，直是字讹，不乱余读。如宠字为垄，锡字为锡，用支代文，将无混无，若斯之流，便成两失。"张守节《史记正义》论字例云："若其鼋鼍从龟，辞乱从舌，觉学从与，泰恭从小，匚匠从走，巢藻从果，耕耤从禾，席下为带，美下为火，哀下为衣，极下为点，析傍著片，恶上安西，餐侧出头，离边作禹，此之等类，直是字讹。宠字为竉，锡字为锡，以支代文，将无混无，若兹之流，便成两失。"陆、张所举，与颜之推所言大同小异。

[点评]

　　王利器《集解》引陈直说："颜氏列举当时之俗体字，今以六朝碑刻证之，无不吻合。"刘盼遂也说："以下十四句，黄门所举诸俗字，具见于邢澍《金石文字辨》、杨绍廉《金石文字辨续编》、赵之谦《六朝别字记》、杨守敬《楷法溯源》、罗振玉《六朝碑别字》诸书。"所谓"从正则惧人不识，随俗则意嫌其非"，表示颜之推对正字和俗字的看法。他主张文章著述用字要慎重，应当使用正字，而官曹文书和世间尺牍则可以宽松一点，使用俗字也无妨。

《周易参同契》魏伯阳自叙中用离合诗寓其姓名，最后说："柯叶萎黄，失其华荣，吉人乘负，安稳长生。"四句合成"造"字。颜之推此处说"人负告"，可能是"人负吉"之讹。

　　案："弥""亙"字从二间舟[1]，《诗》云"亙之秬秠"是也[2]。今之隶书，转"舟"为"日"；而何法盛《中兴书》乃以"舟"在"二"间为舟航字，谬也。《春秋说》以"人十四心"为"德"，《诗说》以"二在天下"为"酉"，《汉书》以"货泉"为"白水真人"[3]，《新论》以"金昆"为"银"[4]，《国志》以"天上有口"为"吴"[5]，《晋书》以"黄头小人"为"恭"[6]，《宋书》以"召刀"为"邵"，《参同契》以"人负告"为"造"[7]：如此之例，盖数术谬语[8]，假借依附，杂以戏笑耳。如犹转"贡"字为"项"[9]，以"叱"为

"七"，安可用此定文字音读乎？潘、陆诸子《离合诗》《赋》[10]，《栻卜》《破字经》[11]，及鲍照《谜字》[12]，皆取会流俗[13]，不足以形声论之也。

[注释]

[1] 弥亘（gèn）：绵延。亘与亘（xuān）是两个不同的字，后世多混淆。　[2] 秬秠（jù pī）：秬是黑黍的大名，秠是黑黍中一壳二米者。　[3] 货泉：钱。王莽篡位，忌恶刘氏，因钱文中有"金刀"，故改称货泉；或者称货泉为"白水真人"。白水，即"泉"字。　[4]《新论》句：《太平御览》卷八一二引桓谭《新论》说："鈗则金之公，而银者金之昆弟也。"　[5]《国志》句：见《三国志·吴书·薛综传》，"天上有口"即"吴"字。　[6] 黄头小人：即"恭"字。据《宋书·五行志》，王恭在京口，民间忽唱："黄头小人欲作贼，阿公城下指缚得。"又唱："黄头小人欲作乱，赖得金刀作蕃捍。""黄头"即"恭"的上部；"小人"即"恭"的下部。　[7]《参同契》：即《周易参同契》，东汉魏伯阳撰，为道教最早的系统论述炼丹的经籍。　[8] 数术：方术。　[9] 如犹：犹如。　[10] 潘：潘岳。陆：陆机。《离合诗》：古代杂体诗的一种，通常根据汉字上下、左右、内外结构的特点，在诗句内拆开字形，取其一半，再和另一字的一半拼成其他字，先离后合。一般用四句诗离合一个字，如潘岳《离合诗》第一章"佃渔始化，人民穴处；意守醇朴，音应律吕"，前两句的第一字由"佃"离"人"而为"田"，后两句的第一字由"意"离"音"而为"心"，将"田"与"心"相合即成一个新的字"思"。　[11]《栻卜》句："栻卜"又作"式卜"，"破字"即"拆字"，都是古代的占卜方法。《隋书·经籍志》有《破字要诀》一卷，又有《式经》一卷。栻，即

《太平御览》卷九六五引《东方朔别传》："武帝时，上林献枣，上以所持杖击未央前殿槛，呼朔曰：'叱叱，先生，来来，先生知此箧中何等物也？'朔曰：'上林献枣四十九枚。'上曰：'何以知之？'朔曰：'呼朔者，上也；以杖击槛两木，两木者，林也；来来者，枣也；叱叱，四十九枚。'上大笑，赐帛十四。"颜氏所说"以叱为七"，可能是用东方朔对汉武帝语。

《鲍照集》中有《字谜三首》，一云："一形二体，四支八头，四八一八，飞泉仰流。"为"井"字。二云："头如刀，尾如钩，中央横广，四角六抽，右面负两刃，左边双属牛。"为"龟"字。三云："乾之一九，只立无偶，坤之二六，宛然双宿。"为"土"字。

栻盘（式盘），又称星盘，古代占卜时日的用具。　[12]鲍照（约416—466）：字明远，祖籍东海（今山东郯城县）人。南朝宋孝武帝大明年间任刘子顼前军参军，故世称"鲍参军"。其诗雅丽，不避危仄，与北周庾信并称"鲍庾"，与颜延之、谢灵运并称"元嘉三大家"。　[13]取会流俗：迎合时俗。

河间邢芳语吾云[1]："《贾谊传》云：'日中必熭[2]。'注：'熭，暴也。'曾见人解云：'此是暴疾之意，正言日中不须臾，卒然便昃耳[3]。'此释为当乎？"吾谓邢曰："此语本出《太公六韬》[4]，案字书，古者"暴晒"字与"暴疾"字相似[5]，唯下少异，后人专辄，加傍日耳。言日中时，必须暴晒，不尔者，失其时也。晋灼已有详释[6]。"芳笑服而退。

见《汉书·贾谊传》。

[注释]

[1]河间：今河北河间。　[2]熭（wèi）：暴晒。　[3]昃（zè）：太阳偏西。　[4]《太公六韬》：又称《六韬》，古代兵书。据说是由周初太公望（即吕尚、姜子牙）所撰，全书以太公与文王、武王对话的方式编成。　[5]暴：与下文"暴"都是"暴"的异体。　[6]晋灼：西晋时期河南（今河南洛阳）人，为尚书郎。集《汉书》诸家注为一部，以意增益，辩其当否，成《汉书集注》。见颜师古《汉书注叙例》、《新唐书·艺文志》。

[**点评**]

"暴""曓"字形非常相似，但音义不同：前者《说文解字》在日部，指暴晒，引申为暴露；后者《说文解字》在本部，指快速，突然发作。"暴"是暴晒、烤干的意思，当和"暴"同义，不可作"快速"讲。后世将"暴""曓"二字都写成"暴"，于是容易混淆音义。

音辞第十八

夫九州之人，言语不同，生民已来[1]，固常然矣。自《春秋》标齐言之传[2]，《离骚》目《楚词》之经[3]，此盖其较明之初也[4]。后有扬雄著《方言》[5]，其言大备。然皆考名物之同异[6]，不显声读之是非也[7]。

[注释]

[1] 生民已来：人类诞生以来。 [2] 齐言：齐国方言。 [3] "《离骚》"句：王逸《离骚经序》："屈原执履忠贞而被谗邪，忧心烦乱，不知所诉，乃作《离骚经》。"赵曦明认为王逸之说不确，"经"字乃后人所加。《楚词》，即《楚辞》。 [4] 较明：显明。 [5]《方言》：汉代著名学者扬雄撰，全称《辚轩使者绝代语释别国方言》，是中国第一部汉语方言词汇集。今本《方言》

计十三卷，轮廓大体仿《尔雅》。　[6]名物：指事物的名称、特征等。　[7]声读：读音。

[点评]

颜之推在本篇中专门讨论音韵问题，辨析古今语音的变迁演化、南北音辞的异同得失。周祖谟《颜氏家训音辞篇注补》指出：“考《家训》此篇专为辨析声韵而作，斟酌古今，掎摭利病，具有精义，实乃研求古音者所当深究。”全篇共涉及约四十条字音的辨析，既有单字音层面的字音辨析，也有由单字的声韵辨析扩展到音类层面的字音辨析。颜之推认为，语音会随着时空的转换而发生变化，南北地域的不同、古今时代的变迁，会引起语音的改变。他的这个观点在后世也获得了共鸣。如明代陈第《毛诗古音考自序》说：“盖时有古今，地有南北，字有更革，音有转移，亦势所必至。”

　　逮郑玄注《六经》，高诱解《吕览》《淮南》[1]，许慎造《说文》，刘熹制《释名》[2]，始有譬况、假借以证音字耳[3]。而古语与今殊别，其间轻重、清浊[4]，犹未可晓；加以内言外言、急言徐言、读若之类[5]，益使人疑。孙叔言创《尔雅音义》[6]，是汉末人独知反语[7]。至于魏世，此事大行。高贵乡公不解反语[8]，以为怪异。自兹厥后，音

《释名》通过声音去解释事物，说明音与义之间的关系。如：“日，实也，光明盛实也”；“月，阙也，满则阙也”；“冬，终也，物终成也”；“彗星，光梢似彗也”；“身，伸也，可屈伸也”；“脊，积也，积续骨节终上下也”等等。

杨慎《丹铅馀录》卷二：“秦汉以前，书籍之文，言多譬况，当求于意外。如《尚书》云‘说筑傅岩之野’，‘筑’之为言‘居’也，后世犹有‘卜筑’之称，求其说而不得，遂谓傅说起于板筑，虽孟子亦误矣。”

段玉裁《周礼汉读考·序》说：“读如、读若者，拟其音也。古无反语，故为比方之词。”

韵锋出，各有土风^[9]，递相非笑，指马之谕^[10]，未知孰是。共以帝王都邑，参校方俗，考核古今，为之折衷。摧而量之^[11]，独金陵与洛下耳^[12]。

[注释]

[1]"高诱"句：高诱著有《吕氏春秋注》《淮南子注》等。　[2]刘熹：又作"刘熙"，字成国，北海郡（今山东昌乐县）人，东汉末经学家、训诂学家。著有《释名》《谥法》《孟子注》等书。　[3]譬况：用近似的事物来比照说明。假借：指借用已有的形近、音同的字，表示不同意义的词。　[4]轻重、清浊：语音的轻音与重音、清声与浊声。　[5]"加以内言外言"三句：古代训诂家注音用语。内言发洪音，外言发细音，急言发音急促，徐言发音缓慢。读若又作"读如""读若某同""读与某同"，多用于拟声注音。　[6]孙叔言：孙炎，字叔言（又作叔然），东汉末乐安（今山东博兴县东北）人。受业于郑玄，著有《尔雅音义》。　[7]反语：即反切注音法。　[8]高贵乡公：曹髦（241—260），魏文帝曹丕之孙，曹魏第四位皇帝。正始五年（244）封为高贵乡公，嘉平六年（254）大将军司马师废除齐王曹芳后，拥立为帝。因不满司马氏专权秉政，甘露五年（260）五月己丑日，亲自讨伐司马昭，为太子舍人成济所弑，年仅十九岁。　[9]土风：指地方特色。　[10]指马之谕：战国时名家公孙龙提出"物莫非指，而指非指""白马非马"等诡辩命题，讨论名实问题。此处借指是非莫辩。　[11]摧而量之：商榷评估。摧，同"榷"。　[12]洛下：指洛阳。

[**点评**]

　　颜之推论述了古代音韵学的发展过程。他认为，孙炎之前的学者如郑玄、高诱、许慎、刘熹等标注字音的方法既不统一，概念又比较混乱。直到孙炎撰《尔雅音义》，使用"反切"注音，开启了新的注音方法。孙炎的《尔雅音义》今已失传，《经典释文》《集韵》《初学记》《诗经正义》《文选》李善注和《太平御览》等书里引用过《尔雅音义》的反切一百多例，可以窥见它所反映的一些汉末语音现象。陆德明《经典释文序录》说："古人音书，止为譬况之说，孙炎始为反语。"张守节《史记正义·论例》也认为："先儒音字，比方为音，至魏秘书孙炎，始作反音。"清人郝懿行《颜氏家训斠注》则反驳说："案反语非起于孙叔然，郑康成、服子慎、应仲远年辈皆大于叔然，并解作反语，具见《仪礼》《汉书》注，可考而知。余尝以为，反语古来有之，盖自叔然始畅其说，而后世因谓叔然作之尔。"无论如何，孙炎是古代注音学史上的一个分水岭，此后"音韵锋出"，相关著述甚多，然而"各有土风"，夹杂了方言读音，因此学者"递相非笑"，不知以何者为正。颜之推认为，考核语音，要以帝王都邑为坐标，"参校方俗，考核古今，为之折衷"。如果以此为标准，可以划分为"金陵"与"洛下"两个语音系统。

　　与颜之推大体同时的陆德明说："方言差异，固自不同，河北、江南，最为巨异，或失在浮清，或滞于重浊。"（《经典释文序录》）陆法言也说："吴楚则时伤清浅，燕赵则多涉重浊。"（《切韵序》）"吴楚""江南"即南方方言，"燕赵""河北"指北方方言。

　　南方水土和柔，其音清举而切诣[1]，失在浮浅，其辞多鄙俗。北方山川深厚，其音沉浊而鈋钝[2]，得其质直，其辞多古语。然冠冕君子，南张籍《永嘉行》："北人避胡皆在南，南人至今能晋语。""晋语"就是北方话。

陈寅恪《从史实论切韵》："颜黄门乃以金陵士族所操之语音为最上，以洛阳士庶共同操用之语音居其次，而以金陵庶人所操之语音为最下矣。""盖当时金陵士族操北音，故得云'南染吴越'也。""金陵士族与洛下士庶所操之语言，虽同属古昔洛阳之音系，而一染吴越，一糅夷虏，其驳杂不纯，又极相似。"

方为优；闾里小人，北方为愈。易服而与之谈，南方士庶，数言可辩；隔垣而听其语，北方朝野，终日难分。而南染吴越，北杂夷虏，皆有深弊，不可具论[3]。其谬失轻微者，则南人以"钱"为"涎"，以"石"为"射"，以"贱"为"羡"，以"是"为"舐"；北人以"庶"为"戍"，以"如"为"儒"，以"紫"为"姊"，以"洽"为"狎"。如此之例，两失甚多[4]。至邺已来，唯见崔子约、崔瞻叔侄，李祖仁、李蔚兄弟，颇事言词，少为切正[5]。李季节著《音韵决疑》[6]，时有错失；阳休之造《切韵》[7]，殊为疏野[8]。吾家儿女，虽在孩稚，便渐督正之[9]；一言讹替[10]，以为己罪矣。云为品物[11]，未考书记者[12]，不敢辄名，汝曹所知也。

[**注释**]

[1]清举：清脆悠扬。切诣：发音迅急。　[2]铣（é）钝：浑厚。　[3]具论：细说。　[4]两失：两方各有失误。　[5]少：稍。切正：正确。　[6]李季节：李概，字季节，北齐时官至太子舍人。著有《修续音韵决疑》十四卷，见《隋书·经籍志》。　[7]阳休之：字子烈，北平郡无终县（今天津）人。仕北齐，官至尚书右仆射。著有《韵略》。　[8]疏野：粗疏不雅。　[9]督正：督促纠正。　[10]讹替：差错。　[11]云为：指言行。《周易·系辞下》：

"变化云为，吉事有祥。"品物：各种事物。《周易·乾卦》："云行雨施，品物流形。"　[12] 书记：文献记载。

[点评]

自古以来，南北语音都有比较明显的差异。《淮南子·地形训》说："轻土多利，重土多迟；清水音小，浊水音大。"《汉书·地理志》说："凡民函五常之性，而其刚柔缓急，音声不同，系水土之风气。"颜之推对当时南北语音进行了细致的观察和比较，从宏观上归纳了南北语音的特点：南音"清举而切诣"，北音"沉浊而钝钝"，南音"失在浮浅，其辞多鄙俗"；北音"得其质直，其辞多古语"。所谓"清举""浮浅"，大概指发音时，元音偏高偏前，开口呼的字较多；而"沉浊""钝钝"，则指元音偏后偏低，合口呼的字较多。当时的南方音，在声母上相混较多，而北方音则在分韵上不如南方音严密。另外，颜之推还注意到南北不同社会阶层在语言使用上的差异。晋室南渡后，北方人大量南迁，便把以洛阳话为中心的北方话带到了南方，引得南方士人纷纷仿效，而南方普通庶族则仍然使用原来的吴方言。由此，在江南便形成了士庶两族在语言使用上的差异。语言上的影响是相互的。随着人员往来，北方士族"南染吴越"，也受到了吴越方言的影响。留在北方的士庶两族则比较一致保留了古语，然而随着少数民族入主中原，北方语言中也不可避免地杂入了一些"胡语"成分，这是语言融合的结果。南方语音，声多不切，而北人语音分韵较宽，不如南人严密。

据《隋书·经籍志》:"《声类》十卷,魏左校尉李登撰。"《隋书·潘徽传》:"末有李登《声类》、吕静《韵集》,始判清浊,才分宫羽,而全无引据,过伤浅局,诗赋所须,卒难为用。"封演《封氏闻见记》卷二:"魏时有李登者,撰《声类》十卷,凡一万一千五百二十字,以五声命字,不立诸部。晋有吕忱,更按群典,搜求异字,复撰《字林》七卷,亦五百四十部,凡一万二千八百二十四字,诸部皆依《说文》,《说文》所无者,是忱所益。"《魏书·江式传》:"(吕)忱弟静别放故左校令李登《声类》之法,作《韵集》五卷,宫、商、角、徵、羽各为一篇。"

古今言语,时俗不同;著述之人,楚、夏各异[1]。《苍颉训诂》[2],反"稗"为"逋卖",反"娃"为"於乖";《战国策》音"刿"为"免",《穆天子传》音"谏"为"间"[3];《说文》音"戛"为"棘",读"皿"为"猛";《字林》音"看"为"口甘反"[4],音"伸"为"辛";《韵集》以"成""仍""宏""登"合成两韵[5],"为""奇""益""石"分作四章;李登《声类》以"系"音"羿"[6],刘昌宗《周官音》读"乘"若"承"[7]:此例甚广,必须考校[8]。前世反语,又多不切,徐仙民《毛诗音》反"骤"为"在遘"[9],《左传音》切"椽"为"徒缘",不可依信,亦为众矣。今之学士,语亦不正;古独何人,必应随其讹僻乎[10]?《通俗文》曰:"入室求曰搜。"反为"兄侯"。然则"兄"当音"所荣反"。今北俗通行此音,亦古语之不可用者。"玙璠"[11],鲁之宝玉,当音"余烦",江南皆音"藩屏"之"藩"。"岐山"当音为"奇",江南皆呼为"神祇"之"祇"。江陵陷没[12],此音被于关中[13],不知二者何所承案[14]。以吾浅学,未之前闻也。

［注释］

[1]楚、夏:指南方、北方。　[2]《苍颉训诂》:东汉杜林撰,为《苍颉篇》所作的注释。　[3]《穆天子传》:记载周穆王巡游之事的著作。西晋武帝太康二年（281）发现于汲冢,由荀勖校订,郭璞为其作注。　[4]《字林》:古代字书,晋吕忱著,收字12824个,按《说文解字》540部首排列,已佚。　[5]《韵集》:古代韵书。《隋书·经籍志》著录“《韵集》十卷,又六卷,晋安复令吕静撰”,“《韵集》八卷,段弘撰”。　[6]《声类》:三国魏李登著,收字11520个,已佚。　[7]刘昌宗:晋代人。著有《周礼音》《仪礼音》各一卷,《礼记音》五卷。见《隋书·经籍志》。　[8]考校:考证、校勘。　[9]“徐邈”句:徐邈著有《正五经音训》,《毛诗音》当为其中之一。　[10]讹僻:错误。　[11]玙璠（yú fán）:美玉。　[12]江陵陷没:指梁元帝承圣三年（554）冬江陵被西魏军攻陷。　[13]被:流传。关中:大约相当于今陕西一带地区。　[14]何所承案:意即有何来历。

［点评］

古今时代的变迁和各地习俗的不同,反映在语言上会有差异。著述之人因受南北地域风气的影响,在语音上也有所反映。王国维《六朝人韵书分部说》指出:“案《颜氏家训·音辞篇》云:‘《韵集》以成、仍、宏、登合成两韵,为、奇、益、石分作四章’,皆不可依信。今陆《韵》成在清韵,仍在蒸韵,宏在耕韵,登自为韵,又为、奇二字皆入支韵,益、石二字皆入麦韵,盖用颜氏之说。”

北人之音,多以“举”“莒”为“矩”;唯李事见《管子·小问》《吕氏春秋·重言》。齐桓公与管仲闭门谋划讨伐莒国，此事还没有公布，齐国人都已经知道了。桓公、管仲怀疑是东郭牙泄漏了消息，东郭牙也承认了。桓公问："你怎么知道寡人要伐莒？"东郭牙回答说是自己猜的。桓公问他怎么猜出来的，东郭牙说："日者臣视二君之在台上也，口开而不阖，是言莒也；举手而指，势当莒也。且臣观小国诸侯之不服者，唯莒，于是臣故曰伐莒。"

季节云："齐桓公与管仲于台上谋伐莒，东郭牙望见桓公口开而不闭，故知所言者'莒'也。然则'莒''矩'必不同呼[1]。"此为知音矣。

[注释]

[1] 呼：音韵学名词。依发音时的口唇形态，将韵母分为开口呼、齐齿呼、合口呼、撮口呼四类，合称"四呼"。

[点评]

《切韵》"举""莒"音"居许反"，在语韵；"矩"音"俱羽反"，在虞韵。颜之推举此说明北人多不能区分鱼、虞二韵。齐桓公与管仲密谋，东郭牙望见桓公口开而不闭，推知其所说的是莒。说明"莒""矩"音呼不同，"莒"为开口，"矩"为合口。

夫物体自有精粗，精粗谓之"好恶"[1]；人心有所去取，去取谓之"好恶"[2]。此音见于葛洪、徐邈。而河北学士读《尚书》云"好生恶杀"。是为一论物体，一就人情，殊不通矣[3]。

[注释]

[1] 好恶（hǎo è）：好坏。　[2] 好恶（hào wù）：喜好和厌恶。　[3] 殊：特别。

[点评]

"好恶"有两种用法，读音不同。河北学士将《尚书》中语读为"好（hào）生恶（è）杀"，颜之推认为"殊不通"。

"甫"者，男子之美称，古书多假借为"父"字；北人遂无一人呼为"甫"者，亦所未喻。唯管仲、范增之号[1]，须依字读耳。

[注释]

[1]"唯管仲"句：齐桓公尊管仲为"仲父"，项羽尊范增为"亚父"。

[点评]

《切韵》中"甫"为"方主反"，父为"扶雨反"，都为虞韵，但"父"为非母，"甫"为奉母。北人不知"父"为"甫"的假借字，故颜之推讥之。

案诸字书，"焉"者鸟名，或云语词[1]，皆音"于愆反"。自葛洪《要用字苑》分"焉"字音训：若训"何"、训"安"，当音"于愆反"，"于焉逍遥""于焉嘉客""焉用佞""焉得仁"之类是也；若送句及助词[2]，当音"矣愆反"，"故称龙焉""故称血焉""有民人焉""有社稷焉""托

"于焉逍遥""于焉嘉客"，出自《诗经·小雅·白驹》。"焉用佞""焉得仁"，出自《论语·公冶长》。

"故称龙焉""故称血焉"，出自《周易·坤卦·文言》。

"有民人焉""有社稷焉"，出自《论语·先进》。

"托始焉尔"，出自《春秋公羊传·隐公二年》。

始焉尔""晋郑焉依"之类是也。江南至今行此分别，昭然易晓；而河北混同一音，虽依古读，不可行于今也。

[**注释**]

[1]语词：语助词。　[2]送句：句末语气词。

[**点评**]

"焉"音"于愆反"时用作副词，即"安""恶"一声之转，为影母字。"焉"音"矣愆反"时用作助词，即"矣""也"一声之转，为喻母字。陆德明《经典释文》凡用作副词的则音"于虔反"，用作语助词的则云"如字"。江南地区分别较严，而北方地区则往往混淆为一音。

"晋郑焉依"，出自《左传·隐公六年》。

见《左传·昭公二十六年》。

"天邪地邪"，今本《庄子》无此，而《庄子·大宗师》有"父邪？母邪？天乎？人乎？"

《汉书·外戚传》："上愈益相思悲感，为作诗曰：'是邪非邪？立而望之，偏何姗姗其来迟！'"

"邪"者，未定之词。《左传》曰："不知天之弃鲁邪？抑鲁君有罪于鬼神邪？"《庄子》云："天邪地邪？"《汉书》云："是邪非邪"之类是也。而北人即呼为"也"，亦为误矣。难者曰："《系辞》云：'乾坤，易之门户邪？'此又为未定辞乎？"答曰："何为不尔！上先标问，下方列德以折之耳 [1]。"

[注释]

[1] 德：指乾、坤之德，如乾健坤顺、乾刚坤柔之类。折：裁决，判定。

[点评]

"也""邪"古多通用，后世读音有所区别。《切韵》"邪，以遮反"，在麻韵；"也，以者反"，在马韵。"邪"为平声，"也"为上声。

江南学士读《左传》，口相传述，自为凡例[1]，军自败曰败，打破人军曰败。诸记传未见"补败反"，徐仙民读《左传》，唯一处有此音，又不言自败、败人之别，此为穿凿耳。

[注释]

[1] 凡例：体例，章法。

[点评]

"自败""败人"之"败"，先秦时并没有区别。汉魏以后经师才将其分为二读。陆德明《经典释文序录》对此有辨析，"自败"之"败"音"蒲迈反"，"败人"之"败"音"补败反"。江南学士相传如此。

古人云："膏粱难整[1]。"以其为骄奢自足，

《大戴礼记·保
傅》："保，保其身
体；傅，傅其德义。"

不能克励也[2]。吾见王侯外戚，语多不正，亦由
内染贱保傅[3]，外无良师友故耳。梁世有一侯，
尝对元帝饮谑[4]，自陈"痴钝"，乃成"飔段"，
元帝答之云："飔异凉风[5]，段非干木。"谓"郢
州"为"永州"，元帝启报简文[6]，简文云："庚
辰吴入，遂成司隶[7]。"如此之类，举口皆然。
元帝手教诸子侍读，以此为诫。

[注释]

[1]膏粱：肥肉和细粮，代指富贵生活或富贵人家。　[2]克
励：刻苦自励。　[3]保傅：古代保育、教导天子和诸侯子弟的男
女官员，统称为保傅。　[4]饮谑：饮酒取乐。　[5]"飔（sī）异
凉风"二句：南朝梁元帝调侃语。飔，凉风。段干木，战国初年
魏国名士，姓李，名克，封于段，为干木大夫，故称段干木。师
子夏，友田子方，为孔子再传弟子。　[6]简文：即南朝梁简文帝
萧纲。　[7]"庚辰吴入"二句：简文帝调侃语，讥笑将"郢"读
为"永"。"庚辰吴入"指春秋时吴国军队攻入楚国郢都事，见《左
传·定公四年》，简文帝暗用"郢"字。司隶，指东汉司隶校尉
鲍永，简文帝暗用"永"字。

[点评]

梁侯将"痴钝"读成"飔段"，上字声误，下字韵误。
读"郢"为"永"，则声、韵都误。这些都是王侯外戚"内
染贱保傅，外无良师友"造成的结果。

河北切"攻"字为"古琮"，与工、公、功三字不同，殊为僻也[1]。比世有人名"暹"[2]，自称为"纤"；名"琨"，自称为"衮"；名"洸"[3]，自称为"汪"；名"礿"[4]，自称为"獥"[5]。非唯音韵舛错[6]，亦使其儿孙避讳纷纭矣[7]。

[**注释**]

[1]僻：偏颇。　[2]比世：近世。　[3]洸（guāng）：水波动荡闪光。　[4]礿（yuè）：白色的丝织品。　[5]獥（shuò）：惊惧。　[6]舛错：错误。　[7]纷纭：杂乱。

[**点评**]

颜之推"不但能够考古，尤其精于审音"（缪钺语），这在《勉学》《音辞》《书证》等篇中都有大量的反映。陆法言《切韵序》说，在隋开皇初年，他与颜之推、萧该等人经常聚会，"夜永酒阑，论及音韵"，"因论南北是非，古今通塞，欲更捃选精切，除削疏缓，萧、颜多所决定"。在讨论音韵的过程中，基本上采纳了萧该、颜之推的意见，最后由陆法言记录下来，写入《切韵》。由此可见颜之推对音韵学非常有研究。

杂艺第十九

真草书迹[1]，微须留意。江南谚云："尺牍书疏，千里面目也。"承晋、宋余俗，相与事之，故无顿狼狈者[2]。吾幼承门业[3]，加性爱重[4]，所见法书亦多[5]，而玩习功夫颇至，遂不能佳者，良由无分故也[6]。然而此艺不须过精。夫巧者劳而智者忧[7]，常为人所役使，更觉为累；韦仲将遗戒[8]，深有以也[9]。王逸少风流才士[10]，萧散名人[11]，举世惟知其书，翻以能自蔽也[12]。萧子云每叹曰："吾著《齐书》，勒成一典，文章弘义[13]，自谓可观；唯以笔迹得名[14]，亦异事也。"王褒地胄清华[15]，才学优敏，后虽入关，亦被礼遇。犹以书工，崎岖碑碣之间[16]，辛苦笔砚之役，尝悔恨曰："假使吾不知书，可不至今日邪？"以此观之，慎勿以书自命。虽然，厮猥之人[17]，以能书拔擢者多矣。故道不同不相为谋也。

[注释]

[1]真草：真书、草书。真书一般指楷书。　[2]顿：突然。狼狈：窘迫。　[3]门业：指家传之业。　[4]爱重：爱好。　[5]法书：又称法帖，对古代名家墨迹的敬称。　[6]无分：没有天分。　[7]"夫巧者劳"句：语出《庄子·列御寇》。　[8]"韦仲将"二句：韦诞（179—253）字仲将，京兆人，三国时书法家。据《世说新语·巧艺》篇记载，韦诞擅长书法，魏明帝曹叡建造宫殿，想挂匾额，就让他登上梯子去给匾额题字。他下来后，鬓发全白了。因此便命令子孙不许再学习书法。　[9]有以：有道理。　[10]王逸少：即王羲之，字逸少，东晋著名书法家。　[11]萧散：潇洒。　[12]翻：通"反"，反而。　[13]弘义：大义。　[14]"唯以笔迹得名"二句：据《梁书·萧子恪传》："子云善草隶书，为世楷法，自云善效钟元常、王逸少，而微变字体。"笔迹，指书法。　[15]地胄清华：指门第高贵。　[16]崎岖：指历尽艰辛。　[17]厮猥：指地位低下。

[点评]

颜之推在本篇主要讲述了士大夫需要具备的一些技艺，诸如书法、绘画、骑射、博弈、投壶、卜筮、算术、医学等方面，都应该适当懂得一点，作为修身怡情、社会交往的工具。但有些技艺不能耗费过多精力，也不能太精通，否则不仅耽误正业，甚至对自己有害无益。如书法技艺，是需要稍加留意的，书法就像一个人的脸面。书艺本为颜氏家传之学，所以他自幼即练习书法，在这方面下了很大的功夫，也见到过不少法帖，临摹玩味。但要真正成为高手，也不太容易。他自己认为天分不够，无法精通。不过在他看来，这也未尝不是件好事。颜之推告诫子孙：书法这门技艺不能学得太精，否则会成为一种负担。如三国时韦诞擅长书法，魏明帝曹叡建造宫殿，想挂匾额，就让他登上梯子去给匾额题字。东晋王羲之在当时是一位风流名士，诗文方面也有杰出的成就，但举世都知道他是一位大书法家，其他方面的成就反而不太为人所知。萧子云文采过人，著有《晋书》《齐书》《东宫新记》等等，他本人也很满意，而世人却对他的书法更为欣赏。王褒为琅邪高门王氏之后，很有才学，但由于擅长书法，常被役使。颜之推以这些人的经历为戒，希望子孙不要以书法自命，以免掩盖了其他方面的才能，或者被人驱使，备受劳苦。

梁氏秘阁散逸以来[1]，吾见二王真草多矣[2]，家中尝得十卷；方知陶隐居、阮交州、萧祭酒诸书[3]，莫不得羲之之体，故是书之渊源。萧晚节所变，乃是右军年少时法也。

[注释]

[1]秘阁：皇宫中收藏图书的地方。　[2]二王：指王羲之、献之父子。　[3]陶隐居：即陶弘景。阮交州：阮研，字文几，陈留（今河南开封）人，善书法。官至交州刺史。萧祭酒：即萧子云，曾为国子祭酒。

[点评]

王羲之、献之父子书法，在六朝时代影响非常大，很多人都以二王书帖为范本，临摹学习。当时二王留下的墨迹也非常多。虞龢《上明帝论书表》提到南朝宋时秘阁二王书迹情况："二王缣素书，珊瑚轴二帙二十四卷，纸书金轴二帙二十四卷，又纸书玳瑁轴五帙五十卷，皆牙轴金题，玉躞锦带。又有书扇二帙二卷，又纸书飞白章草二帙十五卷，并䋵檀轴。又纸书戏学一帙十二卷，玳瑁轴，此皆书之冠冕也。自此以下，别有三品书，凡五十二帙，五百二十卷，悉䋵檀轴。"另外还有"二王新入书，各装为六帙六十卷，别充备预。"可见当时留存的数量不少。可惜经由宋、齐、梁、陈历代动乱，二王墨迹逐渐散失了。

晋、宋以来，多能书者。故其时俗，递相染尚[1]，所有部帙[2]，楷正可观，不无俗字，非为大损。至梁天监之间，斯风未变；大同之末[3]，讹替滋生[4]。萧子云改易字体，邵陵王颇行伪字[5]；朝野翕然[6]，以为楷式，画虎不成，多所伤败。至为"一"字，唯见数点，或妄斟酌[7]，逐便转移。尔后坟籍[8]，略不可看。北朝丧乱之余，书迹鄙陋，加以专辄造字，猥拙甚于江南[9]。乃以"百念"为"忧"，"言反"为"变"，"不用"为"罢"，"追来"为"归"，"更生"为"苏"，"先人"为"老"，如此非一，遍满经传。唯有姚元标工于楷隶[10]，留心小学，后生师之者众。洎于齐末[11]，秘书缮写，贤于往日多矣。江南闾里间有《画书赋》[12]，乃陶隐居弟子杜道士所为。其人未甚识字，轻为轨则[13]，托名贵师，世俗传信，后生颇为所误也。

[**注释**]

[1]递相染尚：指互相影响。　[2]部帙：指书籍。　[3]大同：南朝梁武帝萧衍使用的年号，共12年（535—546）。　[4]讹替：指异体错讹字。　[5]邵陵王：梁武帝第六子萧纶，封邵陵王。伪字：指不规范的字。　[6]翕（xī）然：一致。　[7]斟酌：安排摆布。　[8]坟籍：书籍。　[9]猥拙：拙劣。　[10]姚元标：北魏人，官至左光禄大夫，工书法。　[11]洎（jì）：及，到。　[12]闾里间：指民间。　[13]轨则：法则，规范。

[**点评**]

书法作为当时士大夫的一种必备技艺，精于此道者很多。唐代窦臮《述书赋》列举历代书家，晋63人，宋25人，齐15人，梁21人，陈21人，北齐1人，隋5人。当然颜之推重视真草书帖，而不重视北朝的碑书，所以说"北朝丧乱之余，书迹鄙陋，加以专辄造字，猥拙甚于江南"。其实在南北朝时期，中国书法艺术进入北碑南帖时代。对于魏碑，历代书家都未重视，直至清朝中叶阮元首倡"南帖北碑"之说，才受到注意。康有为《广艺舟双楫》说："凡魏碑，随取一家，皆足成体。尽合诸家，则为具美。"另外，南北朝时期俗字泛滥，颜之推对此颇有批评。

画绘之工，亦为妙矣；自古名士，多或能之。吾家尝有梁元帝手画蝉雀白团扇及马图，亦难及也。武烈太子偏能写真[1]，坐上宾客，随宜点染[2]，即成数人，以问童孺，皆知姓名矣。萧贲、刘孝先、刘灵，并文学已外，复佳此法。玩阅古今[3]，特可宝爱[4]。若官未通显，每被公私使令，亦为猥役[5]。吴县顾士端出身湘东王国侍郎，后为镇南府刑狱参军，有子曰庭，西朝中书舍人[6]，父子并有琴书之艺，尤妙丹青，常被元帝所使，每怀羞恨。彭城刘岳，橐之子也，仕为骠骑府管记、平氏县令，才学快士[7]，而画绝伦[8]。后随

张彦远《历代名画记》卷二："今分为三古以定贵贱：以汉魏三国为上古，则赵岐、刘褒、蔡邕、张衡（以上四人后汉）、曹髦、杨修、桓范、徐邈，（已上四人魏）、曹不兴（吴）、诸葛亮（蜀）之流是也。以晋宋为中古，则明帝、荀勖、卫协、王廙、顾恺之、谢稚、嵇康、戴逵（已上八人晋）、陆探微、顾宝光、袁倩、顾景秀（已上四人宋）之流是也。以齐、梁、北齐、后魏、陈、后周为下古，则姚昙度、谢赫、刘瑱、毛惠远（已上四人齐）、元帝、袁昂、张僧繇、江僧宝（已上四人梁）、杨子华、田僧亮、刘杀鬼、曹仲达（已上四人北齐）、蒋少游、杨乞德（已上二人后魏）、顾野王（陈）、冯提伽（后周）之流是也。"

武陵王入蜀[9]，下牢之败[10]，遂为陆护军画支江寺壁[11]，与诸工巧杂处。向使三贤都不晓画，直运素业，岂见此耻乎？

[注释]

[1]武烈太子：南朝梁元帝长子萧方等。写真：画人真容。　[2]随宜：随便。　[3]玩阅：观摩玩赏。　[4]宝爱：珍爱。　[5]猥役：低贱杂役。　[6]西朝：指江陵，南朝梁元帝萧绎建都于此。　[7]才学快士：有才学的豪爽之士。　[8]绝伦：绝群，出众。　[9]武陵王：南朝梁武帝第八子萧纪，封武陵王。后据蜀自立，被梁元帝攻灭。　[10]下牢：即下牢关，在今湖北宜昌西北。　[11]陆护军：即陆法和，湘东王萧绎任为信州刺史，后隐于江陵百里洲。

[点评]

魏晋以来，擅长绘画的人不少。梁元帝萧绎博学多能，擅长丹青，而且收藏了大量天下奇珍、图书及书画作品。据张彦远《历代名画记》说，侯景之乱，梁朝内府所藏图画数百函被焚毁。乱平之后，所有书画都被运往江陵。西魏大将于谨攻陷江陵，萧绎把收藏的名画、法书及典籍十四万卷全部焚毁，于谨等在煨烬之余收得书画四千余轴，运到长安。萧绎焚书使古代典籍蒙受了重大的损失。

"弧矢之利"两句见于《周易·系辞下》。

弧矢之利[1]，以威天下，先王所以观德择贤，亦济身之急务也[2]。江南谓世之常射，以为兵射，冠冕儒生[3]，多不习此；别有博射[4]，弱弓长箭，施于准的[5]，揖让升降[6]，以行礼焉。防御寇难，了无所益[7]。乱离之后，此术遂亡。河北文士，率晓兵射，非直葛洪一箭，已解追兵，三九宴集[8]，常縻荣赐[9]。虽然，要轻禽[10]，截狡兽，不愿汝辈为之。

葛洪事，见《抱朴子·自叙》："昔在军旅，曾手射追骑，应弦而倒，杀二贼一马，遂以得免死。"

"要轻禽"二句出自曹丕《典论·自叙》。

[注释]

[1]弧矢：弓箭。　[2]济身：保全性命。　[3]冠冕：指士大夫。　[4]博射：古代一种游戏性的习射方式。　[5]准的：箭靶。　[6]揖让升降：举行射礼的礼仪。揖是拱手为礼，让是相让，升是上去，降是下来。　[7]了无所益：没有一点儿用处。　[8]三九：三公九卿。宴集：宴饮集会。　[9]縻（mí）：获得。荣赐：赏赐。　[10]要：通"邀"，拦截的意思。轻禽：飞禽。

[点评]

《周礼》有所谓"六艺"，"射"为其中之一，是古代"士"应当具备的技能。自从文、武分离，武士习武，文士习文，"射"成为一种比赛技能的仪式，而那些"冠冕儒生"对此多不擅长。尤其是南朝世风靡烂，贵游子弟熏衣剃面，傅粉施朱，以阴柔为美，没有尚武精神，遇到急难之时，不足以防御寇难。颜之推在《教子》篇中对此也有批评，但他更重视儒业，不希望子孙习武。

六壬式,以阴阳五行说进行占卜。其根据为水、木、金、火、土"五行"中,以水为首,对应于十天干中,壬、癸皆属水,壬为阳水,癸为阴水,舍阴取阳,故用壬。《隋书·经籍志》有《六壬式经杂占》九卷,《六壬式兆》六卷。俞正燮《癸巳类稿·六壬古式考》说:"《太白阴经》云:'玄女式者,一名六壬式,玄女所造,主北方万物之始,因六甲之壬,故曰六壬。'"

《后汉书·郭陈列传》李贤注引《阴阳书·历法》:说:"归忌日,四孟在丑,四仲在寅,四季在子,其日不可远行、归家及徙也。"

卜筮者[1],圣人之业也;但近世无复佳师,多不能中。古者卜以决疑[2],今人生疑于卜。何者?守道信谋[3],欲行一事,卜得恶卦,反令忧怵[4],此之谓乎!且十中六七,以为上手,粗知大意,又不委曲[5]。凡射奇偶[6],自然半收,何足赖也。世传云:"解阴阳者,为鬼所嫉,坎壈贫穷[7],多不称泰[8]。"吾观近古以来,尤精妙者,唯京房、管辂、郭璞耳[9],皆无官位,多或罹灾[10],此言令人益信。倘值世网严密[11],强负此名,便有违误[12],亦祸源也。及星文风气[13],率不劳为之。吾尝学六壬式[14],亦值世间好匠,聚得《龙首》《金匮》《玉轸变》《玉历》十许种书[15],讨求无验,寻亦悔罢。凡阴阳之术,与天地俱生,其吉凶德刑[16],不可不信;但去圣既远,世传术书,皆出流俗,言辞鄙浅,验少妄多。至如反支不行[17],竟以遇害;归忌寄宿[18],不免凶终:拘而多忌,亦无益也。

[注释]

[1]卜筮:泛指占卜。卜,以龟甲推断吉凶。筮,以蓍草推断吉凶。 [2]决疑:解决疑惑。 [3]守道信谋:坚持原则,相信

谋划。　[4] 怵（chì）怵：忧惧不安的样子。　[5] 委曲：详知细节。　[6] 射：猜测。　[7] 坎壈（lǎn）：意为困顿，不顺利。　[8] 泰：太平，平安。　[9] 京房：西汉易学家，说《易》长于灾变。管辂：字公明，三国魏术士。精通《周易》，善于卜筮、相术、算学，习鸟语。相传每言辄中，出神入化。郭璞（276—324）：字景纯，两晋时著名学者、方术家。擅长卜筮和诸多奇异的方术。好古文、奇字，精天文、历算，长于赋文，尤以《游仙诗》名重当世。　[10] 罹灾：遭遇灾祸。　[11] 世网严密：世间法网严密。　[12] 诖（guà）误：牵连祸害。　[13] 星文：星象天文。风气：风向云气。　[14] 六壬式：古时一种占术，与太乙、遁甲合称为三式。而奇门、太乙均参考六壬而来，因此六壬被称为三式之首。　[15]《龙首》《金匮》《玉轹变》《玉历》：都是占卜类书籍。　[16] 德刑：为阴阳五行生克之说。《汉书·艺文志》有《刑德》七卷。《淮南子·天文训》说："日为德，月为刑。月归而万物死，日至而万物生。" [17]"至如反支不行"二句：古术数星命之说，以反支日为禁忌之日，不宜出行、上奏等。据《汉书·陈遵传》，张竦明知有贼兵来袭，应当撤离，但由于那天正是反支日，他不走，惨遭杀害。　[18]"归忌寄宿"二句：阴阳家认为某些日子忌远行、归家、移徙、娶妇，称为归忌。据《后汉书·郭陈列传》记载，汉桓帝时，汝南有一个陈伯敬，"行必矩步，坐必端膝，呵叱狗马，终不言死，目有所见，不食其肉，行路闻凶，便解驾留止，还触归忌，则寄宿乡亭"，十分注意各种禁忌，但后来因女婿犯事，被太守杀害，还是不得善终。

[点评]

　　儒家经典《周易》原来就是卜筮书。《礼记·曲礼上》："龟为卜，策为筮。"《尚书·洪范》记载，箕子告诉周武王"天乃锡禹洪范九畴",其中第七为"明用稽疑"。稽疑之法,"汝则有大疑,谋及乃心,谋及卿士,谋及庶人,谋及卜筮。"《左传》说:"卜以决疑,不疑何卜。"《史记·龟策列传》记载卜筮的用途达二十余种,其中有卜财、卜居、卜岁、卜天、卜徙等。颜之推虽不反对卜筮,但认为真正能精通此术的人很少,像京房、管辂、郭璞这些大师少之又少,而且大多不能善终。颜之推认为,虽然阴阳吉凶不可不信,但世传方术之书"验少妄多"。至于像"反支不行""归忌寄宿"这些禁忌,多为虚妄,相信的人往往因此遇害,所以不要过于拘泥。

《周礼·地官司徒·保氏》:"养国子以道。乃教之六艺:一曰五礼,二曰六乐,三曰五射,四曰五御,五曰六书,六曰九数。"五礼:吉礼、凶礼、军礼、宾礼、嘉礼。六乐:指《云门大卷》《咸池》《大韶》《大夏》《大濩》《大武》六套乐舞。五射:白矢、参连、剡注、襄尺、井仪。五御:鸣和鸾、逐水曲、过君表、舞交衢、逐禽左。六书:象形、指事、会意、形声、转注、假借。九数:方田、粟米、差分、少广、商功、均输、方程、赢不足、旁要。

算术亦是六艺要事[1];自古儒士论天道,定律历者[2],皆学通之。然可以兼明,不可以专业。江南此学殊少,唯范阳祖暅精之[3],位至南康太守。河北多晓此术。

[注释]

[1] 六艺:周朝贵族教育体系中的六种技能,即礼、乐、射、御、书、数。 [2] 律历:指乐律和历法。 [3] 祖暅(gèng,456—536):一作祖暅之,字景烁,范阳遒县(今河北涞水县)人。数学家、天文学家祖冲之之子。父子二人一起圆满解决了球面积的计算问题,得到正确的体积公式,并据此提出了著名的"祖暅原理"。

[点评]

算术是古代"六艺"之一,儒者讲论天道,考定律历,都要用到。南朝祖冲之、祖暅父子家传此学。北方也有精通算术的人，如信都芳曾向祖暅学习，著作有《器准》《四术周髀宗》《灵宪历》等。颜之推认为，算术可以懂得一点，但不能以此为业。

医方之事，取妙极难[1]，不劝汝曹以自命也[2]。微解药性，小小和合[3]，居家得以救急，亦为胜事[4]，皇甫谧、殷仲堪则其人也。

[注释]

[1]取妙：指达到很高的水平。　[2]自命：自许。　[3]小小：稍稍。和合：调和配方。　[4]胜事：好事。

[点评]

魏晋南北朝时期，中医学取得了很高成就。齐、梁间医学家全元起，对《内经》有深入的研究，撰有《素问训解》。这时还出现了王叔和的《脉经》，是我国现存最早的脉学专著。皇甫谧的《针灸甲乙经》是我国现存最早的针灸学专著。葛洪的《肘后救急方》是一部急救手册，保存了许多民间验方，有很强的实用性。根据《隋书·经籍志》所著录，此期医药方书约有百种，如陈延之《小品方》、范东阳《范汪方》、姚僧垣《集验方》、徐叔和《杂疗方》等等，都有着较高学术水平。徐之才兄弟出生于医学世家，均以医术闻名。颜之推认为，子孙应该懂点医药知识，以备居家救急，但医术不容易精通，

《晋书·皇甫谧传》：“博综典籍百家之言，沉静寡欲。始有高尚之志，以著述为务，自号玄晏先生。”

《晋书·殷仲堪传》：“父病积年，仲堪衣不解带，躬学医术，究其精妙，执药挥泪，遂眇一目。居丧哀毁，以孝闻。”《隋书·经籍志》：梁有“《殷荆州要方》一卷，殷仲堪撰，亡。”

不要以此自命。

《礼记·曲礼下》:"大夫无故不彻县,士无故不彻琴瑟。"《诗经·郑风·女曰鸡鸣》也有"琴瑟在御,莫不静好"之说,《毛传》:"君子无故不彻琴瑟。宾主和乐,无不安好。"

《礼》曰:"君子无故不彻琴瑟[1]。"古来名士,多所爱好。泊于梁初[2],衣冠子孙[3],不知琴者,号有所阙[4];大同以末,斯风顿尽。然而此乐愔愔雅致[5],有深味哉!今世曲解[6],虽变于古,犹足以畅神情也。唯不可令有称誉,见役勋贵[7],处之下坐,以取残杯冷炙之辱。戴安道犹遭之[8],况尔曹乎!

[注释]

[1] 彻:撤去。　[2] 泊(jì)于:直到。　[3] 衣冠:指士大夫。　[4] 阙:缺憾。　[5] 愔(yīn)愔:和悦安舒的样子。　[6] 曲解:乐曲。古乐府一节称一解。　[7] 见役:被役使。　[8] "戴安道"句:戴逵(326—396)字安道,谯郡铚县(今安徽濉溪县南)人,东晋时期隐士。善于鼓琴,工于绘画。据《晋书·戴逵传》载,由于戴逵多才多艺,出类拔萃,自然而然地引起朝廷的注意。当时官任太宰的武陵王司马晞,听说戴逵鼓琴有清韵之声,就派人召他到太宰府去演奏。戴逵深以为耻,当着使者的面将琴砸碎,说:"我戴安道不做王门的伶人!"

[点评]

《礼记·乐记》说:"礼乐不可斯须去身","唯君子为能知乐"。乐为六艺之一,是古代士人的必修课。琴瑟丝竹作为魏晋士人风度的象征，不少名士擅长音乐，如嵇康、阮籍、张华、王羲之、戴逵、谢安、桓伊、荀勖等。嵇康所著《声无哀乐论》，是音乐美学史上里程碑似的作品；荀勖所创的笛律在音律史上同样有着重要意义，标志着文人音乐进入了成熟期。颜之推同样喜欢音乐，但他不希望子孙以音乐见长，理由同样是会受辱于权贵。

《家语》曰[1]："君子不博[2]，为其兼行恶道故也。"《论语》云："不有博弈者乎？为之，犹贤乎已。"然则圣人不用博弈为教；但以学者不可常精，有时疲倦，则倘为之，犹胜饱食昏睡，兀然端坐耳[3]。至如吴太子以为无益，命韦昭论之[4]；王肃、葛洪、陶侃之徒[5]，不许目观手执，此并勤笃之志也[6]。能尔为佳。古为大博则六箸[7]，小博则二茕[8]，今无晓者。比世所行，一茕十二棋，数术浅短，不足可玩。围棋有"手谈""坐隐"之目[9]，颇为雅戏；但令人耽愦[10]，废丧实多[11]，不可常也。

语见《孔子家语·五仪解》。

语见《论语·阳货》。《说文》说："簙，局戏也，六箸十二棋也。"博、簙古通用。

《后汉书·梁统列传》注："《楚词》曰：'琨蔽象棋有六博。'王逸注云：'投六箸，行六棋，故云六博。'"程大昌《演繁露》卷六："博，古固有之，然而随世更易，制多不同。"

[注释]

[1]《家语》：即《孔子家语》，是一部记录孔子及孔门弟子思想言行的著作。今传本《孔子家语》四十四篇，三国魏王肃注。　[2]博：博戏。　[3]兀然：昏然无知的样子。　[4]韦昭

（204—273）：本名昭，字弘嗣，避晋讳改为曜，三国吴重臣、史学家。著有《汉书音义》《国语注》等。《三国志》有传。　[5]王肃（195—256）：字子雍，三国魏经学家。遍注群经，其所注经学被称作"王学"，与郑玄的"郑学"相抗衡。陶侃（259—334）：字士衡（一作士行），晋朝重要的军事将领。因功加侍中、太尉，都督七州军事，封长沙郡公，兼领江州刺史。　[6]勤笃：勤奋专一。　[7]箸（zhù）：博戏工具。　[8]䂓（qióng）：古通"琼"，即骰子，古代博戏的一种用具。　[9]"围棋"句：据《世说新语·巧艺篇》说："王中郎以围棋是坐隐，支公以围棋为手谈。"　[10]耽愦（kuì）：沉迷昏乱。　[11]废丧：指荒废事情。

［点评］

　　博、弈二事，都是古代的娱乐游戏。孔子不反对博弈，认为总比饱食终日、无所事事好一些。而《孔子家语》记载孔子的话，则明确表示"君子不博"，因为博戏会使人沉迷其中不务正业。三国时吴人韦昭曾作《博弈论》，批评"今世之人，多不务经术，好玩博弈，废事弃业，忘寝与食"，乃至于"专精锐意，心劳体倦"，耽误正事，"求之于战阵，则非孙、吴之伦也，考之于道艺，则非孔氏之门也"。东晋葛洪也说，博戏使"在位有损政事，儒者则废讲诵，凡民则忘稼穑，商人则失货财"。陶侃作荆州刺史时，见到佐吏有博弈用具，就投之于江。颜之推不希望子孙沉迷于此。至于围棋，虽为雅戏，也不可经常耽玩而荒废正事。

《礼记·投壶》说："投壶之礼，主人奉矢，司射奉中，使人执壶。"

投壶之礼[1]，近世愈精。古者，实以小豆，为其矢之跃也。今则唯欲其骁[2]，益多益喜，乃有倚竿、带剑、狼壶、豹尾、龙首之名[3]。其尤妙者，有莲花骁[4]。汝南周璝，弘正之子，会稽贺徽，贺革之子，并能一箭四十余骁。贺又尝为小障，置壶其外，隔障投之，无所失也。至邺以来，亦见广宁、兰陵诸王[5]，有此校具[6]，举国遂无投得一骁者。弹棋亦近世雅戏[7]，消愁释愦[8]，时可为之。

[**注释**]

[1]投壶：古时宴饮时玩的一种投掷游戏。把箭向壶里投，投中数多的为胜，输家照规定的杯数喝酒。　[2]骁：投壶游戏。掷箭入壶，箭从壶中跳出，用手接住再投，如此反复，箭不坠地，称为"骁"。　[3]倚竿、带剑、狼壶、豹尾、龙首：都是投壶的不同玩法。　[4]莲花骁：投壶的一种招数。　[5]广宁、兰陵诸王：都是北齐文襄帝高澄之子，见《北齐书·文襄六王传》。　[6]校具：指博戏用具。　[7]弹棋：古代一种棋类游戏。　[8]释愦（kuì）：解闷。

[**点评**]

投壶既是一种古老的礼仪，又是一种游戏。投壶源自于射礼，《礼记》郑玄注说："投壶，射之细也。"《礼记》和《大戴礼记》都有《投壶》专篇。《礼记·投壶》说："投壶者，主人与客燕饮，讲论才艺之礼也。"通过投壶游戏，一方面可以娱乐，另一方面也比试才艺。魏晋南北朝时士大夫中间流行投壶，玩的花样也多。宋代大儒司马光对投壶进行改进，制定《投壶新格》，认为"投壶可以治心，可以修身，可以为国，可以观人。"至于弹棋，初创于汉代刘向，到了宋代，随着围棋、象棋的兴盛，流行了几百年的弹棋突然销声匿迹，其玩法也从此失传。颜之推认为投壶、弹棋属于雅戏，有时玩玩可以消愁解闷，但不可沉迷于其中，耽误正业。

终制第二十

死者，人之常分[1]，不可免也。吾年十九，值梁家丧乱[2]，其间与白刃为伍者，亦常数辈；幸承馀福[3]，得至于今。古人云："五十不为夭。"吾已六十余，故心坦然，不以残年为念。先有风气之疾[4]，常疑奄然[5]，聊书素怀[6]，以为汝诫。

《素问·痹论》："其风气胜者为行痹，寒气胜者为痛痹，湿气胜者为着痹。"《素问·风论》："风之伤人也，或为寒热，或为热中，或为寒中，或为疠风。或为偏枯，或为风也。其病各异，其名不同。"

[注释]

[1]常分：注定的事情。　[2]梁家丧乱：指因侯景之乱引发的梁朝战乱。　[3]馀福：祖上留下的福报。　[4]风气之疾：指痛风病。　[5]奄然：突然死亡。　[6]素怀：平时的想法。

[点评]

《终制》作为《颜氏家训》的最后一篇，可以看成是颜之推的遗嘱。终制，即生命终结之后的各种安排。颜氏家族本为南渡高门，但因战乱导致骨肉离散，家道衰落，人口孤单，家境困难，再也没有了昔日的荣华。因此颜之推时常有一种危机感，面对频繁的改朝换代，他能顺应时势，小心翼翼地周旋在各色人物之间，不敢有任何差错，目的就是为了保全家族，不想让后辈沦落到给人做杂役的地步。而今年逾六十，远离故乡，抚今思昔，心中自然感慨万千。加之疾病缠身，颜之推感觉到生命的历程行将结束，需要把自己的后事有所安排。他不希望因为自己的死亡，给子孙增加不必要的负担。

先君、先夫人皆未还建邺旧山 [1]，旅葬江陵东郭 [2]。承圣末 [3]，已启求扬都，欲营迁厝 [4]。蒙诏赐银百两，已于扬州小郊北地烧砖，便值本朝沦没 [5]，流离如此，数十年间，绝于还望。今虽混一 [6]，家道馨穷 [7]，何由办此奉营资费？且扬都污毁 [8]，无复孑遗 [9]，还被下湿 [10]，未为得计。自咎自责，贯心刻髓 [11]。计吾兄弟，不当仕进；但以门衰，骨肉单弱，五服之内 [12]，傍无一人，播越他乡 [13]，无复资荫 [14]；使汝等沉沦厮役 [15]，以为先世之耻；故觍冒人间 [16]，不敢坠失。兼以北方政教严切 [17]，全无隐退者故也。

[注释]

[1]旧山：故乡。 [2]旅葬：暂葬外地。 [3]承圣：南朝梁元帝萧绎的年号，共使用 2 年余（552—555）。 [4]迁厝（cuò）：迁葬。 [5]沦没：灭亡。 [6]混一：统一。 [7]罄穷：穷得精光。 [8]污毁：毁坏。 [9]无复孑遗：没有什么留下来。 [10]下湿：低洼潮湿之地。 [11]贯心刻髓：刻骨铭心。 [12]五服：古时按亲疏关系而定的五种丧服，这里指远近亲属。 [13]播越：流落。 [14]资荫：凭先代的勋劳或官爵而得到授官封爵。 [15]厮役：受人驱使干杂事劳役的奴仆。 [16]靦（miǎn）冒：厚着脸皮。 [17]严切：严厉。

[点评]

颜之推九世祖颜含随晋元帝南渡，后来世代居于建邺。他的《观我生赋》写道："经长干以掩抑，展白下以流连。"自注说："靖侯以下七世坟茔皆在白下。"长干、白下都是金陵地名。颜氏住宅在长干，坟墓在白下。

今年老疾侵[1]，倘然奄忽[2]，岂求备礼乎？一日放臂[3]，沐浴而已，不劳复魄[4]，殓以常衣[5]。先夫人弃背之时[6]，属世荒馑[7]，家途空迫[8]，兄弟幼弱，棺器率薄[9]，藏内无砖[10]。吾当松棺二寸，衣帽已外，一不得自随，床上唯

《礼记·檀弓下》:"其曰明器,神明之也。涂车刍灵,自古有之,明器之道也。""孔子谓为明器者,知丧道矣。备物而不可用也。哀哉,死者而用生者之器也,不殆乎用殉乎哉。""竹不成用,瓦不成味,木不成斫,琴瑟张而不平,竽笙备而不和,有钟磬而无簨簴。"

《礼记·杂记下》:"期之丧,十一月而练,十三月而祥,十五月而禫。"《南史·王准之传》:"晋初用王肃议,祥禫共月,故二十五月而除。"祥、禫之分,自汉以来,学者解说不同。郑玄认为禫在二十七月,王肃认为在二十五月。

施七星板[11];至如蜡弩牙、玉豚、锡人之属[12],并须停省,粮罂明器[13],故不得营,碑志旒旐[14],弥在言外[15]。载以鳖甲车[16],衬土而下,平地无坟;若惧拜扫不知兆域[17],当筑一堵低墙于左右前后,随为私记耳。灵筵勿设枕几[18],朔望祥禫[19],唯下白粥、清水、干枣,不得有酒肉、饼果之祭。亲友来馈酹者[20],一皆拒之。汝曹若违吾心,有加先妣,则陷父不孝,在汝安乎?其内典功德[21],随力所至,勿刭竭生资[22],使冻馁也。四时祭祀,周、孔所教,欲人勿死其亲,不忘孝道也。求诸内典,则无益焉。杀生为之,翻增罪累[23]。若报罔极之德[24],霜露之悲[25],有时斋供[26],及七月半盂兰盆[27],望于汝也。

[注释]

[1]疾侵:疾病侵蚀。　[2]倘然:假如。奄忽:突然去世。　[3]放臂:指人死亡,撒手人寰。　[4]复魄:旧时人刚死,生者要拿着死者的衣物升屋,朝北面三呼,希望还魂复苏。　[5]殓(liàn):给死者穿衣入棺。常衣:日常穿的衣服。[6]弃背:指去世。　[7]属:恰逢。荒馑(jǐn):饥荒。　[8]家途空迫:家境贫穷。　[9]棺器:棺材葬具。率薄:简陋。　[10]藏

内：指坟墓中。　　[11]七星板：旧时停尸床上及棺内放置的木板。上凿七孔，斜凿枧槽一道，使七孔相连，大殓时放入棺内。　　[12]蜡弩牙：锡制的弓弩。蜡，通"镴"，即锡。《六书故·地理一》："镴，锡之坚白者也。"玉豚：玉制小猪。锡人：锡制人像。　　[13]粮罂（yīng）：盛粮的陶器。明器：即冥器，专为随葬而制作的器物。　　[14]旒旐（liú zhào）：铭旌，旧时竖在灵柩前或敷在棺上，标志死者官衔或姓名的长幡。　　[15]弥在言外：更不消说。　　[16]鳖甲车：灵车。　　[17]兆域：坟墓四周的范围。　　[18]灵筵：灵床。　　[19]朔望：每月初一为朔、十五为望。祥禫（dàn）：祥祭和禫祭。父母之丧，期（一周年）而小祥，又期（两周年）而大祥。禫祭，服丧期满解除丧服之祭。　　[20]餟酹（zhuì lèi）：用酒祭奠。　　[21]功德：佛教用语，多泛指念佛、诵经、布施、放生等事。　　[22]刳竭生资：倾尽家财。　　[23]翻：反而。罪累：罪过。　　[24]罔极：无尽。　　[25]霜露之悲：指对父母的追思之情。　　[26]斋供：设斋食供奉。　　[27]盂兰盆："盂兰"是梵语，译作"倒悬"（人被倒挂），盆是指供品的盛器。佛法认为供此具可解救已逝去父母、亡亲倒悬之苦。每逢夏历七月十五日为盂兰盆节。

［点评］

颜之推对身后之事考虑得非常细致。他认为生当乱世，家道衰落，丧事应当从简，一切繁文缛节都要省去。儒家重视丧礼，孔子回答弟子樊迟问时说："生，事之以礼；死，葬之以礼，祭之以礼。"把送死看成是尽孝的主要标志之一。《中庸》也说："事死如生，事亡如存，仁智备矣。"儒家在宗教观上表现为尊祖，在伦理观上表现为孝亲，在丧葬观上表现为厚葬。主张要为父母行三年之丧，认为"夫三年之丧，天下之通丧也"。在丧葬上，孔子虽然不提倡厚葬，但他倡导的孝道观，客观上对后世的厚葬之风起了推波助澜的作用。故《淮南子》说："厚葬久丧以送死，孔子之立也。"儒家认为不如此不足以报父母之恩，尽子孙之孝。在这种孝道观念的支配下，历代都盛行厚葬，而因此造成子孙体力、财力无法承受，从而丧生、破家、败业的情况也非常多。颜之推对此有清醒的认识，所以他要求子孙在他去世之后，一定要丧事从简。只要净身沐浴即可，不必举行招魂复魄的仪式，只穿上平常所穿的衣服装殓下葬。棺木不必讲究，里面除了衣帽等物之外，其他陪葬品一律不要放进去，碑志旌铭之类更不用置办。而且坟墓要与地面齐平，不必堆坟。今后祭祀之时，供品不准用酒肉，只要一些白米粥、清水、干枣之类即可。亲友们要来祭奠，应当一概回绝。如果不照这样做，就是不孝。可见颜之推与世俗不同，把"丧祭从简"作为对子孙践行孝道的要求。颜之推的死亡观，除了世道混乱坟墓难以保全、厚葬久丧破败家业等客观原因外，还有就是他受佛教生命观的影响很大。他是一个虔诚的佛教徒，虽然不准子孙举行繁琐的丧祭礼，但允许他们举行诵经、施舍这些佛教功德之事。他也允许子孙举行四季祭祀，因为这是周公、孔子的遗教，目的是希望后辈不要忘记死去的祖先。但他认为，按照佛教的观点来说，这些都是没有什么用处的；祭祀时如果宰杀生灵，反而会增加罪孽。所以要想报答父母的无尽之恩，只希望子孙在七月十五盂兰盆节按时斋供就行了。后世学人站在儒家的立场，对此多有批评。如郝懿行《荨记》说："案颜氏以薄葬饬终，近于达矣；乃不遵周、孔所教，而笃信内典功德不忘，至于盂兰斋供，谆谆属望后人，可谓通人之蔽者也。"

孔子之葬亲也，云："古者墓而不坟。丘东西南北之人也，不可以弗识也[1]。"于是封之崇四尺[2]。然则君子应世行道[3]，亦有不守坟墓之时，况为事际所逼也[4]！吾今羁旅[5]，身若浮云，竟未知何乡是吾葬地，唯当气绝便埋之耳。汝曹宜以传业扬名为务[6]，不可顾恋朽壤[7]，以取埋没也[8]。

引文见《礼记·檀弓上》，略有出入。

《孝经·开宗明义》："立身行道，扬名于后世，以显父母，孝之终也。"

[**注释**]

[1]弗识：没有标记。　[2]崇：高。　[3]应世：顺应时事。　[4]事际：形势。　[5]羁旅：滞留他乡。　[6]传业扬名：传承家业，弘扬声名。　[7]顾恋：顾念留恋。朽壤：指坟墓。　[8]埋没：埋没。

[**点评**]

颜之推对生命的理解比较豁达。他认为死亡是生命的必然归宿，也是每个人注定要面对的一个问题。既然死亡不可避免，那么事先就应该给子孙作一个交代。他回顾了自己充满坎坷的一生：自从十九岁走上仕途，就一直遭逢乱离，辗转不定。先是侯景之乱结束了梁朝几十年的太平盛世，接着萧氏兄弟又自相残杀，外敌入侵，最终导致梁朝的覆亡。颜之推出没在刀光剑影之中，被掳到北方，又多次遭遇命运的捉弄，目睹亡国的惨祸。不过他能够幸免于难，在乱世中生存下来，除了偶然因素之外，自然还有他高超的生存智慧，这在《家训》中有所反映。总之，颜之推认为，君子应当顺应时世。身处异乡，家山遥隔，自己就像浮云一样漂泊不定，还不知哪里是葬身之地。子孙应当以传承家业、立身扬名为重，丧事要从简，不要死守坟墓，耽误了自己的前程。

主要参考文献

颜氏家训 （北齐）颜之推撰 （清）赵曦明注（清）卢文弨补
注 收入《抱经堂丛书》 清乾隆嘉庆间余姚卢氏刊本 民国十二年
（1923）北京直隶书局影印本

续颜氏家训 （宋）董正功撰 宋刻本 收入《中国传统家训文献
辑刊》第6册 国家图书馆出版社2019年影印版

颜氏家训斠记 （清）郝懿行撰 《戊寅丛编》本

颜氏家训集解 王利器撰 上海古籍出版社1980年版

颜氏家训集解（增补本） 王利器撰 中华书局1993年版

颜氏家训汇注 周法高撰 《中研院历史语言研究所专刊》（之
四十一） 中研院历史语言研究所1960年版

颜氏家训斠注 王叔岷撰 载《慕庐论学集》第2册 中华书局
2007年版

颜氏家训校笺 刘盼遂撰 载《刘盼遂文集》 北京师范大学出版

社 2002 年版

　　颜氏家训校笺补证　刘盼遂撰　载《刘盼遂文集》 北京师范大学
2002 年版

　　颜氏家训音辞篇注补　周祖谟撰　载《周祖谟语言学论文集》 商
务印书馆 2001 年版

　　颜氏家训补笺　徐复撰 《文教资料》1995 年第 1 期

　　颜氏家训终制新笺　王启涛撰 《西南民族大学学报（人文社会科
学版）》 2018 年第 11 期

　　颜氏家训书证篇研究　余颖撰　上海师范大学 2003 年硕士学位论文

　　颜氏家训译注　檀作文译注　中华书局 2011 年版

　　颜氏家训译注　庄辉明、章义和译注　上海古籍出版社 2012 年版

　　颜氏家训解读　唐翼明解读　国家图书馆出版社 2017 年版

　　颜氏家训译注　邵逝夫、马克译注　上海古籍出版社 2019 年版

　　颜之推年谱　缪钺撰　载《读史存稿》 生活·读书·新知三联书
店 1963 年版

　　颜之推评传　缪钺撰　载《中国历代著名文学家评传》（续编一）
山东教育出版社 1989 年版

　　颜之推文字声韵校勘之学　缪钺撰　载《读史存稿》 生活·读
书·新知三联书店 1963 年版

　　颜之推研究　秦元撰　齐鲁书社 2012 年版

　　颜之推传笺证　孙明君撰 《郑州大学学报（哲学社会科学版）》
2014 年第 2 期

　　萧纲萧绎年谱　吴光兴撰　社会科学文献出版社 2006 年版

　　说文解字注 （汉）许慎撰 （清）段玉裁注　上海古籍出版社

1988 年版

　　尔雅义疏　（清）郝懿行撰　杨一波校点　上海古籍出版社 2023 年版

　　释名疏证补　（汉）刘熙撰　（清）毕沅疏证　（清）王先谦补　中华书局 2008 年版

　　广雅疏证　（三国魏）张揖撰（清）王念孙疏证　张其昀点校　中华书局 2019 年版

　　经典释文　（唐）陆德明撰　上海古籍出版社 2013 年版

　　广韵校本　（宋）陈彭年等撰　周祖谟校　中华书局 2004 年版

　　直斋书录解题　（宋）陈振孙撰　徐小蛮、顾美华点校　上海古籍出版社 2015 年版

　　郡斋读书志校证　（宋）晁公武撰　孙猛校证　上海古籍出版社 1990 年版

　　四库全书总目　（清）永瑢等撰　中华书局 2003 年版

　　金明馆丛稿初编　陈寅恪著　上海古籍出版社 1980 年版

　　周祖谟语言学论文集　周祖谟著　商务印书馆 2001 年版

　　问学集　周祖谟著　中华书局 2004 年版

　　刘盼遂文集　刘盼遂著　北京师范大学 2002 年版

　　读史存稿　缪钺著　生活·读书·新知三联书店 1963 年版

　　读史存稿（增订本）　缪钺著　北京大学出版社 2018 年版

　　缪钺全集　缪钺著　缪元朗编　河北教育出版社 2006 年版

　　慕庐论学集　王叔岷著　中华书局 2007 年版

　　中国家训史　徐少锦、陈延斌著　陕西人民出版社 2003 年版

《中华传统文化百部经典》已出版图书

书　名	解读人	出版时间
周易	余敦康	2017 年 9 月
尚书	钱宗武	2017 年 9 月
诗经（节选）	李　山	2017 年 9 月
论语	钱　逊	2017 年 9 月
孟子	梁　涛	2017 年 9 月
老子	王中江	2017 年 9 月
庄子	陈鼓应	2017 年 9 月
管子（节选）	孙中原	2017 年 9 月
孙子兵法	黄朴民	2017 年 9 月
史记（节选）	张大可	2017 年 9 月
传习录	吴　震	2018 年 11 月
墨子（节选）	姜宝昌	2018 年 12 月
韩非子（节选）	张　觉	2018 年 12 月
左传（节选）	郭　丹	2018 年 12 月
吕氏春秋（节选）	张双棣	2018 年 12 月
荀子（节选）	廖名春	2019 年 6 月
楚辞	赵逵夫	2019 年 6 月
论衡（节选）	邵毅平	2019 年 6 月
史通（节选）	王嘉川	2019 年 6 月
贞观政要	谢保成	2019 年 6 月
战国策（节选）	何　晋	2019 年 12 月
黄帝内经（节选）	柳长华	2019 年 12 月
春秋繁露（节选）	周桂钿	2019 年 12 月
九章算术	郭书春	2019 年 12 月
齐民要术（节选）	惠富平	2019 年 12 月
杜甫集（节选）	张忠纲	2019 年 12 月
韩愈集（节选）	孙昌武	2019 年 12 月
王安石集（节选）	刘成国	2019 年 12 月
西厢记	张燕瑾	2019 年 12 月

书　　名	解读人	出版时间
聊斋志异（节选）	马瑞芳	2019 年 12 月
礼记（节选）	郭齐勇	2020 年 12 月
国语（节选）	沈长云	2020 年 12 月
抱朴子（节选）	张松辉	2020 年 12 月
陶渊明集	袁行霈	2020 年 12 月
坛经	洪修平	2020 年 12 月
李白集（节选）	郁贤皓	2020 年 12 月
柳宗元集（节选）	尹占华	2020 年 12 月
辛弃疾集（节选）	王兆鹏	2020 年 12 月
本草纲目（节选）	张瑞贤	2020 年 12 月
曲律	叶长海	2020 年 12 月
孝经	汪受宽	2021 年 6 月
淮南子（节选）	陈　静	2021 年 6 月
太平经（节选）	罗　炽	2021 年 6 月
曹操集	刘运好	2021 年 6 月
世说新语（节选）	王能宪	2021 年 6 月
欧阳修集（节选）	洪本健	2021 年 6 月
梦溪笔谈（节选）	张富祥	2021 年 6 月
牡丹亭	周育德	2021 年 6 月
日知录（节选）	黄　珅	2021 年 6 月
儒林外史（节选）	李汉秋	2021 年 6 月
商君书	蒋重跃	2022 年 6 月
新书	方向东	2022 年 6 月
伤寒论	刘力红	2022 年 6 月
水经注（节选）	李晓杰	2022 年 6 月
王维集（节选）	陈铁民	2022 年 6 月
元好问集（节选）	狄宝心	2022 年 6 月
赵氏孤儿	董上德	2022 年 6 月
王祯农书（节选）	孙显斌	2022 年 6 月
三国演义（节选）	关四平	2022 年 6 月
文史通义（节选）	陈其泰	2022 年 6 月

书　　名	解读人	出版时间
汉书（节选）	许殿才	2022 年 12 月
周易略例	王锦民	2022 年 12 月
后汉书（节选）	王承略	2022 年 12 月
通典（节选）	杜文玉	2022 年 12 月
资治通鉴（节选）	张国刚	2022 年 12 月
张载集（节选）	林乐昌	2022 年 12 月
苏轼集（节选）	周裕锴	2022 年 12 月
陆游集（节选）	欧明俊	2022 年 12 月
徐霞客游记（节选）	赵伯陶	2022 年 12 月
桃花扇	谢雍君	2022 年 12 月
法言	韩敬、梁涛	2023 年 12 月
颜氏家训	杨世文	2023 年 12 月
大唐西域记（节选）	王邦维	2023 年 12 月
法书要录（节选） 历代名画记	祝　帅	2023 年 12 月
耶律楚材集（节选）	刘　晓	2023 年 12 月
水浒传（节选）	黄　霖	2023 年 12 月
西游记（节选）	刘勇强	2023 年 12 月
乐律全书（节选）	李　玫	2023 年 12 月
读通鉴论（节选）	向燕南	2023 年 12 月
孟子字义疏证	徐道彬	2023 年 12 月